高等教育城市轨道交通系列教材

北京市科学技术委员会科技计划项目资助

城市轨道交通运营统计分析

张秀媛　主编

刘剑峰　陈　庚　林柏梁　副主编

刘　军　主审

北京交通大学出版社

·北京·

内 容 简 介

本书以公共交通运营统计为基础，系统介绍统计的基本概念和交通统计分析的模型方法。通过轨道交通客流、运营统计，以及评价三个部分，进行统计基本原理介绍，并从应用技术方面展开阐述。内容主要包括统计学的基础知识、统计指标和指标体系、公共交通企业生产经营、城市轨道交通客流统计、轨道交通运营服务统计、轨道交通运营能耗、财务分析、轨道交通运营评价指标体系、统计法规以及轨道交通运营规范等。旨在培养学生在城市轨道交通专业领域从事管理和运营工作的技能与具体方法，使学生具备开展轨道交通系统流量和运营特征分析的基本知识与专业素质。

本书可作为轨道交通专业人员培训教材、高等院校相关专业的教材或教学参考书，也可作为从事城市轨道交通规划、设计和运营管理的专业技术人员的参考用书。

图书在版编目（CIP）数据

城市轨道交通运营统计分析/张秀媛主编. —北京：北京交通大学出版社，2011.10（2014.3 重印）

（高等教育城市轨道交通系列教材）

ISBN 978－7－5121－0038－1

Ⅰ. ①城…　Ⅱ. ①张…　Ⅲ. ①城市铁路－轨道交通－运营管理－高等学校－教材 Ⅳ. ①U239.5

中国版本图书馆 CIP 数据核字（2011）第 210483 号

责任编辑：陈跃琴　贾慧娟　　特邀编辑：温建华
出版发行：北京交通大学出版社　　电话：010－51686414
地　　址：北京市海淀区高梁桥斜街 44 号　　邮编：100044
印 刷 者：北京瑞达方舟印务有限公司
经　　销：全国新华书店
开　　本：185×260　　印张：15　　字数：375 千字
版　　次：2011 年 11 月第 1 版　　2014 年 3 月第 2 次印刷
书　　号：ISBN 978－7－5121－0038－1/U・77
印　　数：2 501～4 000 册　　定价：29.50 元

本书如有质量问题，请向北京交通大学出版社质监组反映。对您的意见和批评，我们表示欢迎和感谢。
投诉电话：010－51686043，51686008；传真：010－62225406；E-mail：press@bjtu.edu.cn。

《高等教育城市轨道交通系列教材》

编　委　会

出版说明

为促进城市轨道交通专业教材体系的建设，满足目前城市轨道交通专业人才培养的需要，北京交通大学交通运输学院、远程与继续教育学院和北京交通大学出版社组织以北京交通大学从事轨道交通研究教学的一线老师为主体、联合其他交通院校教师，并在北京地铁公司、广州市地下铁道总公司、南京地下铁道有限责任公司、广州市地下铁道总公司、北京市轨道交通建设管理有限公司、香港地铁公司等单位有关领导和专家的大力支持下，编写了本套“高等教育城市轨道交通系列教材”。

教材编写突出实用性。本着“理论部分通俗易懂，实操部分图文并茂”的原则，侧重实际工作岗位操作技能的培养。为方便读者，本系列教材采用“立体化”教学资源建设方式，配套有教学课件、习题库、自学指导书，并将陆续配备教学光盘。本系列教材可供相关专业的全日制或在职学习的本专科学生使用，也可供从事相关工作的工程技术人员参考。

本系列教材的出版得到施仲衡院士的关注和首肯，多年从事城市轨道交通研究的毛保华教授和朱晓宁教授对本系列教材的编写给予具体指导，《都市快轨交通》杂志社的主办和协办单位专家也给予本教材多方面的帮助和支持，在此一并致谢。

本系列教材从 2011 年 8 月起陆续推出，首批包括：《城市轨道交通设备》、《列车运行计算与设计》、《城市轨道交通系统运营管理》、《城市规划》、《轨道交通需求分析》、《交通政策法规》、《城市轨道交通规划与设计》、《企业发展战略》、《城市轨道交通土建工程》、《城市轨道交通车辆概论》、《城市轨道交通牵引电气化概论》、《城市轨道交通通信信号概论》、《城市轨道交通列车运行控制》、《城市轨道交通信息技术》、《城市轨道交通运营统计分析》、《城市轨道交通安全管理》、《交通运营统计分析》、《城市轨道交通客流分析》、《城市轨道交通服务质量管理》、《轨道交通客运管理》。

希望本套教材的出版对城市轨道交通的发展、对城市轨道交通专业人才的培养有所贡献。

教材编写委员会
2011 年 6 月

总 序

近年来，中国经济飞速发展，城市化进程逐步加快。在大城市中，地面建筑越来越密集，人口越来越多，交通量越来越大，交通拥堵对社会效益和经济效益都带来了很大影响。据统计，国内每年由于交通拥堵造成的损失将近一千多亿元。

解决交通拥堵，有各种各样的方法，其中城市轨道交通在土地利用、能源消耗、空气质量、景观质量、客运质量等方面具有一定优势，正逐步成为许多大城市交通发展战略中的骨干，并形成以地铁、城市快速铁路、高架轻轨等为主的多元化发展趋势。

我国城市轨道交通从20世纪50年代开始筹划。1965年7月，北京市开始兴建中国第一条地下铁道。经过近50年，特别是近十年的发展，截至2010年年底，我国已有13个城市拥有49条运营线路，总里程达1 425.5 km。另有16个城市，总计96条、2 000余公里的线路正在建设中。目前已发展和规划发展城市轨道交通的城市总数已经接近50个，全部规划线路超过300条，总里程超过10 000 km。

随着城市轨道交通在全国范围的迅猛发展，各地区均急需轨道交通建设、运营管理的大批技术人员和应用型人才。目前全国有近百所高等院校和高等职业院校已开设或准备开设城市轨道交通及相关专业。全国几十家相关企业也都设立自己的培训中心或培训部门。

从目前的情况看，在今后几年，城市轨道交通人才的培养应该处于大专院校的学历教育与企业、社会的能力培训相结合的状态。但现实情况是相关的教材，特别是培养应用型人才的优质教材、教学指导书的建设和出版严重不足，落后于城市轨道交通发展的需要。

2011年年初，北京交通大学远程与继续教育学院、交通运输学院、北京交通大学出版社共同筹划出版了“高等教育城市轨道交通系列教材”。这套教材的出版，恰逢其时。首先，这套教材由国内该领域学术界和企业界的知名专家执笔。他们的参与，既保证了对中国轨道交通探索与实践的传承，同时也突出了本套教材的实用性。其次，它丰富、实用的内容和多样性的课程设置，为行业内“城市轨道交通”各类人才的培养，提供了专业的、实用的教材。

祝愿中国轨道交通事业蓬勃发展，也祝愿北京交通大学出版社这套“高等教育城市轨道交通系列教材”能够为促进我国城市轨道交通又好又快地发展提供支撑！

中国工程院院士 施仲衡
2011年5月

前　　言

随着我国城市化、机动化进程加快，我国大城市道路交通拥堵、交通事故和交通拥堵带来的环境污染越来越严重。结合国际上发达国家城市交通发展的经验和教训，我国大城市开始注重交通结构优化，加强交通需求管理，合理引导公共交通出行。近年来，许多大城市已开展网络化轨道交通的规划建设。北京、上海等城市的轨道交通线路网络化水平不断提高，轨道交通运营管理也在发生很大的变化，客流产生、吸引和诱增特点日益突出，如何合理地分析轨道交通成网后居民公共交通出行定位、轨道交通和其他公共交通方式的接续客流分析等内容是高等院校城市轨道交通专业开设城市轨道客运管理课程要面对的问题。

教学服务于交通运营实践。为适应我国城市轨道交通的快速发展需求、轨道交通设计与运营管理的协调性研究和专业方向课程体系建设的需要，在我国城市轨道交通专业相关领域的专家、学者和领导的关心指导下，将《城市轨道交通客流统计分析》定为城市轨道交通专业骨干课程教材。

本书是作者多年来对城市轨道交通接驳换乘理论和示范工程、居民出行需求行为以及北京市交通结构优化等相关科研课题成果的积累基础上完成的；同时也凝聚了轨道交通相关的管理部门、专家学者的宝贵经验。

《城市轨道交通客流统计分析》的写作参考了国内外大量相关文献以及国内外城市轨道交通系统建设、运营的实际资料和香港地铁运营管理的经验及录像等翔实资料，并结合近年来北京市轨道交通客流空间和时间分布特点、多模式接运优化设计及客流统计数据基础完成编写工作。

本书可以作为相关专业本科生和研究生教学或参考用书；同时，也是城市轨道交通系统相关决策与管理人员、交通工程规划和设计与咨询人员、企业运营管理人员很好的参考书。

本书的作者立足于城市客运管理过程所涉及的相关机理分析、规律总结与实践经验，希望通过本教材的学习，学生能够掌握城市轨道交通客运体系的宏观与微观知识，为将来进一步从事城市轨道交通客运领域的宏观管理与决策、工程设计与规划、日常运营管理等方面研究奠定基础。

本书主编为张秀媛；副主编为刘剑峰、陈庚和林柏梁；主审为刘军。各章编写的执笔分工为：第 1 章、第 2 章张秀媛、李媛、朱亚男；第 3 章、第 4 章张秀媛、林柏梁、李媛、朱亚男、付宇；第 5 章张秀媛、王昊明、朱亚男、付宇；第 6 章、第 7 章张秀媛、孙壮志、孔婷月；第 8 章张秀媛，王昊明；第 9 章张秀媛、孙祖妮。

参与本书编写相关工作的还有张平、赵建丽同志，北京交通大学硕士研究生胡雅岚、孔婷月、孙浩、梁云、魏静等参加了书稿最后整理工作。

本书要特别感谢香港地铁公司黄成熙、苏冠良等同仁竭尽全力的支持和帮助，提供香港地铁的宝贵经验和资料；同时要感谢北京市科委对相关科研项目的资助，感谢远程学院乔青、徐健两位老师的帮助和指点，也感谢北京交通大学出版社编辑为本书出版所付出的辛勤劳动。

作者

2011 年 5 月

目 录

第5章 轨道交通客流统计

第6章 轨道交通运营服务统计指标分析

第7章 轨道交通运营主要技术指标分析

1 第1章 统计学基础知识

本章概述

本章重点介绍统计学的对象和方法、统计的作用和统计学的基本概念。难点是统计学概念的理解和运用，以及概念之间的相互关系；重点为统计工作职能、统计指标和指标体系。

本章学习重点

了解统计学的研究方法——实验设计、大量观察、统计描述和统计推断，以及它们的应用范围；了解统计的各种职能；熟悉统计学中的基本方法，重点掌握统计学中的总体、指标以及统计指标的科类。

1.1 统计学的研究对象和性质

1.1.1 统计的含义

“统计”一词由来已久，其含义在历史上不断发展和变化。“统计”最早源自中世纪拉丁语“Status”，意指各种现象的状态和状况。由这一词根组成的意大利语“Stato”，意为国家，作为各国国家结构和国情知识的总称。

统计随着人类社会活动及国家管理的需要而不断发展与完善，涉及了社会的各个领域。“统计”一词的广泛运用使得在不同场合具有不同含义，归纳起来为：统计工作、统计资料、统计科学。

统计工作即统计实践，是指关于搜集、整理、分析和预测社会经济现象以及自然现象总体数量方面资料的活动过程，具体包括：统计设计，即根据统计对象的性质和统计研究的目的对统计工作涉及的各个方面和环节进行规划；统计搜集，即搜查统计资料；统计整理，即对统计资料进行科学的加工；统计分析和预测，即计算相应指标以及描述研究对象的特征和规律，反映未来的发展趋势。统计资料即统计信息，是指通过统计工作所获得的反映客观现象的各项数据资料以及与之相关的其他资料的总称，统计资料具体表现为各种统计图、统计表、统计公报、统计年鉴、统计手册及统计分析报告等。统计资料能反映客观现象发展的规模、水平、速度、结构、比例等有关情况。统计科学即统计理论，是指研究如何搜集、整理、分析和预测社会经济现象以及自然现象统计资料的方法论。其中所包含的一系列搜集、处理。分析统计数据的方法来源于对统计数据的研究，其目的是探索事物的内在数量规律，以达到对客观事物的科学认识。

统计工作、统计资料、统计科学三者有着密切联系。统计资料是统计工作的成果，统计科学是统计工作的实践经验总结和理论概括，反过来又指导统计工作的实践，为统计工作提供科学的理论和方法。因此，统计工作和统计资料是统计实践活动与统计成果的基础，统计科学和统计工作是理论与实践的关系。

1.1.2 统计学的研究对象及特点

1. 统计学的研究对象

统计学的研究对象是指统计研究所要认识的客体，它决定着统计科学的研究领域以及相应的研究方法。一般地说，统计学的研究对象是客观事物的总体数量特征和数量关系，以反映其发展过程及规律性。

一切事物都有质和量两个方面事物的本质，客观事物的质和量是对立统一的两个方面。统计学在研究客观事物数量方面时，也不能离开质，应以对事物质的分析为基础，来明确事物数量表现的范围，最终要说明事物本质的变化。例如，只有弄清国内生产总值的本质和经济内容的范围，才能对其进行正确统计和计算，而统计的目的最终又要说明国内生产总值的产业结构以及分配的发展变化情况。

2. 统计学研究对象的特点

统计学研究对象有以下几个特点。

1）数量性

数量性是统计学研究对象的基本特点。由于统计学的研究对象是客观事物的数量特征和数量关系，即它通过数量来反映客观事物的类型、量的顺序、量的大小、量的关系、质量互变的数量界限，并通过对研究对象数量方面的调查、整理、分析，以数字为语言，说明事物的规模、水平、发展速度、构成及比例关系，从而达到认识事物的本质和规律的目的。

2）总体性

总体性亦称大量性，统计学是通过对大量事物进行观察研究，或对一个事物的变化作多次观察研究，才能得出反映现象总体数量特征和事物必然性的结论。

3）具体性

统计学研究的对象是客观现象某一具体事物的数量关系，而不是研究抽象的数学关系。客观现象的具体事物，都是在一定时间、地点、条件下的数量表现，它总是与时间、空间、事物紧密地联系在一起，具体地、历史地描述客观现象的发展过程，由此反映其本质和规律性。当然，由于统计学是研究客观现象总体的数量特征及关系的科学，因而它也要遵循数学法则并运用许多数学方法进行运算及统计分析。

1.1.3　统计学的性质

统计学有其特定研究对象和特有的研究方法。这里所指的方法包括指导统计活动的原理、原则。统计过程所应用的核算和分析方法以及统计组织和管理方法，其核心内容是统计数据的搜集、整理、描述、分析的原理和方法。这些方法论构成了统计学的科学体系，所以统计学是一门认识客观现象总体数量特征和数量关系的方法论科学，即它是研究如何搜集数据、整理数据、分析数据，以便对客观现象总体规律作出正确推断的方法论科学。这些方法既可用于对社会经济现象数量方面的研究，也可用于对自然现象数量方面的研究。统计学和数学都是研究数量关系的，但它们是两个不同性质的学科。两者的区别主要是：数学是撇开具体对象去研究“纯”数量的联系和空间形式，采用的是逻辑推理和演绎论证的方法，根据严格的定义、假设命题以及给定的条件去推证有关结论。而统计学在研究方法中所采用的数据则是客观具体对象的数量表现，统计学是将这些具体数据进行适当运算，取得一定结果，然后再根据其客观现象，说明计算结果所反映出的实际意义，为决策提供科学依据。统计学所运用的方法是归纳法，它是根据试验或调查，将观察到的大量的个别单位加以归纳来推断总体情况。然而，统计学和数学也有密切关系：数学为统计理论和统计方法的发展提供了基础，在统计学中运用了大量的数学知识。例如数学中的概率论，它研究随机现象的数量关系和变化规律，它从数量方面体现了偶然与必然、个别与一般、局部与总体的辩证关系；统计学则运用这些数学方法，根据研究对象的性质和特点，形成各种专门的统计方法。

统计学与相关的实质性学科，如经济学、哲学、社会学、物理学、医学、生物学等，虽然有共同的研究对象，但它与实质性学科的性质是不同的。统计学是一门方法论学科，而实质性学科是研究该领域现象的本质关系和发展变化规律的。统计学与这些实质性学科有着或多或少的联系。在实质性学科的基础理论指导下，统计学帮助各实质性学科探索其学科的内在关系与数量规律性，再由该实质性学科对于数量的规律性作出理论解释并进一步研究本学科内在规律。例如，统计方法研究出新生婴儿男女性别的比例是107∶100；然而为什么会是这样的比例，这一比例的形成原因是由医学或人类遗传学来研究和解释，而不是统计方法所能解决的。反过来，统计学的实证研究又可以检验实质性学科理论的可靠性和完善程度。统计归纳分析所获得的新知识往往又会为实质性学科开辟新的领域，这在哲学、经济学的发展历史上屡见不鲜。

1.2 统计学的研究方法和研究阶段

1.2.1 大数定律的方法论意义

统计学研究数量特征运用的基本方法都与数量的总体性有关，其数学依据是大数定律。

大数定律又称大数法则，它是说明在大量随机现象中，其平均结果具有稳定性的法则。也就是说，如果被研究的总体数量特征是由大量的相互独立的随机变量形成的，每个变量对总体的影响都相对的小，那么对大量随机变量加以综合平均的结果，变量的个别影响将相互抵消，从而显现出它们共同作用的倾向，使总体数量特征具有稳定性，由于大数定律的作用，大量随机现象的总体作用必然导致某种不依赖于个别随机现象的结果，呈现出规律性。

统计学所研究的对象，无论是自然现象还是社会现象，它们的出现都受许多因素影响，既有必然因素，也有偶然因素。这些因素对个别单位所起的作用，在程度大小、变化快慢、发展趋势上可能表现不同，这就使得同一现象在每个单位的数量表现上具有随机性。统计研究就是通过这些随机现象通过大量观察法对总体中所有单位或足够多的单位进行调查，并运用综合指标法对各单位变量加以综合，所得到的平均结果可以消除偶然因素的影响，反映出现象的必然性。这就是由大数定律使我们通过偶然性达到发现必然性，认识现象规律的表现形式，但它并不能说明现象的本质。因此，必须借助于相关的实质性学科的知识来解释现象的本质及其内在联系。

1.2.2　统计研究的基本方法

统计研究的基本方法有：大量观察法、统计分组法、统计指标法、统计模型法、统计推断法等。

1. 大量观察法

大量观察法是指统计研究客观现象和过程的规律，是从总体上加以考察，对总体中的全部或足够多的单位进行调查并进行综合分析的方法。大量观察法的理论根据是大数定律。个别事物的表现往往具有随机性，要反映总体的本质和规律，不能用个别事物、个别单位的特征和数量表现来说明，而只能对总体中全部或足以表现总体特征的部分单位进行调查、观察。通过综合平均，个别事物的偶然因素影响就会互相抵消，呈现出事物的本质特征，进而认识其规律性。例如，对新生婴儿的性别比例进行观察，若只抽取少数婴儿进行观察，其男女性别比例为3∶7，但进行大量观察，新生婴儿男女性别比例就会稳定在107∶100，从而显现出新生婴儿男女性别比例大体平衡且男性略多于女性的自然规律。

2. 统计分组法

统计分组法是指根据统计研究目的和研究对象的特点，将总体各单位按照某一标志划分为不同性质的类型或组别的研究方法。通过分组，可以将总体中性质相同的单位归并在一起，保持组内各单位的同质性，而把性质不同的单位分开，显示组与组之间的差异性，从而研究总体中现象不同类型的性质以及它们的分布情况，如产业的经济类型分组及行业分布情况；研究总体中现象的构成和比例，如三次产业的构成，各生产要素比例等；研究总体中现象之间的依存关系，如商业企业按营业额大小分组研究经营规模与商品流通费率关系等。因此，统计分组法是从多种角度深入分析研究问题的一个重要方法。

3. 统计指标法

统计指标法是指运用统计指标来描述和研究总体数量状况以得到事物数量特征本质或规律性的认识方法。统计指标法与统计分组法相互联系并贯穿于整个统计工作，通过统计分组而形成统计指标，从而反映总体内部的数量差异和数量关系以及总体之间的联系和区别。统计指标法包括：总量指标法、相对指标法、平均指标法、动态指标法、统计指数法等。例如，研究某地区某年商业企业的经营状况，就可在统计分组的基础上，运用统计指标法对商品销售额、商品销售额的构成、人均商品销售额、利润总额、人均利润额、资金利用率、平均商品流通费用率、平均商品流转次数以及商品销售量指数、销售价格指数等多个指标进行对比分析，在现象的相互联系中认识这些被研究事物的数量特征。

4. 统计模型法

统计模型法是指根据一定的经济理论和假设条件，用数学方法去模拟现实客观现象之间相互关系的一种研究方法。利用这种方法可以对客观现象和过程中存在的关系在定性分析的基础上，定量进行比较完整的近似描述，凸现所研究指标之间的数量关系，从而简化客观存在的其他复杂关系，以便利用模型对所研究的现象变化进行定量估计和趋势预测。例如，回归分析法模拟变量之间的数量关系，所建立的回归方程就是统计数学模型。统计模型法除了用数学方程式反映指标之间的数量关系外，有时还可以依据统计指标之间的逻辑关系，构建框架式的逻辑模型，例如国民经济指标体系就是表达经济现象之间关系的统计模型。

5. 统计推断法

统计推断法是指以一定的置信标准，根据随机抽样的样本数据来判断总体数量特征的归纳推理方法。在统计研究中，所面对的总体对象的范围往往是很大的，有些是不可能或不需要进行全面调查而又要了解其数量特征时，必须采用统计推断法。例如，要说明一批灯泡的平均使用时间，就从该批灯泡中随机抽取一部分进行质量检验，以推断这一批灯泡的平均使用寿命，并给出这种推断的置信程度。统计推断法可以用于对总体参数的点估计或区间估计，也可以用于对总体假设的检验。它被用于统计研究的许多领域，是现代统计学的基本方法。

1.2.3 统计研究阶段

统计研究是通过统计设计、统计调查、统计整理及统计分析等阶段完成的，每个阶段虽有各自独立性，但又是相互连接的统一过程。

1. 统计设计

统计设计是在正式进行统计之前，根据统计目的和统计对象性质，对统计的各个方面和各个环节所进行的总体规划和全面安排。统计设计的结果表现为各种设计方案，如国民经济核算体系方案、统计指标体系、统计分类目录、统计报表制度、统计调查方案、资料汇总或整理方案以及统计分析提纲等。统计设计是统计工作的第一阶段，它是整个统计工作协调、有序、顺利进行的必要条件，是保证统计工作质量的重要前提。

2. 统计调查

统计调查是根据统计研究的任务和统计设计规定的调查方案要求，运用科学的调查方法有组织地搜集被研究对象的各项数字或文字资料。

统计调查是认识事物的起点，这个阶段所搜集的资料是否完整、准确、及时，直接关系到统计整理的好坏，关系到统计分析的结果正确与否，决定着统计工作的质量。因此，它是整个统计工作的基础。

3. 统计整理

统计整理是指根据统计研究的目的，将统计调查所得的资料进行科学的分组、汇总、列表的加工处理过程。统计整理使分散的、不系统的原始资料条理化、系统化，从而能说明现象的总体特征，为统计分析打下基础。统计整理处于统计工作的中间环节，起着承前启后的作用。

4. 统计分析

统计分析是根据统计研究的目的，综合运用各种分析方法和统计指标，对加工整理后的资料和具体情况进行定性和定量分析，并对未来进行趋势预测。统计分析是统计工作的最后阶段，能揭示出现象本质和得到发展变化规律的结论，是统计工作获取成果的阶段。

1.3 统计学中的几个基本概念

1.3.1 统计总体和总体单位

统计总体简称总体，是指根据一定的研究目的，统计所要研究的客观存在的具有某一共同性质的许多个别单位所构成的整体。构成总体的个别单位，就是总体单位，简称单位或个体，是构成总体的最基本单位。例如，要研究某市工业生产经营情况，该市所有的工业企业就是一个总体。这是因为在性质上每个工业企业的经济职能是相同的，都是从事工业生产活动的基本单位，即它们是同性质的，而每一个工业企业就是一个总体单位。

统计总体根据总体单位是否可以计量分为有限总体和无限总体。有限总体是指一个统计总体包含的单位数是有限的。例如，全国人口数、工业企业数、商店数等，不论它们的单位数量有多大，都是有限的，可以计量的。对有限总体可以进行全面调查，也可以进行非全面调查。无限总体是指一个统计总体中包含的单位数是无限的。例如，工业生产中连续大量生产的产品、大海里的鱼资源数等，其数量都是无限的。对无限总体不能进行全面调查，只能抽取一部分单位进行非全面调查，以推断总体。

统计总体具有以下三个特征。

① 同质性。是指构成总体的每个单位必须具有某一共同特征和性质。同质性是每个个别单位构成统计总体的先决条件。

② 大量性。是指总体是由许多单位组成的，仅个别或少数单位不能构成总体。这是因为统计研究的目的是为了描述现象的规律，由于个别单位的现象有很大的偶然性，而大量单位的现象综合则相对稳定。因此，现象的规律性只能在大量个别单位的汇总综合中才能表现出来。

③ 变异性。是指构成总体的各单位只是在某一性质上相同，而在其他性质或特征上具有一定的差异。例如，某市全体工业企业的经济职能相同，但是在所有制类型、经营规模、职工人数等方面是不同的。同质性是构成总体的基础，变异性使统计研究成为必要。如果总体的各个单位没有差异，统计研究就成了毫无意义的活动。

1.3.2 指标与标志

指标，亦称统计指标，是说明总体现象数量特征的概念及其数值。统计指标有两种使用方法：一是进行统计设计或理论研究时所使用的仅有数量概念而没有具体数字的统计指标，例如国内生产总值、国民生产总值、商品销售额、人口出生率等；二是统计指标由指标名称和指标数值构成。例如，某年某市国内生产总值3 000 亿元，指标名称是国内生产总值，指标数值是3 000 亿元。从完整意义上讲，指标由六个要素构成：时间限制、空间限制、指标名称、指标数值、计量单位和计算方法。统计学中通常把统计指标分为数量指标和质量指标。数量指标是反映现象总规模、总水平和工作总量的统计指标，例如人口总数、职工总数、企业总数、工资总额、国内生产总值、商品销售额、货物运输量等。质量指标是反映现象相对水平或工作质量的统计指标，例如人口密度、出生率、死亡率、出勤率、劳动生产率、单位产品成本、职工平均工资等。质量指标通常是由两个总量指标对比而派生的指标，用相对指标或平均指标来表示，反映现象之间的内在联系和对比关系。

标志是说明总体单位属性和特征的名称。例如，某企业全体职工作为一个总体，每一位职工是总体单位，职工的性别、年龄、籍贯、民族、文化程度、工龄、工资水平等是说明每一名职工特征的名称，都称为标志。显然，总体单位是标志的承担者。标志按其性质不同可分为品质标志和数量标志。品质标志是表明总体单位品质属性或特征的名称，它不能用数值表示，只能用文字说明。例如，工业企业职工的性别、籍贯、民族、文化程度就是品质标志。数量标志是表明总体单位数量特征的名称，是用数值表示的。例如，工业企业职工的年龄、工龄、工资水平就是数量标志。

指标与标志既有明显区别，又有密切联系。两者的区别有以下两点。

① 指标是说明总体特征的，而标志是说明总体单位特征的。

② 标志有能用数值表示的数量标志和不能用数值表示的品质标志，而指标不论是数量指标还是质量指标，都是用数值表示的。

指标与标志的联系有以下两点。

① 统计指标的数值是从总体单位数量标志的标志值进行直接汇总或间接计算的。例如，某工业企业职工的月工资总额是该企业所属职工月工资额汇总而来的，而职工月平均工资则是通过进一步计算得到的。

② 指标与数量标志之间存在着变换关系。当研究目的发生变化，原来的统计总体如果变成了总体单位，则相对应的统计指标也就变为数量标志，反之亦然。

1.3.3 变异、变量与变量值

变异，是指统计所研究的指标与标志，其具体表现在总体及总体单位之间是可变的，即指标及标志的具体表现在各总体或各单位之间不尽相同或有差异。这样的指标或标志为变异指标或变异标志。变异指标是反映不同总体的同一指标之间数值的差异。变异标志则是反映同一总体内同一标志不同单位之间的差异。对于品质标志而言，是属性或特征的差异；对于数量标志而言，是数量上的差异。变异是统计分组和统计分析的基础。如果没有变异，也就没有必要进行统计研究了。

可变的统计指标和可变的数量标志称作变量。变量是一个概念或名称，变量的具体数值或具体表现就是变量值，即变量值是指标数值或数量标志的标志值。变量与变量值是两个既有密切联系又有明显区别的不同概念，不能混用。例如，某车间有 4 名工人，其月产量分别为 1 000 件、1 200 件、1 500 件、1 800 件，这些都是“产量”这个变量的具体数值。如果要计算这 4 名工人的月均产量，不能说是求这 4 个变量的平均数，因为这里只有“产量”一个变量，并不是 4 个变量，而所要平均的是这一个变量的 4 个变量值。

变量按变量值是否连续可以分为连续变量和离散变量。连续变量的变量值是连续不断的，相邻两个值之间可作无限分割，即可取无限多个数值。例如，人的身高、体重、年龄和零件误差的大小等都是连续变量，它们可以通过称重、测量或计算取到小数点以后的任意一个位数。离散变量的数值都是以整数断开的。例如，人数、工厂数、机器设备数等都只能用整数表示，不可能有小数。离散变量的数值只能用计数的方法取得。

变量按其性质不同可以分为确定性变量和随机性变量。确定性变量是指影响变量值的变动起某种决定性作用的因素。致使该变量值沿着一定的方向呈上升或下降的变动。例如，随着人们生活水平的提高以及医疗卫生条件的完善这些确定性因素的影响，使人的期望寿命这个变量的变量值不断提高。随机性变量是指变量值的变化受不确定因素的影响，变量值的变化没有一个确定的方向，有很大的偶然性。例如，在同一台机器设备上加工某种机械零件，其尺寸大小总是存在差异。造成这种差异的因素可能有：原材料质量的变化、电压的不稳定、气温和环境的变化以及操作工人的情绪波动等。这些影响该种机械零件尺寸变动的因素都是随机发生的，是不确定的。这里的机械零件尺寸就是一个随机性变量。

1.4 统计指标与统计指标体系

在社会经济统计活动中，对事物的定量认识是从定性认识开始，并以定性为基础的。从定性认识到定量认识的过渡需要一架“桥梁”，这架“桥梁”便是统计指标、统计指标体系等。

1.4.1 统计指标的定义及构成

统计指标是综合反映社会经济现象的某一方面的统计数字，它既可用来说明所研究事物的总体，又可用来说明总体的某一方面。统计指标是社会经济统计活动和社会经济统计学中最重要的基本概念。统计正是用统计指标来反映总体的实际情况，并用统计指标来研究认识总体的发展变化情况、总体内部以及它和外部的数量关系。统计指标，就其完成形态而言，由以下要素构成。

① 定性范围。包括指标名称和指标含义。指标含义要明确总体现象的质的规定性，包括时间标准和空间标准。例如，我国人口普查的总人口，其指标含义是：在规定的时点，具有中华人民共和国国籍的、在国内一定区域居住一年以上的人口总和。指标含义比较复杂，指标名称是它的表现形式。

② 定量方法。包括计量单位和计量方法，是指标含义的量化范围。例如，总人口的计量单位是人，全国总人口的计算方法是各地区人口加上现役军人的人口总数。

③ 指标数值。根据定性规范和定量方法，经过实际调查和数据处理所取得的具体时间、具体空间的统计数值。统计指标的设计形态只包括定性范围和定量方法两个要素，不包括指标数值。它由一定的经济范畴和具体数值组成，如职工人数 200 万人、工资总额 100 亿元等。职工人数、工资总额等代表一定的经济范畴，称之为指标名称，200 万人、100 亿元等具体数字是指标数值。

1.4.2 统计指标的种类

1. 数量指标和质量指标

统计指标按它所说明的总体现象内容的特征，可以分为数量指标和质量指标。数量指标是反映总体某一特征的绝对数量。这类指标主要说明总体的规模、工作总量和水平，一般用绝对数表示。例如，某一地区的总人口、工业企业总数、国民生产总值等。质量指标是反映总体的强度、密度、效果、结构、工作质量等，例如，人口密度、劳动生产率、资金利润率等。这类指标一般用平均数、相对数表示。这些质量指标的数值并不随总体范围的大小而增减。例如，一个 100 万人口的城市，第三产业在国民生产总值所占的比重也可能小于某个 30 万人口的城市第三产业在国民生产总值中所占的比重。

2. 总量指标和相对指标

统计指标按其内容和作用可以分为总量指标和相对指标。

1）总量指标

总量指标是指统计汇总后得到的具有计算单位的总和指标，反映被研究对象在一定时期或时点的规模、水平或性质相同总体规模的数量差异，一般用绝对数表示，又称绝对数指标。例如上述的总人口、国民生产总值等便是。总量指标的主要计量单位有以下几个。

① 实物单位。实物指标表明现象总体的使用价值总量。它根据现象的自然属性和特点采用实物单位计量。实物单位有自然单位、度量衡单位、标准实物量单位、复合单位等。

② 价值单位。价值指标表明现象总体的价值总量，它以货币单位计量。

③ 劳动量单位。以劳动过程中消耗的劳动时间为计量单位，如工时、工日、人工数等。

总量指标的作用是从总体上认识社会经济现象的起点。了解一个国家或地区的基本情况，从其基本状况和基本实力入手。

总量指标的种类有以下几类。

① 按指标反映的具体内容划分为总体单位总量指标和总体标志总量指标。总体单位总量指标用来反映总体中单位数的多少，说明总体本身规模大小的总量指标。如：对某地区居民粮食消费情况进行研究，该地区的居民人口数便是总体单位总量指标。总体标志总量指标是用来反映总体中标志值总和的总量指标。如：上例中粮食消费总量便是总体标志总量指标。

总体单位总量指标和总体标志总量指标的地位随统计研究的目的不同而变化。如：研究该地区粮食消费价格，粮食消费总量变为总体单位总量指标了。

② 按指标反映的时间状况划分为时期指标和时点指标。时期指标反映社会经济现象在一定时期内发展变化过程总量的指标，如：商品销售额、总产值、基本建设投资额等。时点指标反映社会经济现象在一定时点上状况的数量的指标，如：人口数、房屋的居住面积，企业数等。

时期指标和时点指标的特点（区别）：第一，性质相同的时期指标的数值可以相加，时点指标相加则无意义；第二，时期指标数值的大小与时期长短有直接关系，时点指标则没有这种关系；第三，时期指标数值是经常登记取得，时点指标不是。区分时期指标和时点指标决定了统计处理与应用上的不同，在运用时期和时点指标时，注意同一指标若从不同的角度考虑则总量指标的性质也不同，如：年末人口数和年初人口数是时点指标，但年末人口数～年初人口数，即人口净增数则为时期指标。

2）相对指标

相对指标是两个有联系的总量指标和平均指标相比较的结果，又分两种情况：同一指标不同时期的数值对比可以说明事物的发展变化，如人口增长率、成本降低率；用总体中部分数值与总体数值相比说明事物的内部结构，如三次产业在国民生产总值中所占比重。平均指标是按某个数量标志说明总体单位一般水平的统计指标，如平均工资、平均成本等。

统计中，数字的作用在于进行比较和分析——“比较为统计之母”。孤立的数字，不进行任何比较分析，不能说明任何问题。因此，对事物进行判断、鉴别和比较，就要借助于相对指标。

相对指标是指两个有联系的指标数值之比，反映现象之间所固有的数量对比关系，表现形式一般为倍数或系数（以 1 作为对比基础）、成数（以 10 作为对比基础）、百分数（以 100 作为对比基础）、千分数（以 1 000 作为对比基础）等。

相对指标有以下作用。

① 反映现象间数量对比关系。

② 反映现象发展变化程度、速度、强度、质量、效益等。

③ 弥补总量指标的不足，便于比较。

相对指标的种类及其计算方法如下。

① 结构相对指标：是将两个有从属关系的总量指标对比而得，说明总体内部组成情况，一般用% 表示。

$$结构相对指标=\frac{总体内某一部分指标数值}{总体总量}\times 100\% \tag{1-1}$$

例如，反映工农业增加值的内部结构，农业内部各业构成，种植业内粮食作物，经济作物及其他作物的比例结构，消费结构中食品支出占全部生活费支出的比重（恩格尔系数），国内生产总值中第一、二、三产业间的构成等。

结构相对指标特点：各部分计算结果<1；各部分比重之和=1；分子分母不能互换。

② 比例相对指标：是同一总体内不同组成部分的指标数值对比的结果，它可以表明总体内部的比例关系。

比例相对指标=总体中某部分指标数值/总体中另一部分指标数值　　(1-2)

比例相对指标可以用百分数表示，也可以用一比几或几比几形式表示。如某地区工业产值与农业产值的比例可表示为304.43∶164.08，也可以表示为1.86∶1，分析总体中若干部分的比例关系时可采用连比形式。例如，某地社会劳动者人数为59 432人，其中第一产业为34 769人，第二产业为12 921人，第三产业为11 742人，三个产业劳动者人数比例为100∶37∶34。

利用比例相对指标可以分析国民经济中各种比例关系，调整不合理的比例，促使社会主义市场经济稳步协调发展。比例相对指标特点为分子、分母可互换；同一总体内各部分比例之和不等于100%。

③ 比较相对指标：是同一时间不同国家、不同地区、不同单位的某项指标对比的结果。

比较相对指标=某一空间的某项指标数值/另一空间的同项指标数值　　(1-3)

比较相对指标一般用倍数表示，有时也可用系数表示。例如：甲乙两公司2002年商品销售额分别为5.4亿元和3.6亿元，则甲公司商品销售额为乙公司的1.5倍（=5.4/3.6）。计算比较相对指标可以用总量指标，相对指标或平均指标。运用比较相对指标对不同国家、不同地区、不同单位的同类指标对比，有助于揭露矛盾、找出差距、挖掘潜力，促进事物进一步发展。比较相对指标的特点：对比的分子分母必须是同质现象；分子、分母可互换。

④ 强度相对指标：是两个性质不同而有联系的总量指标对比的结果。

强度相对指标=某一总量指标数值/另一性质不同而有联系的总量指标数值　(1-4)

强度相对指标的特殊使用按平均每个人摊得到的份额表示。由于强度相对指标的分子和分母可以互换，因此可以形成正指标和逆指标两种计算方法。如：反映卫生事业对居民服务保证程序的指标：每千人口的医院床位数=医院床位数（张）/人口数（千人），这是正指标。每千人口的医院床位数=人口数（千人）/医院床位数（张），这是逆指标。

强度相对指标的应用十分广泛，它可以反映国民经济和社会发展的基本情况；反映生产条件及公共设施的配备情况；可以反映经济效益的情况。强度相对指标的特点：不同总体对比；具有平均含义；分子分母可互换。

⑤ 动态相对指标：也称作发展速度，它是某一指标不同时间上的数值对比的结果。动态相对指标一般用百分数表示。

动态相对指标=报告期指标数值/基期指标数值　　(1-5)

动态相对指标对于分析研究社会经济现象的发展变化过程具有重要意义。

⑥ 计划完成程度相对指标：计划完成程度相对指标是某一时期实际完成指标数值与计划指标数量对比的结果。一般用百分数表示。

计划完成程度相对指标=实际完成的指标数值/计划指标数值×100%　　(1-6)

例：某企业计划产值 10 万元，实际完成产值 11.5 万元，则：

计划完成程度 = 实际完成数/计划完成数 × 100% = 11.5/10 × 100% = 115%

可计算计划时期某一段累计完成数占全计划的百分比，即进行进度分析。

$$计划完成相对数 = 累计至报告期止完成数/全部计划数 \times 100\% \tag{1-7}$$

长期计划任务规定的要求和方法不同，检查长期计划的完成情况有以下两种方法。

累计法：一是指确定在长期计划中规定累计完成量应达到的水平。即计算计划期内各年总和是否达到规定任务的要求。

水平法：是指确定在长期计划中规定最后一年应达到的水平，即计算计划期期末那一年的数值是否达到应该达到的水平。

计划完成相对指标的特点：第一，对比数为同一总体；第二，分子分母不能互换；第三，计算结果视指标性质而定。若指标表现为越高越好，如：产值（量）、劳动生产率值，其值≥1，结果越好；指标表现为越低越好，如：费用、消耗、成本，其值≤1，结果越好；基建投资额、工资等，其值 = 1，结果最好。

应用相对指标应注意的问题。统计相对数是一种抽象化的指标数值，是对现象进行对比分析的一个重要手段，要使这种对比分析准确、深刻地反映出现象之间的联系，充分发挥统计相对数的作用，在计算应用统计相对数时必须注意以下几个问题：第一，必须注意指标的可比性；第二，相对数与绝对数结合起来运用；第三，要正确选择作为比较标准的基期；第四，为从各方面分析、研究问题，需要把各种相对数结合起来使用。

1.4.3　基本概念

1. 算术平均数

算术平均数即总体中各个变量值的总和除以这些变量总数所得的商。这是最常用的一种平均数。它分为简单算术平均数和加权算术平均数。简单算术平均数是总体标志总量除以总体单位之商；加权算术平均数是变量乘权数（次数）之和，除以权数总和。

2. 几何平均数

几何平均数为 n 个正数连乘积的 n 次方根，常用于表明平均发展速度。在各年发展速度波动较大时，不易采用几何平均数指标。对于时期较长的资料，应以分段平均速度补充说明总评价速度。

3. 众数

众数为总体各单位按某一标志数值大小顺序排列后出现最多的数值，也是总体中最普遍的标志值。它是平均数的一种，常用来说明社会现象的一般水平。确定众数的方法，在单项数列中比较简单，就是出现次数最多的变量值。在组距数列中，要先确定众数所在组，然后计算出近似众数值。众数适用于总体单位数较多，又有明显集中趋势的现象。

4. 中位数

统计总体各单位按其在某一标志数值上的大小顺序排列，处于中央位置的数值，是平均数的一种。它根据在变量数列中所处位置计算，故又称为位置平均数。

5. 动态数列

动态数列又称时间数列，它是把某种社会现象的数字资料按时间顺序排列而成的数列。动态数列可反映出社会现象的发展变化趋势，是统计进行动态研究的重要依据。

动态数列一般有绝对数动态数列、相对数动态数列和平均数动态数列。绝对数动态数列是最基本的数列，是直接根据统计调查资料所组成的；相对数动态数列和平均数动态数列则是根据绝对数动态数列而派生的。绝对数动态数列按其指标的性质不同，分时期数列和时点数列。时期数列反映现象在一段时间的发展过程，如：由历年职工保险福利费用、工资总额等指标构成的数列。时点数列反映现象所处的状态在时间上的变动，如由历年年末企业职工人数、下岗职工人数等指标排列的数列；相对数动态数列由一系列相对指标排列而成，反映社会现象之间相互关系的发展过程；平均数动态数列由一系列平均指标排列而成，反映社会现象一般水平的发展趋势。编制动态数列时，各时期指标应具有可比性，即时间长短、总体范围、经济内容、计算方法和计量单位应该统一。

6. 时期数列

时期数列为用绝对数指标排列的动态数列，它反映某种现象在一段时期内的发展过程。时期数列的各项数值指标可以相加，得到现象在一段时期内的累计数。时期数列中时期的间隔、长短应该相等，以保证各指标值的可比性。时期数列的指标数值，通常是通过连续不断的登记而取得的。

7. 时点数列

时点数列为用绝对数指标排列的动态数列，它反映某种社会现象的状态在时间上的变动。时点数列的每个指标数值前后不能相加。时点数列是表明某一现象在一定时点状态的数值，数值大小与时间间隔长短没有直接关系，因此两个时点的间隔并不要求相等。但是为了便于比较，统计报表对时点数列如职工人数、企业下岗职工人数等还是要求按一定周期填报。

8. 发展速度

发展速度是表明社会现象在时间上变动快慢程度的相对指标，它是两个不同时期发展水平的比值，说明报告期水平已发展为基期水平的倍量关系。发展速度由于所采用的基期不同，可分为定基发展速度和环比发展速度。计算若干时期定基发展速度时以某一固定时期为基期，计算若干时期的环比发展速度时，以其前一时期作为基期。定基发展速度与环比发展速度有区别，但存在一定的换算关系，即定基发展速度等于相应各个环比发展速度的连乘积。在实际工作中，也常计算年距发展速度，说明本期某现象与去年同期相比的发展情况，计算公式为：

$$年距发展速度=本期发展水平/去年同期发展水平 \quad (1-8)$$

9. 增长速度

它是发展速度的派生指标，用发展速度减 100% 求得，也可以用增长量除以基期水平求得。计算公式为：

$$\begin{aligned}增长速度&=发展速度-1\ (或\ 100\%)\\&=增长量/基期水平\times100\%\\&=(报告期水平-基期水平)/基期水平\times100\%\end{aligned} \quad (1-9)$$

增长速度由于采用的基期不同，分为定基增长速度和环比增长速度。前者表示某种社会现象在较长时期内总的增长速度，后者表示某种社会现象的逐期增长速度。计算公式为：

$$\begin{aligned}定基增长速度&=(累计增长量/基期水平)\times100\%\\&=定基发展速度\ 1(或\ 100\%)\end{aligned} \quad (1-10)$$

$$\begin{aligned}环比增长速度&=(逐期增长量/前一期水平)\times100\%\\&=环比发展速度-1(或\ 100\%)\end{aligned} \quad (1-11)$$

在实际工作中为消除季节变动的影响，经常计算年距增长速度，计算公式为：

$$年距增长速度=年距发展速度-1\ (或\ 100\%) \quad (1-12)$$

10. 平均发展速度和平均增长速度

它是动态分析中说明社会现象在一段时期内一般发展和增长情况的两个指标。平均发展速度说明某种现象在一个较长时期中逐年平均发展变化的程度；平均增长速度说明某种现象在一个较长时期中逐年平均增长的程度。

计算平均发展速度的方法有水平法和累计法两种。在劳动保障统计中比较常用的是水平法。水平法又称几何平均法，就是用各期环比发展速度的连乘积或最后一年的定基发展速度（总速度）的几何平均数作为平均发展速度。水平法的实质就是要求出最初水平每年按照怎样的平均发展速度发展，才能够达到最末水平。在实际工作中为简化计算手续，可查阅《平均发展速度查对表》得出平均发展速度。平均增长速度又称平均递增率。计算公式为：

$$平均增长速度=平均发展速度-1\ (或\ 100\%) \quad (1-13)$$

平均增长速度如果为正值，表示某现象在某一时期中逐期平均增长的程度；如果为负值，则表示逐期平均降低的程度。

11. 指数

指数为说明不同时期社会经济现象变动情况的相对数。从广义上说，凡说明社会经济现象发展变动的动态相对数都是指数。但在统计中，是专指不能直接加总的、多因素所构成的复杂经济总体的动态相对数。此外，指数还用于说明计划完成程度以及分析社会经济现象在空间上的数量对比关系等方面。在统计分析中，利用指数可反映构成社会现象的各因素对总体总变动的影响程度。

指数按所反映现象的范围不同分为个体指数、类指数和总指数，分别表明现象总体中个别现象、部分现象和整体现象数量变化的情况。指数按所反映现象的特征不同分为数量指标指数和质量指标指数，前者如产量指标、销售量指标等，后者如劳动生产率指标、成本指标等。指数按计算时所用的基期不同分为定基指数和环比指数。在指数数列中，各期指数都以某一个固定时期作为基期的，称为定基指数；各期指数都以它前一期作为基期的，称为环比指数。

12. 指数体系

指数体系是反映社会经济现象相互联系的指数群，社会经济现象有着错综复杂的联系，一种现象的变动可能受到几个因素不同方向和程度的影响，它们之间表现为一种乘积关系。指数体系就是采用固定其他因素不变的方法，测定某一个因素的影响，并进一步编制相互联系的若干个指数所组成的整体。编制指数体系，必须以社会经济现象内部各因素之间的相互关系为依据。

1.5 统计的职能

随着经济及科学的发展，人类进入了信息社会和知识经济社会，政府各级统计部门成为知识型的产业部门。随着政府职能的改变以及现代化管理体制的完善，统计的职能逐步扩大，在认识和管理方面所发挥的作用日益增强，发挥着信息职能、咨询职能与监督职能。

1. 信息职能

统计的信息职能是指根据一整套科学的统计指标体系，运用科学的统计调查方法，采集、处理、传递、存储和提供大量以数量描述为基本特征的社会经济现象的信息。信息职能是统计的基本功能。统计部门是提供全面、及时、准确的社会经济统计信息的职能部门，统计信息是社会经济信息的主体。

2. 咨询职能

统计的咨询职能是指利用已经掌握的统计信息资源，运用科学的分析方法和先进的技术手段，深入开展综合分析和专题研究，为科学决策和管理提供各种可供选择的咨询建议和对策方案。在对统计信息进一步加工整理的基础上，对其分析研究、开发利用，就能发挥统计的咨询职能。统计信息咨询可以为各级政府管理部门制订规划、政策和管理决策提供依据，可作为企业制订生产经营管理措施的依据，并且是各类研究机构结合定性分析进行定量分析和预测分析的资料来源。各级政府统计部门拥有丰富的统计信息资源，已成为重要的国家咨询机构，为各级政府管理部门、企业、事业单位、社会团体、个人和国外用户开展统计咨询服务，使统计信息全社会共享，发挥多方面的社会化功能。

3. 监督职能

统计的监督职能是指根据统计调查和统计分析，及时、准确地从总体上反映经济、社会和科技运行状况，并对其实行全面、系统的定量检查、监测和预警，以促进国民经济按照客观规律的要求，持续、稳定、协调地发展。如果说统计是观测经济、社会、科技发展状况的仪表，那么统计监督就是根据该仪表的显示来监测经济、社会、科技发展运行状况是否正常，并对其采取措施进行调节和控制，同时还可起到对该仪表本身运行是否正常进行检测的作用。因此通过统计监督既可以使国民经济健康发展，还可以保障各级政府统计部门的统计工作有效运转。统计的信息职能、咨询职能和监督职能是一个相互促进、相互制约、紧密联系的有机整体。收集和提供统计信息是统计最基本的职能。统计的信息职能是保证统计咨询职能和统计监督职能有效发挥的基础和前提，没有准确、丰富、系统、灵敏的统计信息，统计咨询和监督职能就是无源之水，无本之木。统计咨询职能是统计信息职能的延续和深化，使统计信息能对科学决策、管理和实践发挥作用。统计监督职能是统计信息、咨询职能基础上的进一步拓展，它可以通过对统计信息的分析研究来评价和检验决策、计划方案是否科学、可行，并及时对决策、计划执行和管理过程中出现的偏差提出矫正意见。对统计监督职能的强化，必然会对统计信息和咨询职能提出更高要求，从而促进统计信息和咨询职能的优化。统计信息、咨询、监督职能三者之间这种相辅相成的关系，只有形成合力，提高整体水平，才能使统计在现代化管理中发挥重要作用。

本章练习题

1. 统计工作、统计资料、统计科学三者之间的关系是什么？
2. 统计学研究对象的特点是什么？并做具体说明。
3. 简答指标与标志的区别与联系。
4. 相对指标的作用是什么？

2 第2章 统计的基础工作和应用

本章概述

本章重点介绍统计数据的采集与整理，常用统计图表等内容。重点掌握统计数据的整理及统计图表的使用。

本章学习重点

首先，了解统计调查的概念及其在统计工作过程中的地位，统计表的概念、作用、结构和种类。熟悉统计调查方法和统计整理的内容。在这一章里重点掌握常用统计图表种类及统计分析方法。

2.1 统计数据的采集与整理

2.1.1 基本名词

1. 统计调查

根据统计调查的目的和要求，有组织、有计划地搜集真实资料的过程就是统计调查。统计调查是统计研究的开始，是进一步进行系统整理和综合分析的基础。统计调查不仅为统计研究提供丰富的资料，同时也是取得真实数据的基本环节。

统计调查是正确认识社会的前提，是制定方针政策的依据，也是实行正确领导的先决条件。它是一项复杂细致的工作，不仅需要严密的组织形式，而且要有一套科学的方法，才能使各项调查资料数据准、情况明、反映及时、代表性强。组织统计调查首先要确定调查目的，随后确定调查对象和调查单位，制订调查方案和调查纲要，确定调查的时间和地点，选择适当的调查方法以及做好各项准备工作。统计中有各种不同的搜集资料的方式和方法，它们各自具有不同的特点和实施条件。根据不同的研究目的、调查任务、调查对象和具体条件，正确、灵活地运用各种统计调查方法，具有重要意义。统计调查方法从不同角度区分有以下几种。

① 按组织形式分，有统计报表和专门调查。统计报表是一种经常性的定期调查，它以基层单位原始记录为依据，按一定表式和程序，自下而上地提供基本统计资料。专门调查是对某些社会经济现象进行专门的调查，如普查、重点调查、抽样调查和典型调查等。

② 按调查单位的范围分，有全面调查和非全面调查。全面调查是对调查对象中所有单位进行的调查，非全面调查是对调查对象中部分单位进行的调查。

③ 按调查时间的连续性分，有经常性调查和一次性调查。经常性调查是随被研究现象的变化所进行的经常和连续的登记。一次性调查是不连续调查，一般每隔一段时间进行一次调查登记。

④ 按取得资料的方法分，有直接观察法、报告法和采访法等。直接观察法是调查人员到现场直接对调查对象进行观察、登记。报告法是报告单位利用各种原始记录和核算资料，向有关单位提供统计资料的方法，如统计报表。采访法是根据被调查者的答复来搜集调查资料的方法。

2. 统计调查方案

统计调查前所制订的实施计划，是全部调查过程的指导性文件。统计调查是一项复杂的、严格的科学工作。因此，要搞好统计调查，就必须制订一个周密的调查方案，才能保证调查有目的、有计划、有组织地进行，从而及时准确地获得调查资料。调查方案一般应包括确定调查目的、调查对象和调查单位，拟定调查提纲，制订调查表，确定调查时间和地点等。

3. 填表说明书

统计调查中用文字说明和解释有关调查表上的一些问题，单独印成文件时称为填表说明书或调查说明书。填表说明书包括如下内容：

① 调查的目的和任务；

② 调查对象、调查单位和报告单位的确定；

③ 说明调查项目的含义和范围。

填表说明书的内容很广泛，但编制填表说明书也不应过于庞杂。填表说明书的文字应简明易懂。在统计实践中，通常把填表说明书附在调查表之后。

4. 调查对象、调查单位和报告单位

调查对象是调查目的确定之后所要进行统计研究的社会现象的总体。调查对象由性质相同的许多调查单位组成。调查单位是调查过程中具体登记其标志（特征或属性）的单位。在统计调查中，负责按调查纲要提交资料者称为报告单位或填报单位。报告单位和调查单位有时一致，有时不一致。

2.1.2　统计调查方法

1. 统计报表

这是一种按照国家规定的指标内容、计算办法、报送时间和程序，由填报单位自下而上地向受表机关提供资料的统计调查方式。它有两层含义：把一整套调查组织形式叫做统计报表制度；把以表格形式提出的各种书面报告，叫做报表。

统计报表是我国定期取得系统、准确统计资料的主要组织形式。我国的统计报表按性质和内容分为国民经济和社会发展基本统计报表和专业统计报表。基本统计报表由国家综合统计部门统一制订和发放，它又可分为全国性报表和地方性报表。专业统计报表是各业务部门为取得管理工作所必需的业务技术资料而设置的报表，它是基本统计报表的补充。统计报表按报送周期可分为日报、旬报、月报、季报、半年报、年报等。除年报外，通常称为定期报表，其中日报、旬报又称为进度报表。一般说来，报表报送的时间越短，报送的内容越应该少而简，反之可以多一些。

统计报表的一系列调查项目构成统计指标体系。建立指标体系，设置每一表格、每一指标，都要力求简明扼要，切实可行。

统计报表执行面广、工作量大，需要的人力财力比较多，制订时要从实际出发，防止滥

发报表和任意增减指标，减轻基层负担，提高填报质量。统计报表的格式应力求清晰明了，要明确规定表名、表号、报告期别、填报单位、报送日期、报送方式、单位负责人和填报人签署等。

统计报表制度是国家的一项重要经济制度，必须严格贯彻执行，对报表中规定的指标、范围、表式、计算方法、报送程序和时间等不能擅自更改。基层单位要按序、按时、按质、按量上报。同时要做好统计报表和资料保管、保密工作，防止散失和泄密等。

2. 原始记录

基层单位为指导生产和业务管理所建立的各种登记、记录和表册等称为原始记录。它不仅是基层单位日常经营管理不可缺少的工具，也是各单位填报统计报表的资料来源。原始记录大致可分为原始凭证、原始整理表册和有关核算资料。原始凭证指基层单位对各项业务所作的经常性记载是统计、会计业务核算的重要依据。原始整理表册通常也称基层台账，是用来整理原始凭证，编制统计报表而设置的永久性表册。原始整理表册中，系统地登记了基层单位分阶段和按年度的经济活动情况。它既可以在整理过程中及时发现并更正原始凭证中可能存在的问题，提高原始资料的正确性，又可避免散失，便于基层单位从长期积累的资料中分析研究各种问题。

3. 普查

普查是专门组织的一次性全面调查。它用来调查一定时点上某些社会现象的状况，如人口普查。这种调查主要用来搜集一些比较全面而又不能或不易从经常调查中得来的统计资料，为党和国家制定政策、编制长远规划以及深入分析研究一些社会现象提供必要的依据和参考。

普查的特点是对所有调查单位一一进行调查，调查资料比较准确、全面。但普查涉及面广、时间性强，需动员大量的人力、物力，组织工作比较繁重复杂。

4. 重点调查

重点调查是非全面调查的一种，是从被研究总体的全部单位中选择一部分重点单位所进行的调查。所谓重点单位，就是在所研究现象的总量中占有较大比重，能够反映整个研究对象基本情况的单位。一般的说，当调查任务只是要求掌握基本情况，而部分单位又比较集中地反映所研究对象在某种标志上的主要情况时，采用重点调查比较适宜。这样可以用较少的时间、人力和物力，满足一般研究任务的需要。

重点调查的关键在于确定重点单位。重点单位根据调查任务不同，可以是企业、行业和部门，也可以是某地区和城市。如果重点调查的调查单位比较少，调查项目可以多设一些，以便取得更多的实际资料。目前重点调查大多采用制发统计报表的形式，由重点单位填报，有时也组织专门调查。

5. 典型调查

典型调查是非全面调查的一种，是从被研究总体的全部单位中有意识地选择若干个具有代表性的单位进行的系统而周密的调查。一般的说，通过典型调查可以找出它们的综合特征以此来概括同类现象发展变化的一般情况、总规律与趋势，揭示事物的内在矛盾，找出关键性问题等。典型调查时，调查单位少，便于对被研究事物进行深入了解，取得丰富生动的资料。因此，典型调查是灵活机动，收效迅速，节省人力、物力和时间的一种调查方法。

典型调查的关键在于选择真正具有代表性的典型。从选择典型来看，典型可以是个体的，也可以是整群的，还可以从典型中选取典型单位。典型单位确定后，可以采取召开调查会、个别访问、蹲点调查、发表填报等具体方法搜集资料。在社会经济统计中，典型调查与全面调查可以结合用。在不可能作全面调查而又需掌握总体资料的情况下，如果总体单位差异很小，又不要求资料有高度精确性，可根据若干典型材料推算总体。在总体单位差异较大时，可采用“划类选点”的方法，先按所研究问题的有关标志划分类型组，再从类型组中选取典型单位进行调查。此外，在全面调查进行之后，也可用典型调查法对全面调查资料进行校正，而不需全面复查。

6. 抽样调查

抽样调查是非全面调查的一种，即在总体中抽取一部分调查单位进行观察，并用以推算全部总体的调查。抽样调查一般根据随机原则进行，即每个单位有同等被抽取的机会。但有时也指非随机抽取部分单位所进行的调查，当然所选样本并不一定能代表总体。在我国统计实践中，抽样调查一般是指随机抽样调查。抽样调查是抽样推断的基础，它组织的好坏与否，直接影响抽样误差的大小和抽样推断的准确性。

（1）抽样调查的特点

① 样本的抽取采取随机原则，排除了人们主观因素的影响；

② 可以根据抽样调查的具体要求，确定抽样单位数量，控制和计算抽样误差；

③ 样本调查资料可用于推断总体；

④ 节约人力、物力和时间。

（2）抽样调查的用途

① 有些现象不可能进行全面调查，尤其是对具有破坏性和消耗性产品的质量检查，如灯泡寿命、轮胎行程等；

② 有些现象虽可进行全面调查，但比较困难或并不必要，如城镇居民家庭收支情况和农产品产量等，应用抽样调查同样能取得很好结果；

③ 抽样调查可以对大规模统计调查的结果进行检查，并对它进行修正；

④ 在生产过程中采用抽样调查可及时检查生产是否正常。抽样调查的基本组织形式有纯随机抽样、等距抽样、类型抽样和整群抽样等。在实际工作中，经常把各种抽样形式结合起来运用。

7. 纯随机抽样

纯随机抽样又称简单随机抽样，是从总体单位中不加分组排队，按随机抽样原则抽取调查单位的一种方法。它是给总体中的每一个单位一个编号，然后进行随机抽取。抽取的方法一般采用现成的随机号码表查出所要抽取的单位，也可将总体各单位的号码和名称，逐个写在签条和卡片上，再将它们混合放置，用手工或机械从中随机抽取。简单随机抽样从理论上讲能确实保证调查总体各单位都有被抽中的可能，但是一般在实际应用上有很大的局限性。如有的调查总体单位数很大，对所有单位职工进行编号很难做到。对一些尚在继续生产的大量产品进行随机抽样，更不可能进行编号。简单随机抽样在总体单位间的差异程度较大时，所需抽取的单位数比较多，从而增加调查所需的人力和费用，因此应用比较少。

8. 类型抽样

类型抽样又称分层抽样，是将总体单位先按主要标志划分为若干类型或层次，然后根据随机原则在各类型中抽取调查单位的方法。类型抽样是分组法在抽样调查中的具体应用，既提高了所抽样本的代表性，又遵守了随机原则，各单位有同等被抽取的机会。对于总体复杂，各单位标志值大小悬殊，而总体单位又较多的情况，类型抽样比较可行有效。类型抽样中样本单位的数目，可按各类型在总体中所占的比例分配（通常称类型比例抽样），也可按各类型的标志变动程度确定，标志变动程度大的多抽，反之少抽。在实际工作中，由于事先难以了解各类型标志变动的程度，而类型比例抽样比较方便易行，一般经常采用。

9. 等距抽样

等距抽样又称机械抽样，是将总体各单位按一定标志排列，然后按固定顺序和相等间隔抽取样本单位的方法。用于排列次序的标志，通常选择与调查项目无关的标志，有时也可选择与调查项目有关的标志，如企业人工成本调查时按职工平均工资排列等。等距抽样的间隔距离由总体单位数除以样本单位数得出。等距抽样所抽出的调查单位在总体中是均匀分布的，从而提高了样本的代表性。尤其在研究对象的标志变动度较大时，等距抽样可比简单随机抽样抽取较少的调查单位而又比较可靠、有效。等距抽样与类型抽样相结合，在统计调查实践中得到了广泛的应用。

10. 整群抽样

整群抽样是在总体中根据随机原则成群成批地抽取调查单位的方法。各群的抽取，可采用纯随机抽样、等距抽样或类型抽样等形式。各群被抽取后，要对所有单位全面调查。整群抽样抽取的单位比较集中，样本在总体中分配不易均匀。为保证抽样调查的精确程度，它应比其他抽样形式抽取更多的单位。但是，它的组织比较简单，尤其是对于不适宜采用单个抽取调查单位的现象，就需要采用整群抽样。

11. 复查

复查是指对专门组织的大规模调查的结果所进行的检查。通过复查，可以发现调查统计中的误填、遗漏和重复等问题，从而提高调查资料的质量。复查结果可以反映调查工作水平的高低。复查工作有时也可以在全面调查过程中进行。复查一般采用抽样的方法。抽样调查资料可以和全面调查资料相比，确定差错及比率，用以修正全面调查资料。

2.2 统计整理

所谓统计整理，就是根据统计研究任务的要求，对统计调查所搜集到的原始资料进行科学的加工整理，使之条理化、系统化，把反映总体单位的大量原始资料，转化为反映总体的基本统计指标，这一过程叫统计资料的整理。统计调查所取得的原始资料是反映总体各单位的资料，这些属于各单位的标志仅能说明各单位的具体情况，是不系统的、分散的，还可能带有一定的片面性，无法反映总体特征。统计所需要的是反映总体特征的统计指标，都是以数字表示的，因此需要进行统计整理。

统计资料的整理，属于统计工作的第三阶段。统计整理介于统计调查和统计分析之间，在统计工作中起到承上启下的作用，既是统计调查阶段的继续，又是统计分析的基础和前提，它实现从个别单位的标志值向说明总体数量特征的指标值过渡，是人们对社会经济现象从感性认识上升到理性认识的过渡阶段，是进一步进行统计分析的必要前提。可见，统计整理绝不是个单纯的技术问题，而是统计工作中一个极其重要的理论问题。

2.2.1 统计整理的内容和步骤

1. 统计整理的内容

统计整理的内容通常包括：

① 根据研究任务的要求，选择应整理的指标，并根据分析的需要确定具体的分组；

② 对统计资料进行汇总、计算；

③ 通过统计表描述汇总结果。在统计整理中，抓住最基本的、最能说明问题本质特征的统计分组和统计指标对统计资料进行加工整理，这是统计整理必须遵循的原则。

2. 统计整理的步骤

统计整理的步骤由内容来决定，大体分为以下几个步骤：

① 设计整理方案：整理方案与调查方案应紧密衔接。整理方案中的指标体系与调查项目要一致，或者是其中的一部分，绝不能矛盾、脱节或超越调查项目的范围。整理方案是否科学，对于统计整理乃至统计分析的质量都是至关重要的；

② 对调查资料进行审核、纠正：在汇总前，要对调查的原始资料进行审核，看其是否准确、及时、完整，发现问题，加以纠正。统计资料的审核也包括对整理后次级资料的审核；

③ 进行科学的统计分组：用一定的组织形式和方法对原始资料进行科学分组，这是统

计整理的前提和基础；

④ 统计汇总：对分组后的资料，进行汇总和必要计算，反映总体单位特征的资料转化为反映总体数量特征的资料；

⑤ 编制统计表：统计表是统计资料整理的结果，也是表达统计资料的重要形式之一。根据研究的目的不同可编制各种统计表。

2.2.2　统计分组

统计分组就是根据统计研究的目的和被研究现象的本质特征，将统计总体按照一定的标志划分为若干性质不同的部分或组。

统计总体是由性质相同的许多单位组成的，这就是统计总体的同质性特征。但同质性又是相对的，总体各单位之间还存在着质和量上的差别。因此，统计总体可进一步区分为性质不同的几个部分。

统计分组可以这样来理解：一是对总体而言是“分”，即将总体区分为性质不同的若干部分；二是对总体单位而言是“合”，即将性质相同或相近的单位组合在一起。例如，把所有的工业企业组成一个总体，又可把这个总体按所有制形式不同，划分全民所有制企业、集体所有制企业、合资企业等组。每一组内务企业的所有制性质相同，而组与组之间，各种所有制又存在着性质上的差别。因此，统计分组是在统计总体内部进行的一种定性分类。

1. 统计分组的作用

科学的统计分组是统计整理和分析的基础，是研究社会现象的重要方法。其主要作用有划分社会经济现象的类型；反映现象的内部结构及其比例关系；分析现象之间的依存关系。

必须指出：统计分组的三个作用并不是完全孤立的，而常常是相互补充，可以结合起来运用。例如，划分类型后即可表示结构，有了结构就可进行依存关系分析。

2. 统计分组的方法

分组标志就是用来作为分组依据的标准。统计分组的关键在于选择分组标志和划分各组界限。选择分组标志是统计分组的核心问题，因为分组标志与分组的目的有直接关系。任何一个统计总体都可以采用许多分组标志进行分组。采用的分组标志不同，分组结果及由此得出的结论也会不同。这是因为分组标志一经选定必然表现出总体在这个标志上的差异情况，但同时又掩盖了其他标志的差异。如果分组标志选择不恰当，不但无法表现出总体的基本特征，甚至会把不同质的事物混在一起，从而掩盖和歪曲现象的本质特征。划分各组界限，就是要在分组标志的变异范围内，划定各相邻组间的性质界限和数量界限。

3. 统计分组的种类

统计分组按某一分组标志的多少和组合情况分为简单分组和复合分组。简单分组就是对被研究现象只按一个标志进行分组。例如，将工业企业职工分别按年龄、工龄、文化程度等标志分组。简单分组只能说明被研究现象某一方面的差别。复合分组是采用两个或两个以上的标志结合起来进行分组。例如，将工业企业先按所有制进行分组，在此基础上，再按企业规模分组。采用复合分组，可以对被研究的现象作更深入的分析。但也不宜采用过多的标志进行复合分组，以免组数过多，反而难以显示出事物的本质特征。由于客观事物是非常复杂的，有时需要从不同角度来分析研究，才能认识事物的本质，因此，常常需要采用一系列相互联系、相互补充的分组来进行分析。这一系列相互联系的分组，称为分组体系。例如，对企业职工的分析，常用按工作性质、年龄、文化程度等标志进行许多分组，组成分组体系，从各个方面反映企业职工的各种特征。

4. 对统计分组资料的再分组

统计资料的再分组就是把统计分组资料按某种要求，重新进行分组，以满足统计分析的要求。

再分组的方法有两种：一是按原来的分组标志重划新组，并将原分组资料根据新组组限按比例重新加以整理；二是先划定新组，并确定新组单位数在总体中应占的比重，然后据此将原分组资料按比例重新整理。例如，某工业部门各企业按劳动生产率不同的分组。资料如表 2-1 所示。

表 2-1　某工业部门劳动生产率分组表

按劳动生产率分组 （上组限不在内）/（元/人）	企业数 比重/%	总产值 比重/%	职工人数 比重/%
14 000 以上	3	2. 93	4. 72
13 000 ～ 14 000	2	1. 84	2. 69
12 000 ～ 13 000	4	3. 82	5. 4
11 000 ～ 12 000	12	9. 04	11. 54
10 000 ～ 11 000	9	10. 98	12. 93
9 000 ～ 10 000	20	19. 12	20
8 000 ～ 9 000	15	16. 78	16. 26
7 000 ～ 8 000	10	13	10. 78
6 000 ～ 7 000	14	12. 83	9. 8
6 000 以下	11	9. 66	6. 2
合计	100	100	100

上述分组表资料，由于各组之间差异过小，难以看出其质的区别。现根据统计分析的要求，仍然按劳动生产率标志重新分组，见表 2-2 所示。

表 2-2　某工业部门劳动生产率分组表

按劳动生产率分组 （上组限不在内）/（元/人）	企业数比重/%	总产值比重/%	职工人数比重/%
12 500 以上	7	6. 68	10. 11
10 000 ～ 125 000	23	21. 93	27. 17

续表

按劳动生产率分组（上组限不在内）/（元/人）	企业数比重/%	总产值比重/%	职工人数比重/%
7 500 ～ 10 000	40	42.4	41.65
7 500 以下	30	28.99	21.07
合计	100	100	100

在表 2-2 中，第 1 组是 12 500 元/人以上，它包括表 2-1 中的第 1、2 组，第 3 组中有本组的一部分，这一部分有多大，只能估计而不能准确确定。以 12 500 在 12 000 ～ 13 000 中的位置来估计，12 000 ～ 13 000 中间距离为 1 000，12 500 与上下限的距离都是 500，处于中部，以 50% 的比例把第 3 组分开，一半在上半组，一半在下半组。则第 1 组的各项数值为：

$$3\% + 2\% + 4\% \times 0.5 = 7\%, \ 2.93\% + 1.84\% + 3.82 \times 0.5 = 6.68\%$$

其他各组以此类推。表 2-2 的方法是建立在假设原资料各组内的单位均匀分布的基础上。实际并不如此，故再分组的结果通常具有一定程度的假定性。统计分组法的另一个基本问题是确定分组界限，也就是确定各组的内容和组数。在实际工作中，对一些比较复杂的分组，往往有统一规定的划分标准和分类目录。在进行数量标志分组时，要注意数量界限必须能反映各组的质量差别。这样才能揭示现象在量变中质的变化。

2.2.3　统计资料汇总

在统计分组的基础上，将总体各单位和部分各单位标志值分别归纳到各组去，然后计算出各组总的合计数。通过汇总，便可得到反映总体特征的各种统计指标。所以，统计资料汇总，也是统计整理的重要内容。

统计资料汇总的组织形式有逐级汇总和集中汇总两种。其中逐级汇总是将统计调查资料按照一定的统计管理体制，自下而上地逐级汇总，然后逐级上报。我国现行的统计报表主要采用这种汇总形式。有的专门调查也可采用这种形式。逐级汇总的优点是能满足各级对统计资料的需要，也便于检查和纠正错误。缺点是花费时间较长，发生差错的可能性要大。集中汇总是把全部调查资料集中到组织统计调查的最高一级机关直接进行汇总。一些重点调查及国家布置的快速普查常采用这种汇总形式。集中汇总的优点是可以越过中间环节，速度快，能及时满足对统计结果的需要。缺点是不利于资料的审核、订正，汇总结果不能充分满足各地区、部门对统计资料的需要。

此外，还可把逐级汇总和综合汇总结合起来，称为综合汇总。综合汇总一方面对一些最基本的统计资料实行逐级汇总，另一方面又将全部调查资料实行集中汇总。这种汇总形式兼有上述两种组织形式的优点，但耗费的人力、物力、财力均较大。

统计资料汇总具体体现为计数、加总等计算活动，因此涉及汇总的技术问题。汇总技术主要有两种：手工汇总和计算机汇总。

1. 手工汇总

手工汇总是指用算盘或计算器进行的汇总。利用手工处理统计资料有悠久的历史。虽然比较落后，效率低，但方法灵活、简便易行，即使在计算机广泛应用的今天，运用这种方法处理统计资料仍然有一定的必要性。在基层单位主要采用手工汇总的方法。常用的手工汇总方法有四种。

(1) 画记法

也称点线法。它是用点或线等符号代表每个总体单位，汇总时看总体单位属于哪个组，就在哪个组的栏内点一个点或画一条线，最后计算各组的点或线的数目，得出各组的单位数。这种方法手续简便，但只适合于总体单位数的汇总，不适合对标志值汇总。

(2) 过录法

是将调查资料过录到事先设计好的整理表上，计算出各组的单位数及标志值的合计数，然后再编制统计表。这种方法的优点是既能汇总单位数，也能汇总标志值；缺点是全部资料都要过录，工作量大，也容易产生差错。因此它适用于总体单位数不多，分组较简单的情况。

(3) 折叠法

是将调查表中需要汇总的某一横行或纵栏的统计资料折在边上，然后按顺序叠放整齐，进行加总计算，将汇总的结果填入统计表中。这种方法的优点是简便易行，适用于对标志值汇总；缺点是一旦发生差错，须从头做起。

(4) 卡片法

是利用专门制作的卡片作为分组记数的工具进行汇总的方法。

2. 计算机汇总

用计算机进行统计数据处理，是从 20 世纪 50 年代开始的。计算机数据处理包括对原始数据的加工、存储、合并、分类、逻辑检查、运算以及打印汇总表或图形等。

计算机数据处理的全部过程分为以下五个步骤。

(1) 编程序

用计算机高级语言对数据处理方式（统计汇总等）分成一个个步骤，编成一条条指令（BP 程序），计算机就按部就班，把高级语言源程序编译成计算机可执行的目标程序。

(2) 编码

这是把表示信息（数字型、文字型、图像型）的某种符号体系转换乘便于计算机或人识别和处理的另一种符号体系的过程。编码的质量不仅影响数据录入的速度和质量，而且还将影响数据处理的最终结果。

(3) 数据录入

把经过编码后的数据录入、存储到介质上。

(4) 数据编辑

就是按照事先规定的一套编辑规则对输入计算机的原始数据进行分析、比较、筛选、整理等，使编辑后的全部数据符合编制规则的要求。

（5）制表打印

对经过数据编辑的数据，执行目标程序，形成各种形式的统计表，并把所需数据、统计表或统计图打印出来。

计算机汇总，具有速度快、精确度高、能自动纠正错误等特点。

2.2.4　统计分析方法

整个统计工作由统计设计、统计调查、统计资料的整理和统计分析四部分组成。统计设计是对整个统计工作过程的计划和部署，统计调查的目的在于搜集有关资料，统计资料的整理则是对已经搜集的统计资料进行加工整理，这三个阶段都很重要。但是，只有统计分析才是从感性认识到理性认识的过程，是从认识事物的现象到认识事物的本质及其发展规律的过程。

1. 统计分析意义

① 统计分析是统计工作的基本任务之一。《统计法》第二条规定：统计的基本任务是对国民经济和社会发展情况进行统计调查、统计分析，提供统计资料和统计咨询意见，实行统计监督。

② 统计分析是发挥统计整体功能的重要手段。统计具有信息、咨询、监督三种功能，这三种功能主要体现在统计分析上。因为统计分析是通过对大量统计数据和有关情况的综合分析研究，才形成观点、作出判断，从而提出意见和建议的。实践证明，通过统计分析，能更好地发挥统计的整体功能。

③ 统计分析是发挥统计岗位优势的重要工作，统计岗位的最大优势是掌握了大量的综合性数据，能够比较客观地认识事物。

④ 统计分析是提高统计人员自身素质的重要途径。

统计分析的任务是反映国民经济和社会发展的基本情况及存在的问题，认识其本质和发展变化规律，预测其未来发展，并提出解决问题的建议。

统计分析的目的在于通过分析研究，发现问题、揭露矛盾、找出解决问题的方法。具体在于弄清以下三个问题。

①“是什么”。即根据调查资料，去粗取精，由此及彼，经过深加工，用数字来确切描述事物的本来面目，如实反映事物的发展变化情况。

②“为什么”。即进一步弄清事物发展变化的原因，弄清事物的来龙去脉、内在联系和因果关系。

③“怎么办”。即在弄清上述问题的基础上，进一步探索事物发展变化的动向、解决问题的方法和途径，提出建设性意见。把上述三个问题弄清楚，也就达到了统计分析的目的。

2. 统计分析原则

（1）实事求是

一切从实际出发，如实反映情况，真正起到为领导决策提供依据的作用。要认真负责，反对草率从事，与个人主义、本位主义等不良倾向作斗争，反对随波逐流、虚报瞒报等坏作风。

（2）科学全面

统计资料的加工整理和分析研究方法必须是科学的，分析问题的资料要有代表性，不能以点带面和以偏概全。

（3）一分为二

按照唯物辩证法的基本原理，看问题一分为二，既要分析客观原因，又要分析主观原因，既要看到成绩，又要看到问题，坚持用全面、发展的观点来观察、分析事物，从事物相互关系中分析问题，找出影响事物发展的主要矛盾和矛盾的主要方面，从而深入剖析事物的本质。

3. 统计分析种类

统计分析按照不同的分组标志可分成若干种，最常见的分组有两种：一是按照时间的不同，将统计分析分成进度分析和年度分析两种；二是按照统计分析内容的不同将统计分析分成专题分析和综合分析两种。此外，还有按分析角度分的宏观、中观、微观分析，按提供方式分为内部资料和新闻稿件，按分析形式分为文字分析、图表分析和口头分析，按分析层次分为说明性分析、论证性分析、预测性分析和建议性分析等。

4. 统计分析的常用方法

由于统计分析的任务和对象不同，所采用的分析方法也就有异。一般情况下采用的统计分析方法有对比分析法、分组分析法、因素分析法、动态分析和统计预测等方法。

（1）对比分析法

这是统计分析中运用较多的一种方法，通过将同类指标进行对比发现问题。常见对比有实际完成数与计划数进行对比、本期实际数与上期实际数进行对比、本期实际数与历史最高水平进行对比、部分与总体进行对比以及国际、企业间的同类指标进行对比。

（2）分组分析法

这是统计分析中必不可少的分析方法。常见的分组有分地区、分登记注册类型、分行业、分职业、分年龄、分性别、分文化程度等。

（3）因素分析法

即对影响事物的各种因素进行分析的统计分析方法。

（4）动态分析法

这是一种通过分析各时期社会经济现象的数量表现和数量关系的发展过程，认识其发展规律并预见其发展趋势的方法。事物总是不断发展变化的，因此统计不仅要对一定时期现象的相互联系进行分析研究，而且还要对它在不同时期的发展变化进行分析研究。进行动态分析的关键是积累和掌握各时期统计资料并编制动态数列。有了动态数列，就可以进行前后时期的对比分析，研究社会经济现象的发展方向、速度及其规律性。动态分析常用的指标有发展水平、增长量、发展速度、增长速度、平均发展速度和平均增长速度等。

（5）统计预测

统计预测是一种根据统计资料所反映的社会经济现象变动过程和数量对比关系，利用一定的统计方法，对未来可能出现的趋势和可能达到的水平所作的预计和推测。

统计预测的方法有很多，归结起来有时间序列预测和相关关系预测两种。时间序列预测是从历史资料出发，用统计分析方法找出以往变动的趋势，然后予以外推进行预测。相关关系预测是从反映现象间相互关联的资料出发，用统计分析方法找出现象间的因果关系和结构比例关系，然后从量上推断未来的发展变化。统计预测通常包括以下几个步骤。

① 确定预测目的、对象和预测期限。首先要根据历史唯物主义和政治经济学所阐明的原因对研究对象作周密分析，掌握其最主要的数量关系。这直接关系到资料的收集和预测方法的选择。

② 占有数据资料。一种是表面现象变动趋势的历史数据资料，一种是特定时间同一预测现象的各种分组数据资料，两种资料结合运用。资料要求完整、系统、准确或做必要的调整。

③ 确定预测方法。根据预测对象的性质特点和要求来确定。

④ 进行综合判断。把预测结果与有关因素及其作用的变化结合起来判断，提高统计预测的可靠程度。

统计预测在实际工作中得到广泛运用。正确运用统计预测，可以为经济管理决策、制定政策、编制计划、规划和具体组织生产经营活动提供科学基础。

5. 统计分析步骤

（1）明确分析目的，选准分析题目

根据分析目的，恰当选择分析题目，是统计分析中的重要一步，是统计分析成功与否的关键。确定分析题目一定要注意时效性和针对性。一般来说，通过统计分析应为领导提供其关心的五种信息：

①“追踪型”信息，即党政领导机关作出重要决策或布置重大任务后，搜集、反映贯彻落实情况，以帮助领导审时度势，指导工作；

②“经验型”信息，即各地区、各部门和各单位在贯彻执行党的方针政策上的一些好做法；

③“拾遗补缺型”信息，即在领导集中精力考虑某些重大问题时，应适当地向其提供其他方面的有关信息，以免发生疏漏；

④“超前型”信息，即在作出某项决策之前，及时搜集有关的各种信息，为领导决策提供依据；

⑤“逆向型”信息，即报忧的信息。

（2）搜集资料，深入调查研究

统计资料是进行统计分析的根据。因此，必须尽可能多地搜集与分析题目有关的统计资料。统计资料的来源，首先是利用现有的统计资料，如年报、半年报、季报、月报等。同时还必须搜集历史资料以及了解有关业务核算、会计核算的资料。为了核实资料和了解一些具体情况，还要深入实际进行调查研究，把数字和实际情况结合起来，使资料丰富、充足。

（3）鉴别、整理资料

使用资料前，首先要对资料进行鉴别。鉴别的内容包括资料的正确与否，是否符合实际情况，资料的可比性和计算口径是否一致等。然后应根据分析的需要对资料进行加工整理，去粗取精，去伪存真，围绕分析题目，把有关资料归纳在一起，使其更加系统化和条理化，为进行系统的统计分析做好准备。这个过程也就是“去伪存真”和“分门别类”的过程。

(4) 开展分析

对准备好的资料进行研究，运用科学的方法进行分析，找出事物之间的关系、问题、原因和规律。

(5) 写出统计分析报告

根据统计分析结果，以文字形式写出书面报告。

2.3 常用统计图表

2.3.1 统计表概念

广义地说，凡是统计调查、统计整理、统计分析中所用的表式，如调查表、汇总表以及公布资料所用的表式都是统计表。狭义地说，统计表是指用以记载统计汇总结果和公布统计资料的表式。通常是按狭义来理解。

统计表有简单表、分组表、复合表等。统计表把大量的统计数字列表后，能使庞杂的资料简单清晰，便于有关资料的比较和揭示现象间相互关系及发展趋势。

统计表构成从形式上看，统计表由标题、横标目、纵标目、格线、数字、表注等要素构成。从内容上看，统计表包括主词和宾词两部分。主词用以说明所研究事物的总体，或是总体的各个组、各个单位的名称；宾词用以说明总体的一系列指标。通常主词写在表的左方，宾词写在表的上方，但在必要时也可互换位置。编制统计表时其内容不宜过于繁杂，分组层次或指标也不宜过多。

1. 标题

标题是统计表的名称。它简要地说明表中统计资料的内容。写标题时应注意：

① 标题应置于表的上方，自左向右横写；

② 标题文字应简短概括，能确切说明表的内容及资料的时间和地点；

③ 标题文字较多时可分写两行，或加一副标题；

④ 标题字体要大于其他部分的字体，一般是用粗体正楷字书写，不可用花体或草体书写；

⑤ 标题与表之间要留一定距离；

⑥ 表的横标目的内容较多，在一页纸上写不完时应另页继续编制，各页表首都应写标题，除第一页外，余页各表的标题都应注明“续”或“续前”等字样。

2. 标目

统计表中横行或纵栏的名称称为标目。横行的名称叫做横标目，横标目通常写在表的左边，用以说明总体各组或各单位标志。纵栏的名称叫做纵标目，纵标目通常放在表的右上方，用以说明总体各组或各单位的指标。写标目时应注意如下几点。

① 标目的文字一律由左向右横写。

② 标目的排列次序一般有重要程度、等级高低、数字大小、时间先后、笔画多少、地域位置和习惯次序等几种。

③ 大标目之下可分小标目，小标目之下可分细标目。

④ 标目各项的概念要含义明确、互相排斥，不要含糊不清、模棱两可，有关系的数字，应排在接近的栏或行。

⑤ 标目特别重要时，可用粗体字写。

⑥ 总计、平均值、百分比等，根据实际需要放在标目之前或标目之后，总计放在标目之前，可引起人们对总计的注意。

⑦ 为便于检查和阅读，标目可用数字或字母标明，跨页的统计表，标目应照原表列出。

3. 数字

数字是统计表的主体。数字有的是总体单位数，有的是总体标志值。统计表中的数字有绝对数、相对数或平均数。填写数字时应注意如下几点。

① 位置要排列整齐。纵栏位置的数字、小数点应上下对齐。同一个表上的数字，小数的取舍位数应相同。

② 如表中数字只有一种计量单位，可将单位名称写在表的右上角；在各计量单位不同时，应分别写在标目下。

③ 特别重要的数字要用粗体字写。

④ 数字行列不应混杂文字，文字说明可写在备注里。

⑤ 制表时无数字资料或有资料未得到，应分别用“—”或“…”符号表示，表中不应留有空白格。

4. 格线

格线是指统计表中划分标目所用的直线。划格线时应注意如下几点。

① 纵栏与纵栏间，大标目与小标目间，小标目与细标目间都要用格线划分。

② 横行与横行间不必用格线划分，如果横标目特别多时，为便于查阅各行的数字，可每五行空出一行，不需要画格线。

③ 表的上下两端划粗格线，纵栏间用细格线。

④ 统计表一般为开口式，即表的左右两边不画格线。

5. 表注

表注是指对统计表的标题、标目、数字资料或制表单位、制表日期等用文字所作的补充说明。写表注时应注意如下几点。

① 标题、标目、数字等须加以说明时，应在其右上角标注符号，如“①”、“（1）、（2）”等，在表注中应对相应的符号作相应说明。

② 表注应简明扼要。

③ 表注一般应写在表的下端。

④ 表注应列出资料来源，以便查考。

2.3.2　统计表种类

1. 简单表

简单表是指表的主词未作任何分组的统计表。简单表有两种形式：一是主词只列举总体各单位名称的统计表；二是主词只按自然地域或时间顺序排列的统计表。简单表可以用来比较各单位经济活动情况，也可以说明现象的发展，但它不能用来说明现象的类型和依存关系。

2. 分组表

分组表是表的主词由按某一标志分成的各组所构成的统计表。分组表有按品质标志分组的，也有按数量标志分组的。分组表可以揭示现象的类型，表明总体的内部结构，分析现象之间的依存关系等。例如，某单位对36个车（组）的服务合格率进行检查的结果如表2-3所示。其主词是按服务合格率分组的调查对象。

表2-3　调查对象设计

按服务合格率分组/%	班（组）个数	各组生产计划完成率/%
80以下	3	76.0
80～85	12	92.5
85～90	16	105.3
90以上	5	110.0
合计	36	103.4

3. 复合表

表的主词是由两个或两个以上标志的复合分组所构成的统计表称为复合表，示例如表2-4所示。复合表比分组表更能深入地说明问题，它可以表现出各分组标志之间的关系，可以分析社会经济现象的特征和规律性，但分组层次不宜太多。

表2-4　客运量增长速度

年份	客运量/亿人次	增长量/亿人次		发展速度/%	
		逐期	累计	定基	环比
第一年	14.8	—	—	100	—
第二年	14.5	-0.3	-0.3	98	98

续表

年份	客运量/亿人次	增长量/亿人次		发展速度/%	
		逐期	累计	定基	环比
第三年	15.6	1.1	0.8	105	108
第四年	17.3	1.7	2.5	117	111
第五年	20.6	3.3	5.8	139	119
第六年	23.6	3.0	8.8	159	114

4. 调查表

统计调查时，根据调查纲要登记资料所使用的表格称为调查表。调查表的主要内容是调查项目。调查表一般有两种形式：

① 单一表，即一张表上只登记一个调查单位的材料，它可以填写较多的调查项目；

② 一览表，即在一张调查表上登记许多调查单位的材料。在调查项目不多时，利用一览表可以节省人力、物力和时间。

调查表的项目有时把所需调查的事项采用问题形式提出，要求用“是”或“否”来回答，或是在回答栏里填一简明符号，如“✓”或“×”等。设计调查表时必须注意各问题的排列顺序，距离适当，填写空需多留，并采用粗细线条将各项目和部分分开。为了帮助正确填表，还应附有必要说明。对于表中项目的含义、计算方法及需要注意的问题，都应予以简要解释。

5. 整理表

整理表是根据统计工作的目的和要求，密切联系调查内容，把统计调查收集到的原始资料分门别类地汇总整理的表式。在人工整理资料时，整理表可将大量资料汇总和整理，使之系统化、条理化。

为使统计表能科学地表明指标体系的先后次序及相互关系，必须对宾词指标进行合理设计。宾词指标的设计有单一设计（又称平行设计）和复合设计（又称层叠设计）两种。宾词指标的单一设计简单清晰，但分组标志彼此分开，不易发现其内部联系。复合设计是将各分组标志层叠在一起，能够详细说明研究现象的特征。但复合指标不宜过多，否则就会使统计表繁杂，不能一目了然。

2.3.3 统计图种类

统计图是表现统计资料的一种重要方式，用几何学的基本度量如点、线、面或具体事物形象，表明社会经济现象及其发展过程。把统计资料绘成统计图后，能给人以明晰、概括、形象、生动的感觉。

统计图常用来反映社会现象规模、结构、依存关系，反映现象的变动程度和发展趋势，检查和分析计划执行情况，表明现象在地区的分布情况等。常用的统计图有条形图、曲线图、平面图等。各类统计图都有自己的特点及适用的范围，绘制时应根据资料的内容和性质，选用适当的图形。以表2-5（某公交公司季度收入完成情况）为例，说明不同形式的统计图。

表2-5 季度收入完成情况 单位:%

	第一季度	第二季度	第三季度	第四季度
一公司	204	274	90	204
二公司	306	386	346	316
三公司	459	469	45	439

1. 饼图

是用一个圆代表现象总体，每一瓣代表现象中的一类，其大小代表它在总体中所占的百分比频率，如图2-1所示。

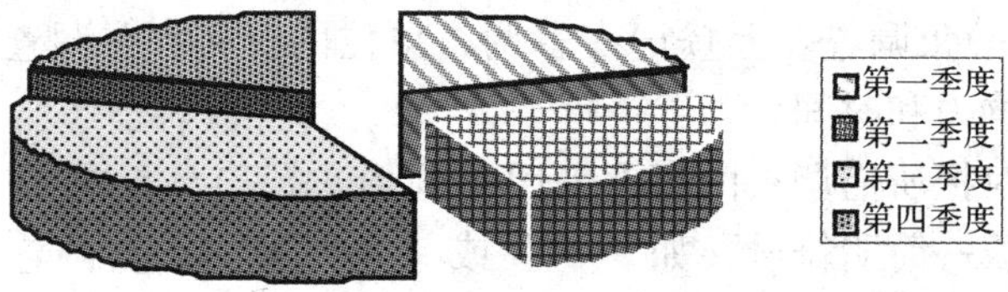

图2-1 饼图（单位：万元）

2. 柱形图

多用于描述定类与定序变量的分布，它是以长条的高度表示变量不同取值的频率分布的，其中长条的宽度没有意义，一般均化成等宽长条。长条的排列可以是离散的，也可以是紧挨着的，如图2-2所示。

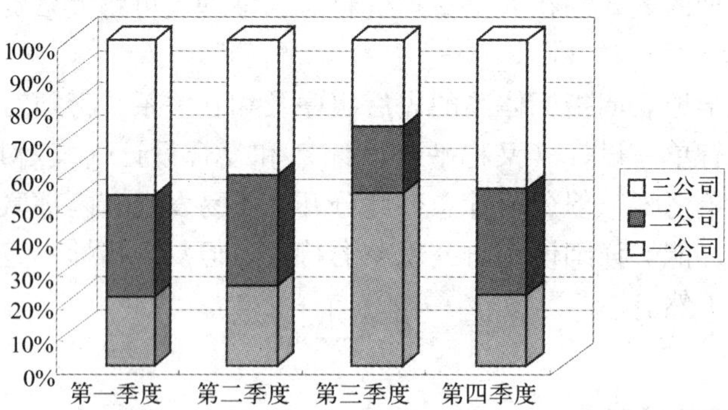

图2-2 柱形图

3. 条形图

是由紧挨着的长条构成的图，如图2-3所示，与柱形图不同的是，它的条的宽度是有意义的，实际上它不是用长条的高度而是用长条的面积表示频率的大小，长条的纵轴高度表示频率密度（频率密度 = 频率/组距），长条的宽度表示组距。条形图仅适用于定距变量。

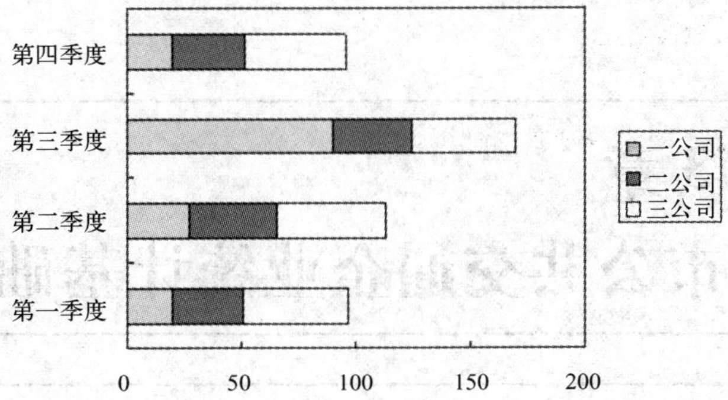

图 2-3　条形图（单位：万元）

4. 折线图

折线图是用直线连接条形图中条形顶端的中点而成的。当组距逐渐减小时，折线将逐渐变为平滑，趋向为曲线，这种图称之为折线图，如图 2-4 所示。

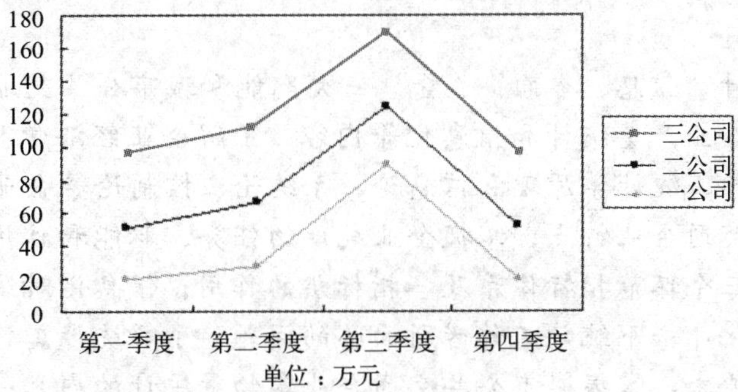

图 2-4　折线图（单位：万元）

本章练习题

1. 抽样调查的特点是什么？
2. 试述纯随机抽样、等距抽样、类型抽样和整群抽样的特点。
3. 试说明统计分组的作用。
4. 统计分析是提高统计人员自身素质的重要途径，统计分析不同于一般的经济研究的定性分析，它的特点是什么？
5. 统计预测包括哪些步骤？

3 第3章 城市公共交通企业统计基础

本章概述

本章重点介绍城市公共交通企业中统计工作的具体内容和方法；以及信息化技术对统计工作所产生的影响。重点掌握企业统计的基本特征和城市公共交通企业实物量统计的意义，工业性作业产量、产品价值、生产均衡性统计的区别与联系，并熟悉以上三种统计的特点及其统计方法。

本章学习重点

熟悉公交统计“信息、咨询、监督”三大职能和城市公共交通企业按车队统计的主要指标、企业产量统计和信息化等内容。了解企业经济学、企业管理、概率论与数理统计学、统计学原理和信息论、系统论、控制论等企业统计理论与方法；并针对公共交通企业特点，掌握企业统计的任务、职能和作用；了解城市公共交通企业统计三个环节指标体系及各指标层的作用；信息化对统计工作所产生的影响及在信息化冲击下统计工作者所面临的问题；了解统计工作的发展方向和对统计工作者的要求。掌握城市公共交通企业实物量统计的内容；公共交通企业统计的特点及其形成原因以及数据处理的四种方法。

3.1 企业统计的基本特征

企业统计简单地讲就是用多种手段与方法去收集、汇总企业生产经营管理过程中的各种数据和情况，整理成表格或文章，供各级领导了解情况、分析对比之用。在市场经济下，企业是自负盈亏的独立生产经营者，要为自身的生存、发展而拼搏，企业统计的首要任务是如何从统计这个企业管理基本手段的专业特点出发，来为企业生存发展、提高经济效益服务。

3.1.1 企业统计理论与方法基础研究

1. 马克思主义哲学

统计作为一种调查研究活动，统计方法作为一种分析问题、解决问题的方法，必须以马克思主义哲学作为理论基础，企业统计无论从认识对象上看或是从认识过程以及认识方法上看，马克思主义哲学均具有普遍的指导作用。

2. 马克思主义、毛泽东思想与邓小平建设有中国特色的社会主义理论

马克思主义关于商品化的理论，使我国统计信息与咨询业走上了产业化、商品化的道路。毛泽东指出“任何质量都表现为一定的数量，没有数量也就没有质量”，“对情况和问题一定要注意到它们的数量方面，要有基本的数量分析”，“要了解情况，唯一的方法是向社会做调查”、“没有调查，就没有发言权”以及实践是检验真理的唯一标准和解放思想、实事求是的思想路线，都使统计学科的认识实现了一次突破，是统计工作必须坚持的原则。邓小平关于国家要开放，对内对外都要开放的理论，发展了我国“开放式”统计及其“五个转变”（统计服务方向的转变，统计信息源的转变，信息采集办法的转变，加工处理信息技术的转变，服务方式的转变）的战略。

3. 企业经济学

企业经济学是政治经济学与微观经济学中有关企业经济内容的有机结合，它是全面研究企业经济活动规律的综合性学科。其主要内容包括生产力诸要素，生产关系诸方面，生产的投入与产出，劳动投入及报酬，物化劳动投入与补偿，经济效益，以及价格、市场、企业经营的宏观调控等方面的内容，是企业统计的理论基础。其内容及任务在于揭示客观事物发展变化的规律，用以指导人们按照客观规律的要求去改造世界。

4. 企业管理学

企业管理是根据企业特性及生产经营规律，按照市场反映的社会需求，对生产经营活动进行计划、组织、调节、控制充分利用各种资源以取得经济效益，实现生产经营目的活动的总称。企业统计主要为企业经济服务，是企业经济管理的重要手段，企业统计机构的设置、统计内容的确定等都要从企业生产经营管理的客观需要出发设计安排。

5. 概率论与数理统计学

概率论与数理统计是研究随机现象的数量关系和变化规律的，作为统计研究对象的客观现象，在不同程度上具有随机性质。因此，统计在研究这些现象的数量关系时，应该运用概率论与数理统计所提供的理论与方法。例如，统计根据概率论的大数定律，对大量事物的观察数据加以综合汇总，计算各种综合指标，可以较好地反映现象的规律性和趋向。统计调查所运用的参数估计、假设检验、回归与相关分析等都用到数理统计方法。

6. 统计学原理

统计学原理作为一门认识方法论的科学，主要为统计工作提供统计调查、资料整理汇总和统计分析的一般原则和方法，具有科学性、实用性与基础性等特点。企业统计工作者通过统计分析的方法，分析说明企业规模、水平、各种经济关系、预测发展变化情况等，达到对企业经济现象的具体认识，从而为企业管理与决策制订计划、方针和措施提供可靠依据。

7. 信息论、系统论、控制论

信息论在企业管理中的运用：主要是遵循信息论的基本原理，利用统计手段获取企业生产经营所必需的各种统计信息，为企业的生产经营和管理服务。在具体应用中主要是掌握与企业生产经营有关的各种信息，并有效地采集和加工信息，同时利用信息论原理具体地进行各种控制。

系统论在企业管理中应用：企业的生产经营组织是一个复杂的控制系统，企业统计管理必须适应系统的内在特征和规律，进行统计管理。企业经营系统利用系统论方法进行企业统计控制，主要运用系统的整体性，关联性原理进行全方位、全要素、全员和全过程控制；运用系统的层次原理，按照企业组织的层次结构，由上而下进行逐级分层控制，形成一个企业经济自动控制系统；运用系统的环境适应性原理，找出企业系统的约束条件，不断适应企业经营环境的变化；利用系统的平衡性原理，努力使企业生产经营管理和发展达到平衡状态；利用系统状态原理，对企业系统的运行状态进行跟踪检测等。

控制论在企业管理中应用：将控制论方法尤其是自动控制理论运用于企业统计控制，是一种重要的统计控制方法。它是将各种控制论方法与统计手段有机结合，在企业统计控制操作中，获得直接应用。控制论方法在统计中的应用主要包括产品质量控制、抽样误差控制等。

3.1.2 企业统计的任务、职能和作用

1. 企业统计的任务

(1) 企业投入统计

企业的投入在实物形态上主要表现为人、财、物三大项的投入，主要包括企业组织和劳动统计、企业设备物资统计、企业科研投入统计、企业资金投入统计等方面的内容。对于公交企业来说主要有企业人员配备、运营车辆的投入、各种物资投入、场站建设等。

(2) 企业产出统计

企业产出统计是对企业生产经营成果的统计，不同类型的企业，其成果形态是不同的，会从品种、数量、质量三个方面表现出来。公交企业的产出统计主要有客运人次、票款收入、营运里程等。

(3) 企业质量统计

质量是企业的生命，企业必须高度重视对产品质量的管理。企业质量统计就是对企业产品进行质量管理的主要依据。公交企业的质量统计主要有安全行驶里程、安全间隔里程、车辆卫生合格率、服务投诉率等。

(4) 企业财务统计

企业财务统计是通过价值计算，系统反映企业经营活动状况和规律的统计方法。主要是利用资产负债、成本费用、损益和分配等经济范畴，对生产经营过程中的资产和权益、劳动耗费和劳动成果及其分配进行统计和分析，主要有资产统计、负债统计、所有者权益统计、成本费用统计、收入、利润及其分配统计。

(5) 企业综合评价

企业的经营活动需要用统计目标的实现程度来衡量，这就需要对企业统计进行综合评价，企业综合评价主要包括两大部分内容：一是对企业经济效益完成情况的评价；二是根据企业经营状况对企业的发展进行全面评估。

以上几项内容，形成了企业统计体系。

2. 企业统计的职能

企业统计的职能是对企业生产经营活动过程中的信息进行全面系统地采集、整理、存储，并进行综合分析和研究数据之间的内在联系，正确地描述和揭示企业的发展规律，预测和导向企业的发展，为各级决策部门及时、准确地提供有价值的信息资源。因此，统计信息与企业管理决策的关系十分密切。企业职能主要有描述职能、评价职能、预测职能、决策职能、控制职能以及监督职能六个方面。

(1) 企业统计的描述职能

企业是一个复杂的经济系统，要使系统正常运转，必须做到心中有数、情况明确，全面掌握企业的经济状况。企业统计通过完整而系统的数据，准确描述企业生产经营活动的过去

和现状，并揭示其变化规律。

（2）企业统计的评价职能

企业的描述职能反映企业生产活动的实际运行情况，但它反映的各项指标都是孤立的，还未形成系统的认识，其职能有一定局限性。要反映企业生产经营活动的整体情况，需要多指标的综合。企业统计评价是通过准确、丰富、高质量的统计数据等多项指标综合，得出明确判断的方法，能对企业经营系统或某个环节、某个方面进行综合评定，具有考核、监控等作用。

（3）企业统计的预测职能

通过对各种经营现象的数量资料进行收集、整理、分析，对企业的发展提供经验和理论基础，进而对企业的发展进行合理预测。定量预测与定性分析、预测相结合已成为企业发展前景预测和制定中长期发展规划和生产经营计划的基础。

（4）企业统计的决策职能

企业管理的中心是决策。决策决定着企业经营的方向和效益，决策正确与否关系到企业的兴衰成败。企业统计决策，是指为了实现某种预定的经营目标，在统计描述、评价和预测的基础上，设计各种可行方案，并对方案进行评价，从中选出最佳方案，并检查实施情况过程。统计参与决策是企业统计的一项重要职责。

（5）企业统计的控制职能

为了保证企业经营目标和具体方案的顺利实施，应对实施过程中出现的新情况、新问题，需要发挥统计的控制职能。对影响企业经营的各种因素进行识别、反馈，并采取调控措施，使企业生产经营活动在新的条件下达到稳定或最优运行。实现企业目标，或使企业经营目标在新的条件下实现最优。

（6）企业统计的监督职能

企业统计的显示结果，首先可以用来监督检查企业经营决策和计划在各部门的贯彻执行情况，及时发现偏差，加以纠正；同时也可以用来检查企业经营管理过程中贯彻执行国家的方针、政策和执行情况，及时发现偏差并纠正，保证企业经营的正确方向。

在新的形势下，必须深化公交统计“信息、咨询、监督”三大职能的作用，在强调“快、精、准”标准的前提下，更要向“高、广、深”层次迈进。“快”是指统计信息的时效性，“精”是指统计信息的针对性，“准”是指统计信息的准确性；“高”是指统计分析报告要定位于全局的、宏观的角度去分析解剖现象，“广”是指统计分析报告的内容覆盖更为全面，“深”是指统计分析报告的内涵更为深刻。企业统计职能只有实现了“快、精、准、高、广、深”的要求，才能为决策者提供最新的、最有价值的统计信息，才能有效地将“统计信息资源”转化为“经济资源”，进而实现统计本身的生存价值，更好地为企业服务。

3.1.3 城市公共交通企业指标体系

我国现行国民经济分类，将城市公共交通企业列入第三产业，但经营公共交通企业的单位是企业，不是福利事业。这就决定了城市公共交通企业具有双重性，既有企业内部经济效益的一面；又有提高服务质量为城市管理提供更好社会效益的一面。

城市公共交通企业是多工种的联合劳动生产单位。它的生产活动分散流动，生产范围面广点多，经营管理比较复杂。所以，反映企业经营活动的统计工作，内容也较广泛，它不但要反映公共交通企业经营活动的统计工作，也要反映公共交通企业的经济效益，更重要的是反映企业的社会效益。在企业统计工作中既有服务性统计指标，也有交通企业管理的各项统计指标。为了正确地、全面地反映它们的各自情况，就需要把不同的指标有机地联系起来，形成科学完整的城市公共交通企业统计指标。指标体系在指标设置上要兼顾城市公共交通企业的两重性，既要有公用事业服务供应方面的指标，又要有企业管理的统计指标。

城市公共交通企业统计，根据我国国情和实际需要，经过不断改革和完善，统计指标体系已基本建立健全。根据政府职能部门、业务主管局和企事业单位各级职责的不同，将指标划分为三级管理。国家政府职能部门管理的指标主要是反映公交企业的发展情况，大部分属于在宏观方面的综合性指标。业务主管局根据各地实际情况，适当增加部分二级管理指标；企业管理的指标，除满足以上两级管理指标的需要外，还要有自身经营管理需要的指标。

三个层次的指标，既有内在联系，又各自独立、协调统一、相辅相成，也便于城市间、企业间的横向信息交流。国家政府职能部门管理的指标，住房和城乡建设部制定有统一的指标和表式，对业务主管局和企业管理的指标只作指标的统一解释并指定计算方法。目前城市公共交通企业统计内容包括以下六个方面。

1. 运营统计

反映城市公共交通企业的运营结果和运营车辆及运用情况。如运营车辆数量、客运量、客运周转量、运营车速和运营路线统计等，下面具体介绍车辆及运用情况和客流量调查。

车辆是城市公共交通企业进行运营的基本设备。所谓运营就是由驾驶员操纵车辆完成乘客在位置上的转移。一个公交企业的规模、能力、人员配备、运营范围及站点设置、车辆保修力量的配置以及应有的燃料储备和生产资金等，无不与其拥有的车辆数量有关。同时，在既定车辆数量的条件下，所有这些问题又都与公交企业的车辆运用水平有着密切联系。公共交通企业必须依靠职工群众，管好用好车辆，安全、优质、低消耗地完成和超额完成运营任务，为社会做出更多贡献。

车辆及运用情况统计的任务就是要及时、如实地把企业拥有车辆变动及其运用情况反映出来，为各级领导和企业职工搞好企业管理，更好地按经济规律办事，提供必要的统计资料。具体说来就是：

① 反映企业实有车辆的数量及其形式和载客能力，为计算企业的运营能力，制定运营计划、安排运营任务、配备劳动力和车辆保修能力提供依据；

② 反映职工不断提高车辆运用水平的情况，分析研究车辆在时间、速度、载运能力等方面的利用程度及存在问题，为进一步改善运营组织和车辆运行调度提供方便；

③ 为检查车辆增减计划执行情况提供资料，编制定期统计报表，满足各级领导了解情况、指导工作、制定方针政策的需要。

客流量调查是城市公共交通企业统计工作中极其重要的一项统计调查。它是安排运营生产的基础，特别是在乘客人数不断增加、车辆不足、客运负荷不平衡的情况下，只有充分掌握完整的客流动态，才能科学地组织运营生产，确保客运服务质量，不断提高服务效率和经济效益。因此，一些经营管理好的大城市的公共交通，都把客流量调查作为统计工作的重要组成部分，定期或不定期开展。在一些客流量大，乘车难又很突出的城市，每隔一年到两年都要进行一次全市性客流量调查。一般是采用全面随车记录调查法，即在每条运营线路的每辆车上，派专人记录每个车站上下车的乘客人数及留站的人数。这种调查方法虽然花费的人力物力较大，但取得的资料全面、可靠、作用大。如公共交通系统的运营动态，各大集散点与居民住宅区乘客集散情况，月票乘车情况及月票在各个区域线路上的流量分布等资料以及时间、分流向的客运人次和断面通过量资料等等。均可分别统计出高断面满载系数、各线路客运周转量、平均运距、线路平均负荷、交替系数、乘客密度，月票每天的平均乘车次数等指标。这些资料对全理调整和新开辟线路网，合理调整和设置车站，组织行车密度，编制作业计划（即行车时刻表)，改进调度指挥都是很重要的依据。

在客流量的调查中，反映比较突出的是乘客乘车时间的不平衡。高峰时间，乘客拥挤、车辆紧张；高峰过后，乘客减少、车辆有余。要彻底改变这种现象，必须做出综合治理，如实行错开上下班时间和公休日措施，是缓解高峰时间拥挤状况的有效办法。

2. 安全统计

主要包括行车事故统计、行车责任事故伤亡人数统计两方面。

安全行车具有重要的社会意义和经济意义。公交企业须尽最大努力保证安全行车，多快好省地完成运营任务。在行车过程中，事实上存在着一些不安全因素。对这些不安全因素，人们不但能够认识它，并且能够克服它。

3. 服务质量统计

关于城市公共交通企业服务质量指标体系，主要是指行车服务质量指标，重点是对司机、售票员和乘务人员的服务质量进行统计，定量分析并进行比较，从而为不断加强服务管理，提高工作服务水平提供统计依据。

根据国家规定，城市公共交通企业行车服务质量方面的主要指标有：车厢服务合格率，主要是用以反映运营车辆服务人员达到服务标准的合格率；车辆整洁合格率，主要是用以反映运营车辆的车容、设备、标志、清洁等达到规定整洁标准的合格程度。

除了以上统计指标，在实际工作中还有服务规范执行率以及服务设施配置齐全率等。因此，服务质量统计指标是反映城市公共交通企业优质服务的重要内容。目前国家已将服务质量统计指标作为考核公共交通企业升级的重要内容。

4. 技术统计

包括车辆等各种运输设备的管理、保修、质量管理、定额管理等统计内容。

城市公共交通企业技术管理，是企业管理的重要组成部分。企业组织良好的车辆保养修理工作，以数量、质量、效率及节约费用等各个方面满足车辆的保修需要，经常保持尽可能多的车辆处于完好的技术状况，使其可以随时出车，是保证公共交通企业安全、优质、低消耗的完成客运任务的重要条件之一。公共交通企业车辆及各种设备的大修、中修、小修和保养作业，一般在自设保养场或保修车间进行。有的企业大修在专业汽车修配厂（包括内部附设的汽车修配厂、保修厂）进行。

5. 劳动统计

包括职工人数统计、工资统计、劳动生产率统计、工伤事故统计等。

公共交通运营过程，同物质生产部门的生产过程一样，需要消耗一定的劳动和物质。

人的劳动是进行任何生产所不能缺少的，同时又是最宝贵的。为了能更好地组织公共交通企业人的劳动，必须调动职工的积极性。企业应该实行优化组合，不断改善生产组织和劳动组织，搞好劳动工资的统计工作。

公共交通企业劳动工资统计的基本任务是及时、准确、全面地反映企业劳动力的变动和使用情况、工资变动情况以及劳动生产率水平和工作事故情况，借以促进企业劳动管理工作的不断改进，并为各级领导制定有关的政策，指导工作，编制和检查计划提供依据。公共交通企业劳动工资统计的主要内容如下。

① 统计劳动力的数量、构成和职工人数的变动情况。

② 统计劳动时间的利用情况。

③ 统计劳动生产率，分析研究变动情况。

④ 统计工资支付情况。

⑤ 统计工伤事故情况。

⑥ 在搞好以上各项基本统计的基础上，开展调查研究，综合分析并反映企业贯彻执行上级主管部门有关劳动与工资政策和各项规章制度的情况，提出改进企业劳动工资的建议。

6. 产品价值统计

以会计核算为基础，其原始资料大都由会计核算资料中取得。统计部门应设置必要的统计台账，对有关会计资料进行归纳，计算统计指标编制统计报表，积累统计资料。主要包括票款总收入的统计、运营成本、单位成本等。

上述这些统计，基本包括了城市公共交通企业运营活动的各个方面。借助这些统计资料，就能比较全面地反映出企业工作的概况及水平。

这些统计都是在相应的业务核算基础上进行的，必须紧密结合各项业务。例如：运营方面的统计结合运营业务组织与车辆运行调度工作进行；车辆保修方面的统计结合车辆保修工作进行。所有这些业务统计，彼此之间存在着有机联系，各种统计指标相互衔接、互为影响，必须把它们综合在一起分析研究，才能全面反映企业经营活动的情况。因此，还要做好综合统计，在企业设置负责组织统计工作的机构或专职人员，统一管理各种统计资料和统计报表，组织开展广泛的统计和调查研究。

7. 车队主要统计指标

车厢服务合格率指车辆达到服务标准的合格程度。按营运车辆总数抽检，200 辆以下，抽检数不低于10辆；200～400辆，抽检数为5%；400～700辆，抽检数为4%；700辆以上，抽捡数不少于50辆。由主管部门每年检查两次。

车厢服务合格率=被检车辆车厢服务合格车数(辆)/被检车辆总数(辆)×100% (3-1)

车辆整洁合格率指营运车辆达到规定的整洁合格程度。抽检率和次数同上。合格分数同上。

车辆整洁合格率=检查车辆整洁合格车辆数(辆)/被检查车辆总数(辆)×100% (3-2)

行车责任事故间隔里程指营运车辆平均每行驶多少公里发生一次责任事故。行车责任事故的确定：凡一次造成重伤1～2人或轻伤3～5人，以及造成直接经济损失200元以上的事故，并经公安部门确定企业应负全部或主要责任的均记为统计事故的对象。行驶总里程应按机动车的行驶里程计算，团体包车的行驶里程应包括在内。

行车责任事故间隔里程=行车总里程（万km）/行车责任事故次数（次） (3-3)

公共汽车油耗指营运车辆平均每行使百km所消耗的燃料量，非营业用燃料除外。

公共汽车油耗=行车燃料(汽、柴油)消耗量(升)/车辆行驶总里程(百km) (3-4)

无轨电车电耗指营运无轨电车平均每行驶百公里所消耗的电能，非营业用电除外。

无轨电车电耗=电力总消耗量(度)/行驶总里程(百km) (3-5)

工作车日指城市公共交通企业在报告期内，所有营运车辆为营运而出车工作的车日总数，也就是完好车日中在线路上运营的全部车辆数。它反映城市公共交通企业实际使用的营运设备的数量。计算原则是：

① 一辆营运车，不论其技术状况是否完好，也不管是工作还是停驶，只要企业保有一天就算为一个营运车日；

② 为团体包车而出车的，应计算工作车日；但已在线路上工作过的，不应重复计算；

③ 为修理、保养而出场试车的，不计算工作车日。计算公式：

工作车日=完好车日-好车停车日 (3-6)

好车停车日是指营运车技术状况良好、具备行驶条件，由于缺燃料、线路阻碍、气象影响或营运不需要等原因而整日未出车工作的车日。

工作车率是指城市公共交通企业的工作车日与营运车日之比，用以反映营运车辆实际利用的程度。计算公式：

工作车率=工作车日/营运车日×100% (3-7)

人均营运公里指公交企业每一职工年均营运里程。按标准车计算营运里程，计算系数为单车1，铰接车1.6。

人均营运里程（km）=标准车营运总里程（km）/全员职工平均总人数（人）(3-8)

总行驶里程指公共汽（电）车在报告期内，运营车辆在全部工作车日中所行驶的里程总和。包括营业里程、空驶里程、公务里程、接送班里程和教练里程。不包括为进厂修理而进出修理厂及保养试车里程。计算公式：

总行驶里程（km）=营业里程+空驶里程+公务里程+接送班里程+教练里程 (3-9)

全员劳动生产率指全部职工平均每人运送乘客里程数。它是指劳动者的生产效果或能力。即一定时期内所生产的产品数量与相应的劳动消耗量之比。计算公式：

全员劳动生产率（千人km/员工）=报告期乘客周转量（千人km）/同期职工人数（人） (3-10)

客运量指在一定时间内城市公共交通企业实际运送的乘客人数。计量单位：人次。计算方法为：

客运量(人次) = 零票人次 + 普通卡人次 + 月票卡人次 + 免费卡人次 + 员工卡人次　(3-11)

普通票收入指乘客乘行时现金购买车票的票款收入。包括线路普通票收入，豪华车票款收入。

空驶里程指公共汽（电）车不载客空车行驶里程。包括运营而进出场里程、调度空车里程、中途故障和其他原因空驶到起终点站的里程及包车回程的空车里程。

里程利用率指公共汽（电）车的营业行驶里程与总行驶里程之比。

$$里程利用率(\%) = 营业行驶里程(km)/总行驶里程(km) \times 100\% \quad (3-12)$$

完好车日是指城市公共交通企业在报告期内，所有营运车辆中技术状况良好、具备行驶条件的车辆的车日总数。公共汽电车不分车体大小、定员客位多少，每一辆车在一天中，处于技术状况的良好状态，即具备参加营运条件的，都应算一个完好车日。

计算原则如下。

① 凡当天参加过营运的，无论时间长短、行驶里程多少，均属完好车辆，计算完好车日。

② 车辆在定期保养或送厂修理之前或保养修理之后，当天曾参加过营运的，无论时间长短，都应计完好车日。

③ 进行保养或修理的车辆，无论是否参加过营运，只要能在下午四时以前竣工，随时可投入营运的，均应计完好车日。

④ 车辆全天停场进行保养或修理的，或是待修的，不计完好车日。计算公式：

$$完好车日 = 营运车日 \times 大修车日 - 保养车日 - 零修车日 \quad (3-13)$$

行车燃料消耗总量（升）指在报告期内运营车辆行驶耗用的燃料总量。在统计时，只包括为线路上运营和为团体包车、旅游的、进出场、站及公务等而耗用的燃料。不包括保养、修理后试车的燃料消耗。

百 km 保修材料费指在报告期内运营车辆每行驶 100 km 平均耗用的保修材料费。计算公式：

百 km 保修材料费(元/百 km) = 车辆保修材料费(元)/车辆总行驶里程(百 km)　(3-14)

职工总人数指在册的全部职工人数，包括固定职工、合同制职工、临时职工、计划外用工等。

① 固定职工指经国家劳动部门或人事部门正是分配、安排和批准招收为固定职工的人员。

② 合同制职工一是指在用工制度改革中实行的在国家劳动计划以内，通过签订劳动合同，考核录用职工；二是企业按政策规定，用自然减员指标招收的合同制职工。

③ 临时职工指据国家劳动计划，经各级劳动部门批准临时使用的、到期可以辞退的人员。

④ 计划外用工只在国家计划以外，通过各种形式吸收到全民所有制单位，由全民所有制单位直接组织安排生产或工作，并支付工资的人员。计划外用工包括“来自农村”和“来自城镇”两部分。

出勤率指企业全部职工在制度工作日中的劳动出勤程度。计算公式：

$$出勤率(\%)=全员出勤工日/全员制度工日\times 100\% \quad (3-15)$$

制度工作日是指按照国家或企业规定各类人员应该工作的工日。本月制度工日等于本月日历工日数 - 制度公休（包括节日）工日数；出勤工日是指制度工日数 - 缺勤工日数；缺勤工日是指按照制度规定应到班参加生产或工作，但由于企业或职工本身原因，如疾病、事假、旷工等原因，未能出勤的工日。

3.1.4　城市公共交通企业的统计工作步骤

统计工作的整个过程，大致可以分为三个不相同的而又相互联系的阶段，即统计调查、统计资料的整理和统计分析。统计调查是根据统计研究的任务、国家计划管理和经济核算的需要，有组织的运用各种调查组织形式和科学的调整方法，对所研究现象和过程及时地进行全面系统的观察，以占有丰富的统计资料。这是统计工作的第一阶段。对调查收集的资料，还需要进行加工整理，即进行分组、汇总，编制统计表以及汇编各种统计资料等，使之系统化，这是统计工作的第二阶段，称之为统计资料的整理。最后对经过整理的资料，还需要利用各种统计方法进行周密的分析和研究，总结经验，揭露矛盾，提出问题和解决问题的建议。这是统计工作的第三阶段，即统计分析。

城市公共交通企业统计工作的步骤，一般按下述三个步骤进行。

1. 统计调查

城市公共交通企业统计调查的目的，就是在调查中解决哪些交通相关问题，通过调查要得到什么资料。调查的目的和整个统计研究的目的是一致的。调查对象，就是根据调查目的，需要进行调查研究的现象的总体，它是由性质相同的许多调查单位组成的。确定调查对象，就是确定调查的总体范围，划清应该调查和不应该调查对象之间的界限。只有正确确定调查对象，才能避免因概念不清，界限不明而使调查时发生重复或遗漏，以致影响资料的准确性。调查对象确定后，就要确定调查单位。调查单位就是构成调查对象（总体）的总体单位。在确定调查单位的同时，还应规定报告单位，报告单位是指负责填报统计调查表的单位，也就是填报单位，与报告单位相对应的则是受表单位。任何统计报表都是由某个机关（部门）制定、布置的，并由某些单位填写上报。但在某些报表和某些调查中，从最初的报告单位起到最后的受表单位止，中间可能经过好几个环节。这几个中间环节，即是受表单位，又是报告单位，这类单位叫做综合报告单位。

根据调查目的，确定调查对象和调查单位之后，就要拟定调查提纲。调查提纲是指被调查单位需要调查的内容，即调查项目。调查项目包括需要登记的调查单位标志和有关情况。

此外，在统计调查中，要明确规定采用哪种统计方法。统计方法主要决定统计调查的目的和任务。目前统计方法主要有两大类：一种是利用现有各种统计报表的资料进行经常性调查；另一种是组织一定的力量进行一次性调查（包括重点调查和抽样调查）。报表制度或调查方案制订后，要根据实际情况，除了要组织人员下去调查外，还需要把报表制度或调查方案布置给报告单位编报统计资料。

统计调查是统计工作的第一阶段。它借助于经常性和一次性的统计调查（如典型调查、重点调查、抽样调查等），利用专设的原始记录，汇集各种原始的统计资料。

2. 统计资料的整理

对所收集到的原始资料进行加工整理、归纳、汇总，使它系统化、条理化。根据需要编制各种统计报表，这个加工过程叫做统计资料整理。这是统计工作的第二阶段。为搞好统计资料整理，事先必须确定资料如何分组，即按什么标志分组、分成几个组及如何选择说明总体、各组特征的统计指标。

统计资料的整理，按照调查内容和研究任务的不同，分为定期统计资料整理、专题统计资料整理、历史统计资料整理三种。

统计资料的汇总就是根据统计的研究任务，在经过加工的基础上，将分散的、零星的原始资料变为综合资料。统计资料的汇总是在分组确定以后进行的。根据已经确定的分组标志，把总体各单位的单位数或标志数归纳到各组中去，并计算出各组的、整个总体的单位数以及标志数值的总计数。

在统计资料汇总以前，必须对调查的资料进行认真的全面检查，这是保证汇总质量的一个重要步骤。

对统计资料，主要是检查其完整性、及时性和正确性。检查资料的完整性，就是检查所有总体单位的资料是否包括在内，应填报的指标是否全部填齐，应附的文字说明或分析情况是否填报等；检查资料的及时性，就是检查所有总体单位的资料是否都按规定的时间上报；检查资料的正确性，就是检查所谓的原始资料是否准确可靠。以上三个方面是互相联系的。资料的完整性和及时性是进行资料正确性检查的先决条件。统计汇总的结果，得出很多说明现象方面的数字资料，把这些数字资料按照一定指标次序，在表格上表现出来，这种表格叫做统计表。统计表除了列出统计汇总所得的绝对数以外，还可列出根据绝对数计算出来的相对数和平均数等。因此，利用统计表，可以对各种事物现象从多方面进行比较、分析。

3. 统计分析

统计分析是整个统计过程中一个重要的阶段。概括地说：统计分析就是根据分析研究的目的，综合运用有关统计方法，将经过整理的丰富统计资料，结合具体情况，由表及里进行分析概括，从中揭示事物内在联系及发展规律性。统计分析研究的任务如下。

① 分析研究方针、政策贯彻执行情况。

② 分析研究计划执行情况，肯定成绩，发现问题，研究完成未完成计划的原因，挖掘潜力，指出努力方向，促进计划的完成和超额完成。

③ 分析研究各种经济和社会效益指标的发展速度和比例，了解事物综合发展的具体规律性。

④ 提示先进典型和后进单位，进行分析对比，及时发现新事物，研究新问题。

城市公共交通企业统计工作的最后阶段，要对照经过归纳整理的资料，计算各种综合指标，结合掌握的其他情况，进行分析研究，写出统计分析报告，连同编制的统计报表向职工群众公布及供领导参考，并按规定报送有关部门。

为了搞好企业经营情况的统计分析，统计工作人员必须认真学习统计理论知识，坚持实事求是，一切从实际出发，勇于实践，善于总结，紧紧依靠广大公交系统职工，积极开展统计分析。

3.1.5 企业统计的基础工作

1. 企业原始记录

（1）原始记录的概念和作用

企业原始记录是按照统计、会计和业务三种核算的要求，通过一定的表格形式，对企业生产经营活动的情况所做的最初数字和文字记载。

企业的原始记录不仅是统计工作的基础，同时也是企业管理工作的基础，做好企业原始记录对于搞好企业统计工作和加强管理都有着十分重要的作用，必须切实做好原始记录的设置工作。

（2）原始记录的设置原则

① 应满足统计、会计和业务三种核算的需要。

② 应从企业的实际需要出发，适应企业的生产和管理状况。

③ 应与企业的各项管理制度相结合，成为管理制度中的组成部分。

④ 原始记录的设置应简明扼要、通俗易懂，便于群众掌握。

（3）原始记录的种类

① 综合性原始记录。在一张记录表上记录生产经营等多方面的情况。

② 专用性原始记录。在一张记录表格上只登记某一方面的情况，专门为取得某一项资料而设置的。

2. 企业统计台账

（1）统计台账的内容

企业统计台账是指为统计整理和分析要求而设置的一种汇总资料和积累资料的账册。它是按照时间顺序，对统计资料进行循序的登记。

（2）统计台账的种类

① 按企业经营管理和核算工作的不同需要，统计台账可以分为三个层次的统计台账和两个层次的统计台账。

② 统计台账按其内容繁简不同，可以分为综合性台账和专用台账两大类。

综合性台账，是将各项有关指标按照时间顺序综合登记在一个表册上。综合性台账一般有以下几种形式：

① 以生产组织为对象的综合性台账。

② 以产品为对象的综合性台账。

③ 各加工阶段生产活动情况台账。

④ 各种平衡关系台账。

专用台账，则是把某一项指标按照时间顺序系统地登记在一个表册上。专用台账也是汇总某项重要统计资料的依据。

3. 企业统计报表

企业统计报表是根据原始记录或统计台账的资料汇总编制的。主要有两方面的作用：其一是企业领导和有关职能部门了解情况组织和指挥生产经营活动的重要依据；其二是完成国家统计部门和上级主管部门统计任务的一种工具。企业内的统计报表可按生产经营活动的内容不同和报送时间不同进行分类。

① 定期报表。包括日报、旬报、月报、季报、半年报。日报和旬报也称之为进度报表，主要用于反映运营服务的进展情况，为企业领导及时采取措施、指导工作服务；此类报表要求迅速上报，时效性强。月报、季报和半年报主要用于及时掌握企业各项经济技术指标完成情况，是监督和检查计划执行情况的重要手段，为领导了解情况、进行目标管理服务。

② 年报。每年报一次，用于全面总结企业全年运营服务、经济活动的成果，为编制下一年度计划提供准确、系统、全面的基本统计资料。

定期报表是编制年报的基础。编制年报可以检查定期报表的质量，校正全年统计数字，有助于下年度定期报表的编报，定期报表如表 3-1 所示。

表 3-1　定期报表

项目	单位	去年同期	计划	实际	实际比例/%	
					计划	去年同期
甲	乙	1	2	3	4	5

这一基本格式同时适用于月、季或半年报表，也适用于企业基层单位向主管业务部门的报表需要。因为从表格的宾词栏看，能说明公交企业管理的有关指标。报告期的统计数字与计划数值比较，可衡量计划执行情况；与去年同期比较可以反映动态变化，以利于揭示报告期与基期变化的影响因素。而这两项恰恰符合企业内部定期报表与年报的基本要求。

3.2 城市公共交通企业产量统计

3.2.1　城市公共交通企业产品及其分类

1. 城市公交企业的产品

城市公共交通企业作为一个生产部门，也和工业、农业一样，在生产过程中具备三个要素：驾驶员的劳动，作为劳动对象的乘客和交通线路、运输工具等劳动资料。其他生产部门的生产，多是通过物理、化学和生物过程，以改变产品质量和增加产品数量。城市公共交通企业不能生产物质产品，但仍然存在着劳动产品，这个劳动产品就是乘客的位移。它以行驶里程（公里）、客运人数（人次）或乘客周转量（人公里）为单位来计量。我们知道，商品是用来交换的劳动产品，没有劳动产品就没有商品。商品也就是劳动产品进入流通阶段，通过商品的使用价值所反映出来的自然属性和价值所反映出来的社会属性。我们可以看出，具备了以下两个条件，也就具备了劳动产品。首先，产品是满足人们的某种需要，即对人有一定用途，也就是说具备了使用价值。其次，产品是物化劳动、活劳动等劳动消耗的结果，因为它凝结着劳动，所以产品也具备价值。

在我们的生活中，衣、食、住、行没有一样不是满足人们的某种需求，其中，衣、食、住满足人们的需要所表现出来的是有形的物品即物质产品，因此很容易使人理解为产品，而在行中有时却不是以物质产品的形式出现。例如，城市公共交通，人们完成了从甲地到乙地的位移，消费了使用的价值，满足了他们对空间位移的需求，那么这个产生使用价值的主体应该就是产品，不过它不是物质产品，因为这个劳动产品是无形的。很明显，它提供了使用价值，又付出了劳动，所以存在劳动产品。这种无形的劳动产品进入流通领域成为商品的最典型的例子还有劳动力。劳动力在出卖以前，是作为劳动产品存在着，当它出卖时，就变成了商品。"劳动力就是商品"，所以不能根据有形或无形来判断是否有产品，也不能将物质产品和劳动产品的概念相混淆。要判断劳动产品的存在，一是看其是否有使用价值，它是否满足人们的某种需求；二是看其是否消耗了物化劳动和活劳动。如果具备上述两个条件，均应认为存在劳动产品。我们城市公共交通企业运营是符合上述条件的。在运营过程中，乘客购票（购买使用价值）、乘车（消费使用价值）的过程就是满足位移需要的过程，而且，运营生产中付出了车辆折旧、维修材料、燃料动力等物质消耗和司售人员的活劳动消耗。因此，城市公共交通企业存在劳动产品

2. 城市公交企业的产量与质量

在工业企业中，围绕产品而进行统计的指标有产量和质量两方面，城市公共交通企业同样也要进行产品的产量与质量统计。但城市公共交通企业的产量与质量，具有明显的个性特点。一部分工作，如保养场（厂）车辆的维修保养、中修、大修、更新改造等则应该属于工业统计的范畴，合乎工业统计的原则。那么是否将城市公共交通企业的统计分为两部分，专辟一部分工业总产值的统计，根据工业企业统计目前的有关规定，凡是不具备独立核算、独立经营的营利性经济组织条件，即在公共交通企业内设立的维修保养、中修、大修、更新改造等基层单位，均不能作为工业总产值的统计范围，因此，不需另作工业总产值的统计。那么是否将这些工作纳入企业设备维修的统计范围之内呢？我们知道，城市公共交通企业一般都是公司下设场（厂），一些保修是专门的，有一定规模的基层内部独立核算单位。所以这些场（厂）的成果，均应作为该场（厂）的产量进行统计。

3. 城市公交企业产品的性质

城市公共交通企业按产品性质可分为运营性作业、工业性作业和物资产品三大类。

城市公共交通企业进行生产活动的结果，表现为对社会提供位移的使用价值，称为运营性作业。例如车辆行驶、运量等。这是运营性作业的主要表现形态。

城市公共交通企业进行生产活动的结果，表现为恢复或提高原来交通工具、设备的使用价值或只完成产品生产过程中的个别工序，叫做工业性作业。例如车辆、轮船定期进行的一、二、三、四级保养，车辆、轮船的小修、中修、大修等。这些工作一般都是恢复原来产品的使用价值，没有产生新的物资产品，均应作为工业性作业。

城市公共交通企业进行生产活动的结果，表现为新的物质形态与新的使用价值的产品，称为物质产品。有的企业对失去原使用价值的破旧产品进行“翻新”工作。产品的“翻新”一般要消耗较多的材料和劳动量。“翻新”后的产品以一种新的物质产品形态出现，具有与新产品差不多的使用价值。这就不属于工业性作业，而属于物资产品。车辆更新改造的道理也是一样的。

3.2.2　城市公共交通企业实物量统计的意义

城市公共交通企业的实物量是以能体现产品使用价值的实物单位所表示的产品产量。实物量是针对价值量而言的产品量度的表达，不一定是有形的物质产品才能作为实物量来统计。对实物量的统计，实际上是对产品使用价值量的统计，它反映使用价值量的多少。这些实物单位有的是自然单位，如被维修保养的车辆，按“辆”、“辆次”等；有的是度量衡单位，如衡量车辆行驶的距离用“公里”；衡量乘客的数量用“人次”；反映乘客的周转量用“人公里”。城市公共交通企业实物量的指标在报表中反映为产量。

城市公共交通企业的生产目的，是为城市人民提供安全、方便、舒适、迅速的乘车条件，也就是向社会提供有使用价值的产品，以满足人们日益增长的物质文化生活的需要。因此，产品实物量的统计对企业或对城市经济发展来讲，具有重要意义。

实物量的指标能够直接表明城市公共交通企业在一定时期向社会和向本单位提供的使用价值量，反映城市公共交通企业的生产成果。然后将提供的使用价值量与乘客的需求进行对比，可以研究企业满足社会需要的程度，提出发展的方向。

城市公共交通产品实物量是编制和检查综合计划、生产作业计划、物质供应计划等的依据，它是计算和预测销售收入、产品质量、人均收入率、原材料消耗、单位成本等指标的基础。城市公共交通企业生产中提供的使用价值，一部分是为社会服务的，一部分是为形成对社会的使用价值而提供的使用价值。如运营性作业所反映的车辆行驶、运载乘客就是为社会提供使用价值，而车辆维修保养则是为车辆行驶、运载乘客提供使用价值。这些使用价值量均应进行统计，只不过统计的目的不一样，前者是城市公共交通实现使用价值的主要手段，后者是为企业实现使用价值而提供条件。所以，考核城市公共交通企业的产量，只考核运营性作业。

3.2.3　工业性作业产量的统计

工业性作业主要表现是恢复或提高原来产品的使用价值。城市公共交通企业工业性作业主要是车辆的保养和维修，保养一般根据项目分为一、二、三、四级保养，维修有车辆维修，或分解为车身、底盘、发动机修理。修理根据规模可分为小修、中修、大修。工业性作业的统计就是将这些工作结果，采用计量单位进行统计。

1. 大修统计

车辆大修辆次是指运营车辆在报告期内需要全面大修并已修竣出厂的车辆数；车身大修辆次是指运营车辆的车身在报告期内需要大修，并已修竣出厂的车辆数；发动机大修台数是指运营车辆的发动机在报告期内需要大修，并已修竣出厂的台数；电车牵引电动机大修台数是指无轨电车的牵引电动机在报告期内需要大修，并已修竣出厂的台数。车辆等设备的大修必须是以修竣出场为标准。

例如：某公共交通公司汽车维修厂进出车辆情况如表 3-2 所示。

表 3-2　某汽车维修厂车辆大修进出厂统计

日期		进厂数		竣工数		已办出厂手续		出厂数	
月	日	当日	累计	当日	累计	当日	累计	当日	累计
7	1	5		6	6				
7	2			2	8	6		6	
7	3	8	13	3	11	2	8	1	7

根据以上资料，可以看到 7 月 1 ～ 3 日汽车维修厂的产量。在这里，有三个数字要注意区别：竣工累计 11 台；已办出厂手续 8 台；被车队或运营场接走 7 台。在这三个数据中，应以已办出厂手续为准。

2. 各级保修、中小修的统计

车辆的保养辆次数是指运营车辆在报告期内需要保养，并已保养竣工的车辆数。有的企业不另设中修统计，将中修项目含于四级保养之内。有的企业除了分级保养外，另设中修统计，统计原则同上。小修统计是指在报告期内，车辆所发生的小修数。小修是指除各级保养外，临时发生、经技工修理的故障次数。司机自行排出的小修不算，凡结合各级保养进行的小修，均不计算小修次数；其他所有零星小修，包括例行保养中的出车前、行驶中的一切小修，均应计算小修次数。城市公共交通企业除了运营性作业、工业性作业外，还有少量的物质产品统计，如翻新的轮胎数、更新改造的汽车数等，这些统计的原则同于工业性作业。

3.2.4　产品价值统计

城市公共交通企业的劳动产品是不能保存的，所以不存在积压现象，它完成运送乘客的生产过程，也同时完成了产品的全部销售，乘客同时消费了使用价值。也就是说，城市公共交通的产品价值、商品价值与销售价值在量上是相等的，总销售价值在货币上的表现是单位劳动产品价格的总和，即销售收入。

1. 票款总收入统计

客票总收入是指在报告期内客票收入的全部金额。月票总收入应该是指在报告期内，根据权责发生制月票的总收入额。城市公共交通企业的月票销售一般在上月底开始，直至当月初。根据财务决算报告期，上月底的收入已计入上月的销售收入。如按权责发生制原则，上月底的收入已计入上月的销售收入，当月月底的月票收入应属下月月票收入，公式如下。

月票总收入 = 上月底当月月票总收入 + 当月月票收入 - 当月底下月月票总收入　(3-17)

但在实际工作中，一是由于每月底月票销售额相对稳定。二是便于与财务决算报表统一，所以将上述公式中上月底当月月票总收入与当月底下月月票总收入，正负值抵消相约。

月票总收入 = 当月月票实际收入　(3-18)

因此，用什么方法统计既方便又比较准确，可根据不同情况决定。

团体包车总收入（元）是指团体包租专车的全部销售收入额，它也要根据权责发生制原则进行统计。即：

团体包车总收入(元) = 当月发生款未收 + 全部金额 - 上月发生本月收款额　(3-19)

例：某公共交通公司八月未统计，客票收款 150 万元，月票收款 100 万元，专车收款 20 万元，月票收入有 20 万元属预支下月月票。根据其他资料可知，上月预售月票 30 万元；专车上月发生本月收款 5 万元，本月发生 8 万元未收款。问总收入为多少?

客票收入 = 150（万元）

月票收入① = 30 + 100 - 20 = 100（万元）

月票收入② = 100（万元）

专车收入 = 8 + 20 - 5 = 23（万元）

客票总收入① = 150 + 100 + 23 = 273（万元）

客票总收入② = 150 + 100 + 23 = 273（万元）

以上两种方法均可供参考，不过采用其中一种必须按一种方法继续统计，避免重复统计或遗漏。

2. 其他销售收入的统计

其他销售收入是指企业在报告期内对企业外的修车以及其他收入，保养场（厂）的销售收入如果是属于企业内部独立核算形式，其销售收入不能作为企业的销售收入进行统计。

3.2.5　生产均衡性统计

所谓均衡性，是指城市公共交通企业在组织运营和车船保修时，必须根据生产计划按日、按旬、按月均衡完成任务。城市公共交通的客流基本是均衡波动的，根据其规模、职工人数和地理位置，每天的客流总围绕着这个一定的量上下波动，客观情况需要我们进行均衡生产。因此，需要对车船保修均衡进行生产组织。搞好均衡生产，有利于生产能力的充分发挥，提高劳动和设备利用率。生产均衡性研究方法有以下几种。

1. 图示法

图示法就是用统计图形描绘出一段时期内生产计划的逐月完成情况，以表明生产过程的均衡性。某公共交通公司某月上旬计划完成情况，如表3-3所示。

表3-3　某公共交通公司某月上旬计划完成情况

日期	1	2	3	4	5	6	7	8	9	10
计划行驶里程/万km	5	5	5	5.5	5.5	5.5	5.5	6	6	6
实际行驶里程/万km	4	4.5	4	5.5	6	6	6.5	7	5.5	7.5
计划完成/%	80	90	80	100	109	109	118.2	117	91.7	125

依据上述资料，可绘成图3-1。

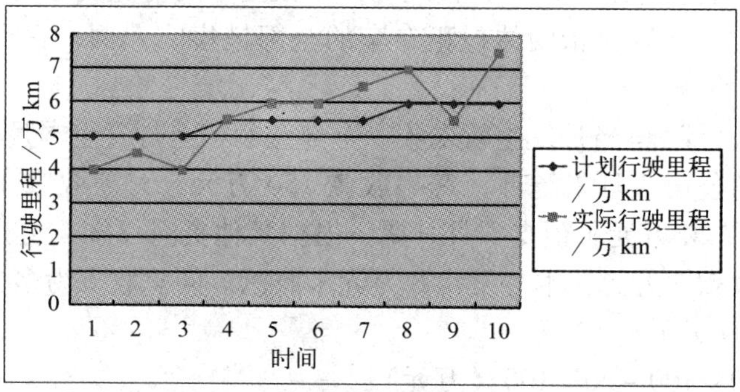

图3-1　某公共交通公司某月上旬计划完成情况

图3-1表明，企业的生产是不均衡的，计划规定的生产节奏遭到了破坏。同时，也可看到该企业生产上还有较大潜力，因为旬末几天的生产大大超过了计划。图示法给人以鲜明具体的形象，但不能综合说明生产过程的均衡性。

2. 均衡率法

通过计算均衡率指标来反映一段时间内生产的均衡程度，均衡率计算公式如下。

均衡率＝每日生产计划完成百分数(扣除超计划部分)之和/工作日数　(3-10)

代入上述资料，均衡率＝(80%＋90%＋80%＋100%＋100%＋100%＋100%＋100%＋91.7%＋100%)/10

＝94.17%

均衡率也可根据每日实际产量合计数，超过计划部分不计，再与计划总产量相比求得，即：

均衡率＝(每日实际产量(扣除超计划部分)之和)/每日计划产量之和×100%　(3-11)

代入上述资料：

均衡率＝(4＋4.5＋4＋5.5＋5.5＋5.5＋5.5＋6＋5.5＋6)/(5＋5＋5＋5.5＋5.5＋5.5＋5.5＋6＋6＋6)×100%

＝94.5%

计算结果表明，企业上旬的生产均衡性不够好。均衡率指标的实质是要求企业每日都完成计划。只有这样均衡率才会等于100%，否则，该指标均小于100%，均衡率指标在计算时之所以要扣除计划部分，是因为不允许用超产部分来补欠产部分，从而掩盖了生产的不均衡状况。

3.3 信息化技术对统计工作的影响

3.3.1 网络信息化对统计工作的影响

一般来说，传统的公共交通企业从总部、分公司，直到车队，是由上到下逐级设置统计岗位，通过手工记录台账及填写报表，采集企业生产经营活动中产生的各类信息。收集起来的信息经过核对后由下到上层层汇总，上报综合统计分析部门。基层收集信息，中层汇总信息，高层综合分析信息，然后制订计划，下发各级执行，由此形成了传统的统计组织网络。由于信息主要是以纸介质传递，流动速度慢，信息横向交流滞缓，使信息难以实现充分共享，容易数出多门，造成统计数据的不一致。长久以来，企业统计部门虽然试图扮演一个企业数据中心的角色，但由于缺乏必要的手段，统计信息尚未在整个企业范围实现共享，很难发挥资源规划和决策支持等高层次职能。所以企业统计工作在企业管理工作中一直处于重要而不被重视，辛苦而难出成绩的尴尬境地。以至于人们把统计认为是数字的加加减减，有这种认识的统计人员轻视自己，不求上进；有这种认识的非统计人员看低统计，产生统计谁都可以做的错误观念，使统计的地位受到了质疑。统计工作如何走出困境，这是所有企业统计工作者应深刻思考和探索的课题。现在电子数据通过全球互联网进行统计报送，具有以下几个特点。

① 报表的载体发生了变化，由纸介质报表转变为电子报表。

② 传递手段发生了变化，由过去的邮递，电报，传真或人工报送转变为计算机网络传输。

③ 数据上报汇总发生了变化，由逐级上报、分级整理、层层汇总转变为直接上报，万方数据集中整理，超级汇总。

④ 数据计算方式发生了变化，由人工计算、检查转变为计算机程序自动计算。平衡校验、联网直报系统体现了“直接上报、超级汇总、快捷方便、及时准确、各取所需、信息共享”的特点。

3.3.2 企业统计工作者在信息时代面临的问题

① 统计职能未能充分发挥。我国企业统计长期停留在满足向上级报表的被动状态，没有进行深入分析的主动性，很少考虑本企业经营管理工作对统计信息的需要，统计职能受到很大局限，无法完全发挥统计在企业信息化过程中的作用。

② 统计内容不适应信息化要求。我国企业统计只注重填报国家统计报表制度下的各种统计报表，轻分析、轻预测，统计内容只局限于企业的产值、产量、成本消耗等生产性指

标，而与企业管理和决策需求相适应的统计指标甚少，有关反映企业外部环境和竞争者的统计指标更是空白，从而造成企业的现有指标与需求信息间的脱节。我们知道，在企业信息化过程中，企业的信息管理系统再好，如果输入的信息不准确、不适用，也不会产生有用的结果。“送进去的是垃圾，输出来的也是垃圾”。因此，企业信息化对统计信息的要求不仅范围扩大而且内容要求多样化，不仅需要综合性和整体性数据而且还需要深入分析结构数据，不仅需要内部分析数据还需要有反映外部市场环境变化的数据，对统计内容的广度和深度进行大的拓展，并突出市场信息。

③ 统计调查方法落后。大多数企业仍基本采用全面调查，而诸如抽样调查、重点调查等灵活快捷的调查方式却很少采用。造成统计信息严重滞后。对统计信息只是粗加工、简单加工，没有对统计信息进行系统化。

④ 统计高素质人才缺乏。很多企业都是按照统计报表任务的要求来配置统计人员的，统计人员学历不高，缺乏统计方面的专业知识。统计人员素质不高，对企业内外部环境变化的敏感度就低，也就不能及时为企业的经营决策者提供正确可靠的信息。

⑤ 企业统计地位不高。目前，企业的管理、决策还不完全取决于信息及信息的多少与信息的准确性、及时性。政府部门对企业决策者的影响和给企业带来的利益比信息对其产生的影响和利益更大。因此企业管理者并没有强烈意识到统计的重要性，还不习惯利用统计信息进行经营决策，严重影响了企业统计在企业管理中的地位。

3.3.3 统计工作发展方向

统计信息作为企业信息的主体，它贯穿于企业生产、经营、管理活动的各个环节。企业信息化的目的主要在于通过信息的开发功能、增值功能、预测功能、选择功能和控制功能来实现企业市场竞争力的提高。因此，在企业信息化的过程中，企业统计必须充分利用计算机和互联网络，主动、深入分析相关统计资料，使统计信息系统化、完整化、标准化，积极开发符合企业管理和决策需要的统计信息，企业统计的整个工作流程必须融入企业信息化过程之中。积极参与企业管理信息系统的建设，参与企业生产经营的决策、控制和管理，真正充分发挥统计的信息、咨询和监督三大职能。

我国企业统计的传统职能主要是向企业上级领导部门和政府统计部门报告统计资料，实行统计服务和统计监督。为适应知识经济和世界经济一体化的要求，应赋予企业统计以信息职能、管理职能、决策职能。

1. 信息职能

信息职能是现代统计的最基本职能，包括统计信息系统的建立以及信息的采集、整理、处理、编辑、存储、输出、咨询等方面。企业统计信息作为企业一种资源而具有使用价值，能够参与企业管理和决策，为企业带来收益。企业统计部门应该通过一系列灵敏反映生产经营状况的统计指标，得到准确及时的统计信息，并将此信息反馈给实施控制的组织机构，再通过具体措施进行生产经营活动的调整，实现预定目标。

2. 管理职能

统计管理职能就是要通过改革重塑企业统计制度，建立起对内统计和对外统计相结合、统计监督和统计服务相结合、全面调查与抽样调查相结合、统计基础工作与统计管理相结合、全面统计与专项统计相结合的新型统计制度，充分实现统计的监督、服务、信息、管理、决策功能，对企业生产经营活动进行定量控制和管理。

3. 决策职能

由于统计工作的客观性和统计方法的科学性，企业统计工作是企业实施科学管理的主要手段，是企业制订计划和政策、进行科学决策的重要依据。

企业统计应依据其独有的信息优势，对搜集的大量信息进行加工整理，在数量上加以浓缩，在质量上加以提高，通过经济、社会和科技现象的数量表现，认识它们的内在联系和规律性，预测其发展前景，为企业领导决策提供强有力的信息支持。

4. 统计技术创新

加快企业统计技术创新的手段主要有统计手段创新、统计方法创新、统计内容创新三种形式。

① 统计手段创新是指在随着我国市场经济的发展和加入世界贸易组织，企业竞争更加激烈，企业对信息的需求更加紧迫，因此，就要求企业统计手段必须实现现代化、高效化。加强企业统计网络建设，提高计算机综合处理能力，从统计调查开始就充分利用计算机加工处理调查资料，报送传输统计信息，模拟统计预测、统计决策模型，从而提高企业统计信息综合利用率，实现统计手段科学化、规范化、效率化。

② 统计方法创新是指企业统计调查方式应充分注重抽样调查方式，尤其是统计方法应该创新。就统计调查方法而言，首先，推广以普查为基础，以抽样调查为主体，多种调查方法综合应用的方法体系。其次，根据企业对不同类型和层次的统计信息需求而采用相应的调查方法和科学推算方法，保证统计信息的适用性和超前性。在强化企业质量管理过程中，抽样调查具有省时、省力、及时、高效等特点。最后，在企业网络化的趋势下，利用网络在数据搜集整理、数据检验和传输以及成本上的优势，大力开展网上调查。就统计分析方法而言，应充分吸收和借鉴系统论、控制论、信息论、数理理论、预测决策理论等现代自然科学和社会科学的研究成果，并广泛运用自动化信息处理技术，改革传统的统计方法和理论，实现统计信息的深加工和有效开发，实现对信息、技术、知识等无形资产的准确计量。

③ 统计内容创新主要包括以下几点。

- 从企业统计内容的广度看，统计内容必须向市场延伸：向销售市场延伸，企业信息化把客户当作一种“资源”进行管理，因此统计信息必须延伸到每个客户和每张订单；向原材料采购市场延伸，保证企业成本降低；向企业合作伙伴特别是技术和科研伙伴延伸，提高企业的技术创新能力，并建立起反映企业的内部信息系统和外部信息系统的统计指标体系。
- 从企业统计内容的深度看，要注重能从时间上、空间上、结构上和联系上进行信息拓展，使统计信息系统及时、准确和适用，并具有描述功能、预测功能、决策功能和监测功能。企业统计内容包括以下几个方面。

- 人力资源统计。人力资源是企业最基本、最主要的资源，已成为企业发展最重要的资本，知识型劳动者和智能型人才成为企业发展的主题，人力资源和知识将成为企业持续发展的主要推动力量。因此，企业应开展人力资源现状统计、人力资源利用统计、人力资源质量统计、人力资源开发统计和人力资源供求统计。
- 无形资产统计。知识经济时代，无形资产的质量及运用程度直接关系到企业在竞争中能否获胜。企业投资重心在商标、专利权、企业品牌、企业形象等无形资产，从而拓展了企业经营资源。无形资产在企业资产总额中所占的份额越来越大，要求将企业无形资产列入企业统计范围。
- 科技进步统计。在知识经济条件下，科学技术渗透到企业各方面，企业科研机构建设和科研活动统计势在必行，有关科技投入、科技产出、科研项目、科技开发、科技效益、科技贡献等统计就必不可少。
- 环保统计。知识经济是环保经济、清洁经济、无污染经济，经营过程注意环境保护，不产生或少产生污染物，可以考虑实施环境质量统计、环保投入统计、环保效益统计、综合利用统计。

5. 统计人员素质

统计人员素质在一定程度上决定着企业的市场竞争力。因此，企业信息化要求统计人员不仅仅会填写报表，而应是一名复合型高素质人才，既懂现代化信息技术，能进行市场调查和搜集市场信息，又要熟悉各项法规和政策；既能进行科学统计分析研究，又具有统计预测能力和开拓创新能力。

① 企业应该对统计人员进行培训，使其成为企业管理的主要职能人员。其次运用激励机制引进各类专业人才。除引进、聘用统计方面专业人才外，还应引进法律、金融等方面的人才，使各方面人才能在专业知识上互相结合，互相提高，逐步形成统计调查、统计管理与协调、统计分析与预测三方面紧密联合和优化组合。

② 培养统计人员的创新能力。随着企业的技术创新和管理创新，企业的统计内容和范围也会发生相应变化，企业统计需要不同的指标体系、统计手段、统计工具、统计方法等，而这些需要统计人员具有创新能力。

总之，作为提供信息的企业统计，应当适应企业信息化的趋势，做好本职工作，更好地为企业发展服务。

3.4 数据处理与管理信息系统

在社会化大生产的情况下，每一个部门或多或少地与其他部门相联系。例如，资金、信息、物资等等。甚至在部门内部，各机构之间也存在着相互关系。这样必然导致部门之间、部门内部存在着大量的数据流动，有待人们去处理。在手工数据处理阶段，数据处理工作较慢，且容易出错。随着计算机技术在统计工作中的应用，大大提高了统计数据的处理效率。

3.4.1　数据处理

数据处理的历史可以追溯到远古时代。原始人类用手指、石块、贝壳、木棍等来统计捕获野兽的数量，可以认为是数据处理的开端。以后，随着文明的发展，数据处理经历了手工、机械、电子三个阶段。

1. 手工数据处理阶段

从原始社会到 19 世纪末，数据处理离不开手工操作，效率低、处理数据量少。这一阶段，人们致力于计算工具的改善和计算方法的革新，并取得了一系列辉煌的成就，如中国的筹算、珠算、圆周率计算法、簿记制度等，外国的对数、计算尺、手摇计算机等。

2. 机械数据处理阶段

这个阶段从 19 世纪末到 20 世纪 40 年代。1890 年美国中央统计局的 H·霍勒里思为编制人口统计表发明了卡片制表机，使数据处理出现了一次重大的突破。该机能够以半自动方式进行穿孔、校验、分类、整理、制表等，处理效率很高。但机械设备的性能和效率仍然使数据处理受到很大限制。

3. 电子数据处理阶段

20 世纪 40 年代问世的计算机为数据处理开辟了新的天地，计算机具有运算速度快、存储容量大、输入输出灵活多样等特点，符合数据处理的需要。以计算机作为工具进行的数据处理称电子数据处理（英文缩写 EDP）。现在人们讨论研究的数据处理技术和数据处理系统一般都是指电子数据处理技术和电子数据处理系统。

1）数据处理内容

我们通常所讲的数据处理是指用计算机收集、记录数据，经加工产生新的信息形式的技术。数据指数字、符号、字母和各种文字的集合。数据处理涉及的加工处理比一般算术运算要广泛得多。计算机数据处理主要包括八个方面。

① 数据采集：采集所需的信息。

② 数据转换：把信息转换乘机器能够接收的形式。

③ 数据分组：指定编码，按有关信息进行有效的分组。

④ 数据组织：整理数据或用某些方法安排数据，以便进行处理。

⑤ 数据计算：进行各种算术和逻辑运算，以便得到进一步的信息。

⑥ 数据存储：将原始数据或计算的结果保存起来，供以后使用。

⑦ 数据检索：按用户的要求找出有用的信息。

⑧ 数据排序：把数据按一定要求排成次序。

2）数据处理过程

数据处理的过程大致分为数据的准备、处理和输出三个阶段。在数据准备阶段，将数据输入到磁盘等各种相关存储介质。这个阶段也可称数据录入阶段。数据录入后，就要由计算机对数据进行处理，为此预先要由用户编制程序并把程序输入到计算机中。计算机是按程序的指示和要求对数据进行处理的。所谓处理，就是指上述八个方面工作中的一个或若干个组合。最后输出的是各种文字和数字的表格和报表。数据输出则是把数据处理结果按需要的格式进行输出。

数据处理系统已广泛地用于公共交通企业统计，内容涉及薪金支付、票据收发和库存管理、生产调度、计划管理、成本分析等。数据处理技术涉及台账系统、数据库管理系统、分布式数据处理系统等方面的技术。下面介绍详细的数据处理过程。

（1）选择数据处理技术

数据处理过程中需要软硬件技术。硬件指各种处理设备，软件指各种处理程序和方法。

（2）数据的采集和输入

这是数据处理的起点，可以是人工采集，也可以是联机的自动输入。由于数据的性质、产生的时间和地点很不相同，实现数据采集和输入的设备和技术也是多种多样。用计算机处理数据，必须采取对人或机器有意义的某种形式。它们可以是书写或者打印在纸张上的文件，也可以是磁盘上的磁信号组合，或者是机器能识别的其他符号。

（3）数据的分析加工

这是数据处理最关键的环节。常见的典型操作有分类排序、计算和综合。即将数据分类，排成某种序列；检索已经存在的数据，找出与当前处理有关联的数据；对数据进行算术或逻辑运算；更新存储的数据和输出处理结果。

（4）数据的存储

把部分或全部原始数据、中间处理结果、最终处理结果保存起来，供将来使用。数据可以用人工方式存储（如记在账簿或笔记本上），或用机电方式存储，或电子、光、磁方式存储（如光盘、磁盘、磁带、缩微胶卷、半导体存储器等）。

（5）数据的输出

数据经过处理之后，将结果以一种有意义的形式报告出来，或以一定的信号反馈回被控制对象，这个过程称之为数据的输出。数据处理系统产生的报告应该是及时的、完整的、可理解的、便于直接利用的，如打印文件和图表。如果输出数据作为后一周期或其他系统的输入，则往往将输出存储于某种介质。

数据处理离不开软件的支持，数据处理软件包括：用以书写处理程序的各种程序设计语言及其编译程序，管理数据的文件系统和数据库系统以及各种数据处理方法的应用软件包。为了保证数据安全可靠，还有一整套数据安全保密的技术。

3）数据处理方式

根据处理设备的结构方式、工作方式以及数据的时间空间分布方式的不同，数据处理有不同的方式。不同的处理方式要求不同的硬件和软件支持。每种处理方式都有自己的特点，应当根据实际环境选择合适的处理方式。同一个数据处理过程从不同角度出发可以看成是不同处理方式。即使从同一角度出发，一个系统也能同时容纳多种处理方式，以满足多种应用问题的要求。数据处理主要有四种分类方式。

① 根据处理设备的结构方式区分：有联机处理方式和脱机处理方式。联机方式处理时，数据从产生地出发通过输入设备不经过人工干预直接输到计算机中处理，而处理后的结果直接送到所需要的场所；脱机方式处理时，数据从产生地出发首先存储于某种介质，然后在操作员的干预下，介质被送到计算机输入装置进行处理，处理的结果也先输出给某种介质，再由操作员将此介质所载的信息经输出装置输出。

②根据数据处理时间的分配方式区分：有批处理方式、分时处理方式和实时处理方式。批处理方式是把一定时间内的数据收集在一起成批处理；分时处理方式是把计算机中央处理器的时间分成很小的时间片循环地分配给多个用户使用；实时处理方式要求输入的数据及时得到处理，在应用问题所允许的时间内把处理结果送到需要的地方，处理时间的分配是随到随处理。

③ 根据数据处理空间的分布方式区分：有集中式处理方式和分布式处理方式。集中式处理方式要求把数据传输到统一的数据处理系统处理；分布式处理方式是将数据分散在相互连接的各处理器中处理，由一个高级的操作系统协调各处理器工作。

④ 根据计算机中央处理器的工作方式区分：有单道作业处理方式、多道作业处理方式和交互式处理方式。单道作业处理时系统中只有一道作业在执行，整个系统资源为该作业所独占；多道作业处理方式允许系统中有多项作业同时进行，系统按照各项作业的轻重缓急分配系统资源；交互式处理方式是指系统和操作人员之间相互配合共同处理数据。数据处理直接在操作人员的监督下进行，系统随时向操作人员报告数据处理的情况，操作人员则不断向系统发出指令。

3.4.2　管理信息系统

1. 管理信息系统的概念

管理信息系统（Management Information System，MIS）是一个一般用于描述企业内部计算机系统的术语，这种系统主要提供与企业商业操作相关的信息。MIS 也用于指那些管理这些系统的人员。典型地，在一个大型企业里，“MIS”或“MIS 部门”指主要的、或与主要同等地位的计算机专门技术和管理系统，通常包括主机系统，也包括企业整个计算机资源网络的扩展部分。

起初，商业计算机用于处理薪水册和记录可付的和可接受的账目等专门的商业操作。随着商业计算机应用的扩展，包括向经理提供销售、存货以及其他对管理企业有帮助的信息，“MIS”这一术语也用于描述这些类型的运用。现今，这一术语在一个宽泛的范围内使用，包括（但并不局限于）：决议支持系统、资源和人力管理运用、项目管理以及数据库恢复等。

办公信息系统（Office Information System，OIS）是由办公人员和办公设备构成，可以执行各种办公职能以提高办公效益和效能为目的的人机信息系统。它的职能包括文字处理、情报检索、电子邮件、电子日志。管理信息系统（Management Information System，MIS），是一种建立在各有关办公信息系统（OIS）之上，利用人工过程、数学模型及数据库等资源为企事业单位的运行、管理、分析和决策等职能提供信息支持的综合性计算机应用系统，是管理人员实现其目标的有效工具。

管理信息系统对企事业单位的作用在于加快信息的采集、传送及处理速度，实现数据在全单位的共享，及时为各级管理人员提供所需信息，辅助他们决策，从而改善单位的运行效率及效果。通常 MIS 的实施需要三大要素：系统观点、数学方法、计算机支持。

管理信息系统主要包括支撑系统和应用系统。支撑系统由计算机、计算机网络及数据库系统等组成，为应用系统提供运行环境。支撑系统有两种典型的结构形式，即集中式结构和分布式结构。管理信息系统的功能是由应用系统实现的，应用系统的结构应与单位的结构和管理活动相适应，既可支持各部门的管理职能，也能支持每种职能不同层次上的管理活动。执行每一种职能都需要一组特写的数据和处理功能，它们便形成了 MIS 中各个相对独立的子系统。一个管理信息系统中子系统的设置因不同企业而异。各子系统之间，借助通信网络与数据库实现互联及数据共享，使整个系统集成为一个有机整体。每种职能的管理活动一般分为三个层次：运行控制层、管理控制层及战略规划层，管理信息系统的每个子系统均有相应的功能支持相应层次上的管理活动。另外，每个子系统还有一个事务。处理功能，支持最底层的日常事务数据处理。这一层功能涉及的数据量最大，且处理过程是预先确定的，结构化、程序化程度最高。越往上，加工处理的数据越综合，数据量越少，结构化、程序化程度越低。一般的管理信息系统对战略规划层的活动支持较弱，这部分功能将由专门的决策支持系统提供。

管理信息系统的系统开发：MIS 系统的开发主要是应用软件的开发，其开发过程参见软件工程。管理信息系统的系统运行：经验证后的系统可正式投入运行。这个阶段的主要活动有系统的日常运行管理、系统行为的合法性审查、系统功能与性能的监测和评估以及根据审查或测评结果对系统进行维护。

2. 管理信息系统的分类

管理信息系统涉及的学科主要有管理学、运筹学、系统工程学、统计学、计算机科学及通信学等。管理信息系统的分类方式有多种。这里仅列两种。

(1) 按照计算机技术发展程度分类

① 人工的管理信息系统。

② 单机的管理信息系统。

③ 基于网络的管理信息系统。

(2) 按照管理信息系统的功能适用性分类

① 用于商业销售和经营的管理信息系统。

② 用于生产制造和管理的管理信息系统。

③ 用于辅助设计和科研的管理信息系统。

④ 用于财务管理的管理信息系统。

⑤ 用于事务管理的管理信息系统。

⑥ 用于决策支持的智能化管理信息系统。

3. 管理信息系统的实施

开发一个管理信息系统好像建一栋大楼，系统分析、系统设计是根据楼的要求画出各种蓝图，系统实施是调集各类人员、设备、材料，在现场根据图纸按实施方案的要求把大楼建起来。完成系统分析、系统设计之后，如何将原来纸面上的、类似于设计图的新系统方案转换成可执行的实际系统，是系统实施阶段的主要工作。

系统实施的主要内容包括物理系统的实施、程序设计与调试、人员培训、数据准备与录入、系统转换和评价等。系统实施阶段既是成功地实现新系统，又是取得用户对系统信任的关键阶段。因此，在系统正式实施开始之前，要制定周密具体的实施计划，即确定出系统实施的方法、步骤、所需时间和费用，并且要监督计划执行，做到既有计划又有检查，以保证系统实施顺利进行。

管理信息系统中物理系统的实施是计算机系统和通信网络系统设备的订购、机房的准备和设备的安装调试等一系列活动的总和。

(1) 计算机系统的实施

信息时代，计算机技术的发展日新月异，不同厂家、型号的计算机产品为信息系统的应用提供了广阔的舞台，但也给系统的实施带来了一定的复杂性。必须选择最适合的品牌。

计算机对周围环境比较敏感，尤其在安全性较高的应用场合，对机房的温度、湿度等都有特殊要求。通常，机房要安装双层玻璃门窗，并且要求无尘。为了防止因突然停电造成的事故，应安装备用电源设备。

(2) 通信网络系统的实施

MIS 通常是一个由通信线路把各种设备连接起来的网络系统。MIS 网络有局域网和广域网两种：局域网（LAN）通常指一定范围内的网络，可以实现楼宇内部和邻近几座大楼之间的内部联系；广域网（WAN）设备之间的通信，通常利用公共电信网络，实现远程设备之间的通信。网络系统的实施主要是通信设备的安装、电缆线的铺设及网络性能的调试等。常用的通信线路有双绞线、同轴电缆、光纤电缆以及微波和卫星通信等。

3.5 计算机在企业统计中的应用

3.5.1 公共交通企业统计的特点

1. 数据量大

车队统计员通过每辆车的路单得到本车队的各种数据，包括乘客人数、行驶里程、票款收入等。每个运营场根据各车队汇总结果得到本场各种统计资料。同样，公司又根据各运营场的数据得到公司的统计资料。作为基层统计人员来说，工作业务是相当繁重的。

2. 要求计算的统计指标体系庞大

以运营场为例，既要计算各线路的统计指标，又要计算不同车型的统计指标，同时，还要计算整个运营场的统计指标。

3. 时间要求紧

城市公共交通统计要求有年报、季报、月报、日报。特别是日报要求在很短时间内得出各种报表。

4. 重复劳动多

城市公共交通统计的大量统计指标需要天天进行。这些重复工作使许多人陷入机械式的繁重工作中，并且经常造成数据统计错误、统计指标不准，甚至有许多重要指标由于人力和时间限制无人问津。

3.5.2　公共交通企业利用计算机统计的任务

1. 实现统计“四化”

城市公共交通统计的特点为计算机的应用提供了有利机会。具体到一个企业，利用计算机技术转变统计手段和方法的首要任务是要解决统计的“四化”。

(1) 采集自动化

统计工作的第一步是由基层统计人员将各类生产经营的基础信息（统计原始记录，统计台账，统计报表等）进行记录、计算、汇总。传统的统计方式是手工操作，采集自动化就是直接由计算机进行数据的采集和处理。

(2) 上报网络化

数据上报网络化就是指基层统计将采集来的信息通过计算机网络传输给上级统计部门，从而彻底改变传统的电话汇报或专程报送方式。

(3) 数据仓库化

由于企业所有的数据可以通过企业网的采集和传输存储到数据库中，从而避免了浩如烟海的历史资料的保存要耗费大量空间和难以查询的弊端。数据库是企业的信息基础，数据仓库化就是将现有数据进行加工整理形成数据仓库，仓库化的过程是一个将数据转换成信息的过程，也可称之为信息抽取的过程，它汇集了经过整理的信息，是一个基础的信息平台，也是进行进一步分析的基础。

(4) 发布一站化

将以往以纸质媒体的信息发布方式转变为将统计信息通过网络发布，这种“一站式”的网站信息发布，企业领导及各业务部门都可从网上查询所需信息，达到统计数据共享，实现“无纸化办公”。

在没有采用计算机管理信息系统之前，企业统计信息的采集、整理和加工完全以手工方式进行。现在，利用计算机管理软件可以对企业统计数据进行科学、合理、深入的加工处理，完成信息存储、汇总、运算、制表、查询等业务，使企业的信息统计方便、高效地完成采集、存储、使用、修改、积累和传播，而且具有定量与定性相结合的信息模型加工方法，提高了信息的加工深度，可以进一步发现信息所反映的内在本质和发展趋势，从而对领导的管理决策提供更加有力的支持。

目前存在一个不容忽视的现象，一些企业都建立了计算机网络，并成立了信息中心，然而由于仅仅着眼于技术的支持而忽视了信息的管理，造成企业网络与信息资源开发利用之间不能很好地协调发展，致使企业计算机网络成了脱离企业业务之外的孤立技术系统。有人把这种现象形象地比喻为“有路无车”、“有车无货”。这种技术与应用的脱节使企业花费巨大精力和资金建设的计算机网络成为只有硬件堆砌的“裸网”、“空网”，陷入了信息高速公路上“无车跑”或“跑空车”的怪圈和尴尬境地。要知道技术是手段，应用才是最终目的，所以企业在建设计算机信息网络的同时，不可能也没必要另起炉灶新组建一个信息管理机构，而是应当以统计部门为主，计算机网络部门为辅，实现业务整合，真正建成企业数据集成中心。

2. 成为企业决策支持和情报系统

企业统计其实是一个信息系统，它协同计划、会计、业务等信息系统，成为综合信息系统，为企业的生产经营决策提供依据。

企业统计系统通过一整套科学完整的企业统计指标体系和严格的统计报表制度，借助信息技术和计算机网络，纵向信息的采集延伸到生产作业层，横向信息的采集延伸到企业各业务职能部门，构筑成了一条纵向到底、横向到边、纵横交错、四通八达的信息渠道，能够从不同角度、不同方位、全面地采集整理与本企业生产经营活动相关的市场信息。因此，一方面对外、对上能满足政府综合统计部门所需的宏观统计信息，另一方面对内可以满足企业领导及有关职能部门及时了解掌握企业生产经营动态，从而使企业统计能够真正成为企业决策层的智囊，为国家宏观管理和企业微观管理提供服务，真正成为企业的决策支持和情报系统。

3.5.3　使用计算机统计后的管理举措

1. 确立统计首席信息管理地位

企业实现了高度信息化之后，生产自动化系统中各种生产数据的采集将转变为计算机自动采集，如油库的收付、库存等计量数据均由人工采集转变为计算机完成。由于企业原始基础数据可以从企业信息系统中取得，企业统计的信息采集功能将融入企业信息系统，这样似乎不需要设立单独的统计机构。其实，正因如此，在大中型企业中，更应设置专业统计人员。因为他们的任务不再是过去那种单纯地向下要数向上报数。由于数据的采集、汇总等工作基本上由计算机系统完成，从而使统计人员可以从事务型的统计工作中解脱出来，腾出更多时间和精力去运用统计学特有的方法论，真正发挥统计专长。企业统计人员就像证券市场中的分析师一样，以占有和利用信息资源为基础，根据一系列数字的变化，研究分析企业运作过程中存在的问题，发现发展规律，揭示企业生产经营活动中的内在关系，及时监控企业运行状态并准确预测企业发展方向。这种作用是企业其他部门所不能代替的。只有这样，统计才能具有权威性。因此必须明确统计部门的信息主导地位，确立统计作为企业信息的首席信息管理地位。

2. 提高统计工作的质量

过去，公共交通企业统计部门的统计人员一年需手工制作 360 多份日报、12 份月报，仅制作报表就占用相当长的工作时间。现在积极利用计算机的先进技术来提高统计工作质量，各级统计部门需要装备计算机，建立企业内部局域网。统计人员以往手工采集、计算、抄写、报送统计报表的工作将成为历史，通过统计数据的网络传输、网络交换和数据共享，使统计数据的及时性、准确性得到了保证和提高。

3. 拓宽统计信息收集渠道

城市公共交通统计定期通过网络收集企业技术经济指标反馈方面的资料数据，并对数据进行汇总、排序，做出技术经济指标纵横比较分析，定期反馈给企业领导及有关职能部门，为企业的生产经营决策提供重要依据。

通过网络收集所需信息，可以拓宽收集渠道，丰富统计内容。围绕企业生产经营中的热点、难点，运用多种统计理论、方法和手段，深层次挖掘和分析其内在联系和客观规律，为高质量的分析、预测报告做好基础工作，可以实现统计工作质的飞跃，可以更好地为企业生产经营服务。

4. 管理创新

长期以来，城市公共交通的统计工作基本是围绕着政府部门进行，以完成各级主管部门布置的各种统计报表和各种统计调查任务为主要内容，在为企业服务方面没有充分发挥统计工作在企业中的作用，使统计工作处于被动状态。为改变这种状况，实现城市公共交通统计的创新，在加强统计工作网络建设的同时，应加大对统计资料开发利用的力度，把统计工作的重点转移到统计资料深加工、统计分析研究上来，根据企业生产经营情况主动进行专题研究，及时向企业管理层提供研究报告，为企业的经营决策提供了重要依据。

在新形势下，信息的需求已成为企业最大的需求之一。面临激烈的市场竞争，企业要生存和发展必须掌握企业内部和外部的信息。计算机技术在公交统计工作中的应用，为公交的生产经营决策提供了依据，促进了企业的管理创新。统计工作也必须与时俱进、改革创新，彻底转变观念和职能，借助于新技术，向主动服务和超前服务方面转变、向统计信息收集和研究方面转变，科学分析统计信息，做出超前预测，真正发挥参与决策的作用，更好地满足企业发展的需要。为使公共交通的发展跟上城市建设的步伐，公共交通行业在信息化建设方面投入了较大的精力和财力，已取得了相当大的成绩。

在不远的将来，随着公交信息化的不断推进，伴随着公交智能调度系统的建设，公交调度不但可以节约人力资源，而且整个运营管理过程会更加规范有序，各类数字信息更加及时、可靠，将为推进调度管理的现代化贡献更大的力量。

本章练习题

1. 企业统计的任务、职能和作用是什么？
2. 城市公共交通企业统计的特点是什么？
3. 城市公共交通企业统计车队统计的主要内容是什么？
4. 城市公共交通企业统计工作的步骤是什么？
5. 城市公共交通企业统计的管理信息系统主要构成是什么？
6. 解释完好车日的含义和计算方法。
7. 某公共交通公司八月末统计，客票收款 150 万元，月票收款 100 万元，专车收款 20 万元，月票收入有 20 万元属预支下月月票。根据其他资料可知，上月预售月票 30 万元，专车上月发生本月收款 5 万元，本月发生 8 万元未收款。问该公司 8 月总收入为多少？

4 第4章 企业计划制订与管理

本章概述

本章重点介绍了计划指标与指标体系，计划编制的原则、程序及主要方法，计划执行情况控制，企业生产经营分析的方法和生产经营评价等内容。本章要求重点掌握企业计划定制的主要内容、计划指标体系的编制过程和执行情况，以及公共交通企业的经营计划制订后执行修正工作内容。

本章学习重点

了解轨道交通客流形成机理及滚动计划法、PDCA 循环法和目标管理法的主要特征及具体内容。掌握生产经营分析的种类及步骤，计划执行情况的检查内容和方法，熟悉客流调查统计分类、内容和计划编制程序、公共交通企业经营计划及公共交通计划指标内容。

4.1 计划指标与指标体系

4.1.1 计划指标的内涵和基本标准

计划指标是指以一定的数值表示的某个计划时期经济和社会发展所要求达到的目标。它是计划任务的数字表现，包括指标名称和数值两部分。如行驶里程 3 400 km，客运量 1.5 亿人次，票款收入 5.5 亿元。企业计划指标就是企业在计划期内在生产经营活动方面应该达到的目标和水平，是计划任务的具体化、数量化的表现。公共交通企业生产经营运行的目标水平，发展的规模、速度、效益等都可以通过具体的指标来衡量。

企业计划指标按其表现形式，分为实物指标和价值指标。实物指标是指用实物数量来表现使用价值的指标，如客运量、行驶里程、运营车辆等。价值指标是以货币作为计量单位来表现产品产量和资金运动的指标，一般分为两种：第一，按现行价格计算的，反映产品价值量的变动，通常用于核算、分析和综合平衡，如运营成本支出、工资总额、千公里收入、千公里成本等；第二，按不变价格计算的，它可消除价格变动的影响，反映实物量的动态，通常用来计算速度，如：安全行驶里程、运营车辆等。

按性质划分，可分为指令性指标和指导性指标。指令性指标是计划的执行单位必须完成的指标，具有强制性，如完成营运收入 5.5 亿元；指导性指标只起指导作用。

按内容划分，可分为数量指标和质量指标。数量指标是以数量来表现的计划任务，用以反映计划对象的规模、发展水平，是表示生产经营活动数量的指标，一般用绝对数表示，如客运量（人次）、运营车辆（辆）、总行驶里程（km）、运营收入等。质量指标是反映计划对象发展相对水平或工作总量的统计指标，用平均数或相对数表示，如工作车率、完好车率、百 km 运营成本、百 km 运营收入等。

按作用划分，可分为核算指标和考核指标。核算指标是指在编制计划过程中供核算分析、研究论证用的指标，只作计划的依据，不向基层下达。如车日行里程、平均客位、平均运距、人均工资收入、车辆平均故障时间等。考核指标是计划目标管理部门向基层单位下达的考核计划任务执行情况及质量效益情况的指标，是计划指标的核心部分。考核指标应能比较准确、全面地反映基层单位的生产经营状况与工作成果，尽可能地和基层管理体制与经营机制相一致，并根据生产经营的需要和责任制内容的变化进行适时调整。

按复杂程度划分，可分为单项指标和综合指标。单项指标是指反映单项任务完成情况的指标。综合指标是反映计划任务情况的指标，例如，能源消耗是由汽油消耗、柴油消耗、电能消耗和燃气消耗等单项指标综合而成；总行驶里程是由运营里程、公务里程和为培训司机行驶的教练里程等单项指标综合而成。

总之，计划指标是为了计划的有效实施、管理和考核而设定的，应该随企业生产经营内容、管理体制和管理水平的不断变化，进行不断的调整、充实和完善，这是计划指标管理科学化的重要内容。

计划指标制订的基本标准有以下几点。

① 计划指标应按平均先进水平来确定，一般应高于上期实际达到的水平，并需经过努力才能实现。

② 计划指标实行分级归口管理。企业战略级指标（总指标）由企业决策部门负责汇总、平衡、上报和下达，各业务科室负责归口管理；中层工作指标（分指标）以部门负责人为首，组织有关职能人员负责管理；基层工作指标以班组长为首组织工作人员管理。

③ 为使计划任务层层落实，计划指标必须进行层层分解，坚持谁管什么指标，就分解什么指标。分解指标必须和总指标保持平衡和衔接，分解指标执行情况按规定路线进行反馈。

④ 中层工作指标的设置，由中层管理部门根据上级要求和企业内部管理工作的需要，与指标归口部门商定。

⑤ 年度经营综合计划必须在次年的前一个月完成。

4.1.2 计划指标体系

计划指标是计划工作中的经济指标，对应于统计指标而言，是统计检查计划执行情况的依据。计划指标要求概念确切、严格、简明，各项指标之间应当相互配合，形成一套科学的、完整的计划指标体系，以反映国民经济的内在联系和社会再生产的主要过程。

计划指标体系是指由一系列互相联系、互相依存、互相制约的计划指标所构成的有机整体。它反映了社会再生产和社会发展的各个方面，反映了扩大再生产的规模、速度、比例和经济效益。公共交通计划指标体系主要包括社会总产品、国民收入、主要经济效益、工农业总产值、财政信贷收支、固定资产投资、科技发展和人才培养目标、工农业主要产品产量、运输量和邮电业务总量、主要物资的平衡和分配、社会商品零售总额、进出口贸易总额、国家外汇收支、人民生活和社会发展指标等。为全面反映企业在计划期内生产经营活动方面达到的目标和水平，必须适当设置各种指标，建立健全企业的指标体系，完善和促进计划管理工作。

公共交通企业经营计划的各个组成部分的指标按其内在联系相结合而形成有机的整体。根据计划工作的要求，有它特定的具体内容，主要包括经济效益和社会效益的各个方面：经济效益是指票款总收入、固定资产投资、技术进步和技术改造、财政补贴、对外经济合作等；社会效益指乘客满意度、车辆行驶速度、月票等优惠政策、劳动工资、公益事业投入、环境保护等。这些方面都成为各自独立而又相互衔接的各种部门计划或专业、专题计划及综合计划，其各自又有更具体的指标，例如营运生产计划有票款总收入、高峰作业计划、行驶里程等指标；固定资产投资计划有基本建设投资额、更新改造投资额、新开辟线路和重点建设项目等指标。这些计划指标，经过平衡、落实，构成整套系统的计划，反映公共交通企业经济和社会发展的方向、规模、结构、水平、速度和主要比例，体现国家对公共交通企业的方针、政策。正确制订和运用指标体系，对于提高公共交通企业的管理水平有重要意义。

4.2 计划编制的原则、程序及主要方法

4.2.1 计划编制原则

1. 总目标原则

组织总目标是组织共同愿望、宗旨和使命的某一阶段欲达成的状态或结果。一个组织光有共同愿望而没有具体实现达成共同愿望的阶段性目标，那么共同愿望始终是一个空想。因此，组织在有了共同愿望的条件下，重要的工作是要确定组织未来运作的一个总目标，这个总目标是共同愿望实现的阶段状态。事实上，共同愿望的塑造规定了组织行进的方向和使命，这样也就大致决定了组织总目标设定的基本方面。组织要做的事是如何在判定自己的资源实力、外部环境条件下，设定一个符合共同愿望方向又切合实际地在组织发展方向方面推进的具体要求，以作为组织和全体成员在未来一段时间内努力的具体方向和既定责任。因此，企业的总目标是制订各种计划的出发点，从企业的总目标出发，才有各层级的综合性计划与专项计划。

总目标多由企业最高层管理人员负责，因为他们是行政主管，代表了领导层中最高一级的思想和倾向。公司制订计划的过程，是从制订公司总目标和确定在目标阶段内公司的重点目标开始，然后沿着组织层分解下达到各级管理层，一直到计划管理制度所包括的最低一层为止。

组织总目标一旦设定就成了组织计划工作的前提或依据，也成了组织未来行为获得成果的标志。为此，组织总目标设定的另一个重要方面就是组织总目标是可以度量的，即可以用一系列相应指标来反映和计量。

2. 经验与科学相结合

目前公共交通企业编制生产计划较多地采用经验方法，简单易行，修改方便，较适合于中小企业。随着公交企业规模的不断增大，这种方式已越来越不能满足企业发展的需要，因此在编制生产计划时，要注意经验与科学相结合。编制科学的生产经营计划需要遵循严格的程序，主要有信息收集阶段、计划设计阶段、计划审核阶段、计划决策阶段。这一过程是一个程序化的过程，有先后顺序，不得任意颠倒。在此程序的基础上，采用科学的理论、技术和方法进行生产经营计划编制。

3. 定性与定量相结合

公共交通企业在确定生产计划指标时，既要重视定性分析，又要重视定量分析，才能对

生产计划指标进行优化。只讲定性分析、否定定量分析，或者只讲定量分析、否定定性分析，都是片面的。

确定公共交通企业生产计划指标是生产决策的一项重要内容。首先要进行定性分析，比如分析公共交通企业当前面临的经济形势、营运市场情况、社会需要、资源供应情况，特别是能源供应情况，还要分析国家的税收、价格、财政补贴等政策的要求；其次，要采取定量分析方法，主要有量本利分析法、线性规划等，并利用计算机运算，使生产计划指标优化，通过优化，选择一个比较好的、经济效益较高的计划方案。

4.2.2 计划编制的程序

企业经营计划的编制程序大致包括：①调查预测，估量机会；②统筹安排，确定目标；③拟订方案，比较选优；④确定预算，综合平衡等。

1. 调查预测，估量机会

在制订计划之前，首先做的是要按照企业发展战略目标的要求对计划对象中的各有关方面（企业外部环境和内部能力分析两方面）进行详细调查，要搜集和整理资料，全面积累数据，充分掌握企业的历史和当前的资料，进行深入的调查研究，分析问题发现矛盾。要对资料的可靠性、完整性、典型性进行检查，排除偶然性因素，同时对各项指标进行归类、汇总、整理等加工处理，以符合预测的要求。

估量机会就是对企业的内部经营状况和外部环境因素进行分析，确定企业生产经营的有利条件和不利条件，从而对面临的形式有一个整体把握。通过对内、外部未来可能出现的变化和预示的机会进行初步分析，掌握利用机会的能力，对风险性因素推测其发生的可能性和影响程度并初步确定发展方向。

公共交通企业是公益性企业，其内、外部环境都具有特殊性，应从以下内容进行调研和估量。

① 外部环境对公共交通企业经营管理的影响。影响公共交通企业发展的外部因素主要包括国家的补贴政策、城市基础设施投资情况、城市公共交通价格指数和定价方式、城市人口的分布等。

② 企业内部因素的调研与估量。内部因素主要有：公共交通运营模式、企业发展规划与目标、计划期内线路规划、车辆更新计划、场站建设规划及原料、燃料等物资的消耗与供应情况等。

此阶段是整个计划的基础工作，调查人员要进行认真全面的调查研究，尽可能全面详细，为计划的制订打下基础。

2. 统筹安排，确定目标

一个完整的计划方案包括多个方面，对于丰富的材料要根据其内在的联系，统筹安排，形成一个相互联系的网络，认真考虑企业的整体状况、发展的前因后果和企业所处的经济和社会环境，从而明确发展方向及目标。计划目标的确定一定要保证其科学性和合理性，在企业总目标设定过程中需要考虑的关键因素有下面几个方面。

① 能够透彻地分析判断企业所拥有的资源实力、可调动资源的多寡、组织存在的问题和相对优势所在，从而判断自己有无核心专长。表面上企业目标的设定与企业发展方向有关，实际上企业目标设定过程中更重要的是与企业核心专长的建立与发展有关。著名管理学家哈默尔与普拉哈拉德教授认为，企业的核心专长是组织生存与发展最关键的因素，因为是它支撑着组织企业的最终实现。所以，企业总目标的设定要考虑目标是否有助于企业核心专长的发展。

② 能够透彻地分析企业外部环境及这些构成环境的因素的未来变化。例如，企业面临的政治环境、文化环境、经济环境、社会环境等，一定会对企业目标的实现有影响，有时甚至是重大的约束；更重要的是目前一些因素尚不成为目标实现的重要约束而有可能在未来某一时间成为重要约束也未可知。企业总目标设定后一定要能够实现，否则目标设定就没有价值。

③ 企业总目标一旦设定就成了企业计划工作的前提或依据，也成了组织未来行为获得成果的标志，为此，企业可以用一系列相应指标来反映计量企业总目标。

④ 目标是由多个子目标构成的体系，而不是一个孤独的量。因此，管理目标是能够分解和综合的，这是目标分解的主要理论依据。

从项目构成看，目标是多个子目标的集合。例如，公共交通企业的目标包括效益目标，如票款收入、运量人次、成本支出、服务质量、企业利润等；发展目标，如人才培养、新技术应用和开发等；职工福利目标，含物质福利和精神福利两个方面。由于目标有集合性，所以运用系统原理来研究目标的结构对提高管理的整体绩效是很重要的。

从责权关系看，目标可以按照组织的层级分解为：高层目标、中层目标和低层目标。从而使目标从上至下地层层落实、层层具体，形成从下至上层层保证的整体。这是建立目标责任制的重要理论之一。

从时间关系看，目标可以分解为：长期目标、中期目标和短期目标，从而按时间顺序构成一个相互衔接的整体。

3. 拟订方案，比较选优

在经过信息收集、反复讨论、充分调查研究和科学预测、弄清各方面情况的基础上，形成编制计划的基本数据及理由，提出计划的主要部分，即计划安排的基本方针、总体思路、基本设想、基本指标与任务、计划内的保障措施等。其中：计划的基本方针、总体思路和基本设想是企业总体发展战略的具体化，是计划制订的首要环节，确定了计划期内企业发展与经营的基本方向，直接决定了计划指标。计划的基本指标与任务措施等，是计划的核心部分，对下级单位具有较强的针对性和可操作性。制订方案是计划管理最重要的阶段，可以细分为如下四个步骤。

① 高层管理预定目标。首先，这是一个暂时的、可以改变的目标预案。既可由上级提出，再同下级讨论；也可由下级提出，上级批准。无论哪种方式，必须共同商量决定；其次，领导必须根据企业的使命和长远战略，估计客观环境带来的机会和挑战，对本企业的优

劣有清醒的认识，对组织应该和能够完成的目标心中有数。

② 重新审议组织结构和职责分工。目标管理要求每一个分目标都有确定的责任主体。因此预定目标之后，需要重新审查现有组织结构，根据新的目标分解要求进行调整，明确目标责任者和协调关系。

③ 确立下级的目标。首先，下级明确组织的规划和目标，然后商定下级的分目标。在讨论中上级要尊重下级，平等待人，耐心倾听下级意见，帮助下级拟订一致性和支持性目标。分目标要具体量化，便于考核；分清轻重缓急，以免顾此失彼；既要有挑战性，又要有实现可能。每个员工和部门的分目标要和其他的分目标协调一致，支持本单位和组织目标的实现。

④ 上级和下级就实现各项目标所需条件及实现目标后的奖惩事宜达成协议。分目标制订后，要授予下级相应的资源配置权力，实现权责利统一。由下级写成书面协议，编制目标记录卡片，整个组织汇总所有资料后，绘制出目标图。根据具体情况，针对一些可变因素，出台几套可选方案，以供决策层参考选择。

在拟订方案出台后，计划管理部门应对候选方案进行评估，对方案的优缺点进行详细评价，送交企业决策层，确定一个方案。

4. 确定预算，综合平衡

在计划方案确定之后，就要对具体工作计划进行预算。

公共交通企业生产计划指标的确定不是孤立的，而是受各方面的制约，必须从人、财、物各方面进行平衡。只有经过综合平衡后确定的生产经营计划指标，才是先进的、切合实际的。

综合平衡的内容主要包括：生产运营任务与客运能力之间的平衡，测算现有公交车辆状况、企业设备、线网布局对生产任务的保证程度；生产任务与劳动力之间的平衡，测算劳动力的工种、数量，以检查劳动生产率水平与生产经营任务是否相适应；生产任务与物资供应之间的平衡，验算主要原材料、动力、工具、外协件对生产任务的保证程度及生产任务同材料消耗水平的适应程度；生产任务与人员配备的平衡，测算设备维修、技术措施等与生产任务的适应和衔接程度；生产任务与资金占用的平衡，测算流动资金对生产任务的保证程度和合理性等。

4.2.3 编制企业经营计划

确定企业经营计划，是将企业营运状态分析结果转化为一系列管理决策的过程。经营计划为编制企业的营运计划和财务计划提出具体的方向性要求，至少包括三个层次的内容：第一，战略性目标，即企业的发展方向和重要发展战略；第二，阶段性目标，要求具有操作性的阶段性量化指标；第三，实施策略，即为完成战略目标和阶段性目标而制定的行动纲领。年度经营目标一般是指实施策略。

公共交通的计划管理是根据国家对企业的要求，社会的需要，以及企业自身发展能力，在对社会经济发展和客流要求做出科学预测的基础上，通过计划管理把企业生产经营活动的各个环节、各个方面、各项工作全面组织起来，充分、合理地利用企业的人、财、物等资源，最大限度地满足社会需要，使企业获得尽可能好的社会效益和经济效益。

1. 公交企业经营计划分类

公共交通企业经营计划分为中长期计划和年度（季度，月）计划。

1）中长期计划

中长期计划是企业的战略目标。它一般是以五年、十年或更长时间为目标。企业根据城市总体规划，结合计划期内城市社会经济发展对公共交通的需求和企业的具体情况，编制公共交通发展中长期计划。其主要内容包括：

① 企业发展规模、线路网的密度和停车场站、保修基地的布局；

② 企业的技术发展水平，运载工具的改良革新，营运服务设施、调度、通信联络设备等，改善保修和停车场地的条件，采用新技术、新工艺、新方法；

③ 企业的主要技术经济指标要达到的水平；

④ 职工队伍建设和职工生活福利建设；

⑤ 其他专项课题的专门规划。

中长期计划应具有连续性，要有专门机构主管、组织修订和检查实施，并根据社会发展的新需要和城市公交出现的新情况、新问题、新经验、新技术进行必要的修订。

2）年度计划

年度计划是企业在计划年度内的行动纲领。由计划部门组织运营调度、服务、安全、技术、财务、人事、物资等部门共同讨论商定，最终计划部门综合平衡后上报下达。年度计划主要包括营运服务计划和作业计划。

（1）营运服务计划

营运服务计划是经营计划目标和实施策略在企业各个生产环节的具体落实。营运计划按照企业营运的基本环节编制，包括票款收入计划、营运里程计划、购置车辆计划、原材料（物品）采购计划、成本费用计划、组织与人力资源计划等。

营运服务计划需要具体的定量指标来支持，包括：营运线路条数、长度，营运车辆配备，行驶里程，营运收入，油料单耗，完好车率，工作车率，班次执行率，行车正点率，车厢服务合格率，车厢整洁合格率，安全费用，行车责任上报事故间隔里程等。

营运服务计划主要包括以下几方面。

① 车辆、设备保修计划包括车辆保养、大修，保修质量一次合格率，回修车率，站场车日等。

② 劳动工资计划包括职工总数、各类人员的配备，工资总额及平均工资，出勤率，劳动生产率，工伤事故频率，劳动保护等。

③ 财务计划既包括采用标准的会计格式编制的预计资产负债表、预计利润表和预计现金流量表等，也包括投资计划、融资计划和资本运营计划等。

企业通过编制财务计划，可以掌握企业未来财务表现是否比过去有所改善和能否达到经营计划目标要求。如果财务计划结果出现较大偏差，则说明整体经营计划需要重新调整。

④ 成本计划包括单位成本和总成本等。

⑤ 物资供应计划包括各种物资、原材料、零配件的采购、储备和供应等。

⑥ 基本建设计划。

⑦ 各类专项基金的使用计划。

⑧ 职工培训计划。

上述各类计划形成企业全面计划体系，它以营运服务计划为主体，各项计划要互相衔接、协调、平衡，不允许孤立地编制各种计划，分割计划的统一。

在编制年度计划时，要分季度进行平衡安排，季前 20 天，要编制季度计划及分月计划。

（2）作业计划

作业计划是具体执行计划，包括：

① 运行调度作业计划；

② 车辆修理和保养作业计划；

③ 各类物资的采购收发计划。

2. 预算注意问题

全面计划管理工作由企业规划管理部门负责，包括三个层面：第一，组织贯彻、检查全面计划管理制度的实施；第二，负责对各项计划进行综合平衡、编报和下达综合经营计划；第三，负责对计划的贯彻、执行情况进行监督、检查、分析和修订，提出计划执行情况的分析报告。例如，某企业经营目标的三个层次：战略性目标、阶段性目标、实施策略（年度经营目标）。为加快企业改革步伐，不断提高自身发展能力，将公交建设成服务广大人民群众，在同行业中处于领先水平的大型现代化企业，提出了下列战略目标：市区公交出行分担率达到30%，公交车准点率达到90%以上，城市快速干线的公交承运平均速度达到25 km/h，普通干线平均速度达到20 km/h，万人拥有公交车达到 18 标台。为实现这一战略目标，需要在下列领域制订具体的行动计划：车辆购置计划、营运计划、公交线路规划。

制订企业经营计划目标一般有两种方法。第一，主导性方法。通过企业营运状态分析和外部环境分析，制订前瞻性经营计划目标。该方法适用于经营状态良好、有一定经营历史的企业。第二，被动法。通过分析企业各种可利用资源，以最佳利用资源作为制订经营计划目标的基本考虑。该方法适用于正在进行结构调整的企业。

预算时需要考虑以下问题。

（1）高度重视计划预算编制工作

把预算编制当做一件大事来抓，争取把预算落实到每一个部门和单位。组织上要充分予以保障，加大编制预算的组织管理力度。一是统一由一个机构负责编制本部门预算，要明确预算的综合编报部门，要加强对内综合和对外协调。二是为适应国家预算管理制度改革的要求，要加快职能转变的步伐，强化预算管理力量，将工作重点转变到加强预算管理和监督预算执行上来。三是要成立“编制部门预算工作小组”，抽调一批政治素质好、业务能力强的同志，集中会审编制预算，保证预算编制和报送时间。努力推行复式预算、标准收入预算，成立专职的预算编制机构；完善计算机支持系统、汇编审、会计账务处理分析、追加追减等。

（2）部门预算要有预见性

① 要充分预计下一年度的业务工作。预算一经决策层批准，必须严格执行。年中一般不会追加预算，而且下达到各部门、单位的预算也具体到了二级单位，不能调整。因此，各单位对下一年度的各项业务要有充分估计，要早准备、早计划、早安排。

② 要认真估算各项业务所需资金。各单位和部门在提出预算时，一要充分反映各项业务所需资金。二要考虑财力可能。在编制预算时一定要考虑上年总的财务状况，不能盲目地铺摊子、争项目。三要对所申请的各项资金进行合理排序，让预算分配部门了解业务部门的主要任务，统筹兼顾，保证重点。

③ 要准确把握部门工作重点。根据企业发展目标计划，确定部门工作重点，在编制预算时要围绕中心工作，突出支出重点。

（3）突出财务部门在预算编制过程中的主导作用

预算的编制，应由财务部门牵头，其他部门密切配合，明确责任，严格审核，共同把关，按时按质按量完成任务。凡涉及资金、预算等有关财务问题，各部门有什么要求和意见，应先向财务部门反映，财务部门应有初步处理意见，然后再与企业负责人交换看法。

（4）要深入领会部门预算改革的精神

结合公共交通企业自身特点，积极探索适合公共交通企业特点的预算编制和管理的方法途径，及时总结经验，不断开拓进取。

企业计划管理部门在收到各单位计划书后，需进行综合平衡。综合平衡法是各类组织编制计划的基本方法。主要做法是对企业面对的社会需要与自身能力之间进行综合平衡，平衡的内容主要包括：市场需求与企业生产能力的平衡；生产经营任务与人力、物力、财力资源状况的平衡，如：运力与运量的平衡、运营任务与劳动力的平衡、运营与保修的平衡、运营与服务的平衡、运营与物资供应的平衡、生产经营与财务成本的平衡；各类计划指标之间的平衡；各生产经营部门计划之间的平衡；生产经营过程中供、产、销各个环节的平衡；生产过程中各生产要素之间及各生产工序之间的平衡等。

在综合平衡的基础上，即可制订企业的综合计划指标和各单位的计划指标及各职能机构的单项计划指标。通过核定计划指标，可以将组织目标定量化、具体化，从而使计划更具合理性。

4.2.4　计划编制的基本要求

实行计划管理，要树立正确的管理理念和指导思想，要符合客观实际的需要，适应社会经济发展变化的规律。编制计划时要满足以下4项基本要求。

1. 预见性

计划工作就是预先决定做什么和如何去做，是对企业未来的活动进行规划和安排，因而要有预见性。这种预见性不是凭主观猜测，而是一种科学预见。这就需要企业认真进行调查研究，运用科学技术和方法进行预测，才能把握外部环境的变化趋势和发展规律，正确进行决策并确定组织目标。

2. 可行性

计划的制订要经过综合平衡，做到切实可行。要进行技术经济分析，做出可行性论证；要量力而行，不留缺口；要留有余地。各项计划指标既要先进又要合理，既要积极又要可靠。计划的执行和指标的实现，必须要有技术经济组织措施作为保证。

3. 统一性

任何独立的社会组织都是社会的一个基本单元，是社会系统中的一个子系统，同社会各方面存在着密切的联系。一方面，一个企业的计划目标要受到社会发展目标的制约和影响。如公共交通企业经营目标和经营计划要与国民经济的发展目标和宏观计划相互协调和保持一致，这才有助国民经济的稳定和发展并求得企业自身的发展和壮大。另一方面，企业在执行计划的过程中，又必须使企业内部各单位、各部门和各类人员紧紧围绕实现计划目标而保持上下一致、相互衔接和协调统一。把计划作为统一全体员工和各级部门的行动纲领，才能心往一处想，劲往一处使，从而保证计划目标的实现，即所谓步调一致才能取得胜利。

4. 灵活性

计划一经制订，就要保持相对稳定性和严肃性，以便贯彻执行。但是，市场经济是变化多端的，所谓“计划不如变化”，市场环境一变，计划就得调整。计划的这种灵活性，就体现为组织的应变能力和适应能力。在激烈的市场竞争中，优胜劣汰是不以人的意志为转移的。作为一个企业，在市场环境不断变化的情况下，只有不断调整自己的经营目标、经营策略、经营计划，才能扬长避短，发挥优势，在竞争中立于不败之地，求得生存和发展。为了保证经营计划的质量，企业必须做到以下几点。

① 计划编制过程及所确定的目标和实施策略，必须考虑到影响企业短期和长期经营的所有重大问题。

② 计划编制过程要具有前瞻性，必须考虑关系企业生存和发展的重大经济、技术和社会发展趋势。

③ 计划目标和实施策略在企业各个部门间必须是一致的，在重要目标上必须为企业员工明确方向。

④ 对实施经营计划承担主要责任的管理人员，必须直接参与计划的编制过程。同时，在计划中对这些管理人员规定出具体、明确、可操作的考核指标。

⑤ 经营计划的编制要留有一定余地，需要指定处理重大不可预见情况的计划，即一旦计划中的关键假设条件发生重大变化，企业需要如何调整经营计划和如何采取应急措施。

4.2.5 计划编制的主要方法

计划编制工作是一项严谨的工作，需要采用能够正确核算和确定各项指标的科学方法进行指导。计划的编制有多种方法，在实际工作中，常用的计划编制方法主要有滚动计划法、PDCA 循环法和目标管理法。

1. 滚动计划法

滚动计划法就是在制订计划或调整计划时，根据本期计划的执行情况和客观环境的变化情况，逐期往后推移，连续滚动编制计划的方法。它是运用规划论的原理编制弹性计划，使组织在适应环境变化的同时，保持组织运作的稳定性和灵活性，是近 20 多年发展起来的一种现代科学管理方法。

滚动计划法的主要特征就是以滚动形式来编制出具有弹性的计划，集中反映在一个“动”字上，编制滚动计划的基本原则是“近细远粗”，即把计划分为若干段。前段是比较详细的实施计划（也叫执行计划），后段是比较粗略的预订计划（或称展望计划）。在执行一个计划期的计划以后，根据实施计划的完成情况及滚动期内各种内外环境因素的变化情况，对预订计划进行调整，并续编一段计划。这样，整个计划的长度仍未改变，而每一间隔期滚动一次，就能保持计划前后衔接和相互协调。

滚动计划法既可适用于长期计划，也可适用于短期计划。如五年计划，可以按年滚动每年编制一次，每次向前滚动一年。年度计划则可考虑按季滚动，即每季编制一次，每次向前滚动一季。

2. PDCA 循环法

1）PDCA 循环的概念与特点

PDCA 循环是一种科学的工作思路（程序），就是要明确工作思路、决定工作程序、确保工作形成闭环。其中：

P（Plan）——计划。找出所存在的问题，分析产生问题的原因，并找出影响问题的主要原因，针对这些主要原因制订相应措施；

D（Do）——执行。按对策措施的要求予以实施；

C（Check）——检查。检查对策措施的实施结果是否达到预期目标；

A（Action）——处置。根据检查结果，采取必要的措施巩固已取得的成果，对未达到的预期目标进行进一步的改进。

PDCA 循环特点如下。

① PDCA 循环每循环一次，就提高一步。PDCA 循环不是原有水平的重复，而是螺旋式的上升，每循环一次，就前进一步。使计划管理水平和组织目标水平上升到一个新的高度，并在新的高度基础上，制订更高的组织目标，不断提高管理水平，并开始进行新的更高一级的循环。

② PDCA 循环是综合性的开放式的循环。PDCA 循环是包含组织内部各种资源要素（人力、财力、物力、信息等）和各个职能部门管理活动及各级下属单位的全方位的、综合性的循环。

③ PDCA 循环又是开放式的而不是封闭式的循环，在循环过程中，要不断根据客观环境的变化，不断适应新情况，解决新问题。在动态管理过程中，进行新的综合平衡。因而循环的四个阶段不是绝对的，各阶段之间也不是截然分开，而是紧密相连的，有时还得一边计划，一边实施，一边检查，一边处理，各个环节交叉进行。

PDCA 循环体现了计划管理过程是一个从实践到认识，再从认识回到实践，并且不断地通过再认识，再实践，从而使主观认识和客观实际逐步趋于统一的事物发展过程，这正是辩证唯物主义的认识论和方法论在计划管理工作中的具体应用。

2）PDCA 循环的运转程序阶段与步骤

（1）计划制订阶段（P）

编制组织计划可分四个步骤：

① 对组织现状进行分析，找出组织营运中存在的主要问题；

② 对组织存在问题的产生原因和影响因素进行分析；

③ 从影响组织活动的各种可控因素中找出主要因素，抓住主要矛盾，解决主要问题；

④ 针对组织存在的主要矛盾和问题及其产生的主要原因制订出组织计划和对策措施。

（2）计划实施阶段（D）

就是按照计划的要求，切实执行计划，努力实现目标。

（3）计划检查阶段（C）

就是把执行计划的结果与计划预期的目标进行对比，对实施计划的效果进行考查与评价。

（4）计划处理阶段（A）

是在计划执行完毕之后的善后阶段。这一阶段包含两个步骤：

① 总结经验，吸取教训，巩固成绩，处理问题。这项工作主要通过发动全体员工，上下一起来进行；

② 修订计划，克服偏差，协调平衡，以利再战。修订计划可采用滚动计划的方法，使组织计划更适合新的环境变化的要求，更切实可行。

在 PDCA 循环的运转过程中，旧的问题解决了，又会产生新的矛盾，随着 PDCA 循环的不停运转，矛盾和问题不断地出现又不断地解决，计划管理水平也就不断地得以提高，组织也因而不断地发展和壮大。

例如，某公交公司解决乘客投诉的问题，根据 PDCA 循环法，其工作思路及工作过程如下。

（1）P 阶段

① 通过分析以往的数据，找出造成乘客投诉的关键原因是公交车晚点问题。

② 分析造成公交车晚点的主要原因是：城市道路交通拥挤，造成交通堵塞；车辆调度不科学，调度手段落后；车辆投入运力有限。

③ 在这三项原因中，通过分析论证，城市道路交通拥护是造成公交车晚点的关键因素。

④ 针对城市交通拥堵这一关键因素制订对策：在主要干道上设置公交车专用道，明确规定社会车辆不准进入公交车道。

（2）D 阶段

按制订的对策进行城市交通道路规划，结合城市道路交通改造，设立公交车专用道。

（3）C 阶段

对公交车专用道的执行情况进行检查。统计采取措施后公交车的准点率情况，与改进前的数据进行对比，公交车准点率有显著改善，且道路交通已不再是影响公交车准点率的主要因素。

（4）A 阶段

将公交车专用道纳入公交发展模式，并制订相应的监督检查办法，以巩固所取得的成效。同时，由于道路交通虽然已不再是影响公交车准点率的主要因素，但其仍然存在，因此，需要进一步按 PDCA 循环的程序进行改进。

3. 目标管理法

目标管理把以任务为中心和以人为中心的管理方法统一起来，使员工了解自己的目标任务，实行自我控制，既强调工作成果，又重视人的积极性，这正是目标管理的本质特征。通过目标管理可以把企业所有人员的努力集中到企业发展目标上来，用激励和控制的手段取得最佳效果，因此它是一种综合考虑管理效果与经济效益的计划工作方法。

目标管理运用了系统论、控制论的思想和行为科学的理论，它把组织目标作为一个系统来看待，从整体出发来考虑管理问题。目标管理把组织总目标作为统管全局的要素独立出来，然后将总目标层层分解落实到组织内部各单位和个人作为分支目标，以分支目标来确保总目标。形成目标责任链，使组织构成一个"纵向到底，横向到边"的有机联系的目标体系，并充分发挥目标考核在组织中形成的激励机制和约束机制，通过下属单位与个人的自我控制行为，实现整个组织的有效控制。

目标管理的程序一般通过三个阶段实施，即：目标计划的制订与展开；目标计划的组织与实施；目标计划的检查与考核。

（1）第一阶段，目标计划的制订与展开

企业计划的制订是目标管理的中心内容。一般应先由组织的领导决策层首先制订出组织的总体目标，然后由下属各单位依据组织总目标制订出分目标，再由各成员依据单位分目标制订出个人目标，各层级根据自己的目标制订出工作计划。

在目标制订过程中，首先，要求分目标必须保证总目标的实现，个人目标必须保证组织目标的实现。其次，要求在上、下级之间进行目标协商，各部门之间的目标要相互协调配合。组织对整个目标体系要进行综合平衡。组织的总体目标从上到下、层层分解、逐级落实的过程，就是目标展开。在目标展开过程中，除了必须做好目标分解工作外，还要抓好目标责任的落实。以公共交通企业为例，在企业目标确定之后，首先要把企业总目标逐级分解为各个营运公司、营运车队、营运线路和个人岗位等各个层次的分目标，构成企业目标体系。同时，也将目标责任逐级分解落实到各部门、车间、班组和个人岗位，形成企业目标责任体系。整个企业的目标责任体系，则通过"目标—责任链"这条纽带把它连接起来。

（2）第二阶段，目标计划的组织与实施

"自我控制"是目标管理的组织实施过程中一个十分重要的指导思想。所谓自我控制，就是组织的下属机构和全体员工都按照本单位和个人所承担的目标责任，在实现目标的过程中，充分发挥主动性和积极性，进行自主管理，即不断进行自我分析、自我检查、自找差距、自我激励、自我完善。上级的管理则主要表现在指导、协助、授权、提供情报、提出问题、创造条件、纵横协调、改善环境等工作上。此外，就是做好检查和考核工作，实施奖惩。

（3）第三阶段，目标计划的检查与考核

为了保证目标的实现，对目标实施的全过程必须进行控制和检查，其基本做法是通过信息反馈系统，将组织所属各级单位和全体员工的目标实施情况定期逐级反馈到上级单位，从中发现差异，查清原因，以便及时采取措施，纠正偏差。若在检查中发现预定目标与实际情况不符，或因不可抗拒的原因造成无法实现预定目标，则应对原定目标进行调整修改。检查中，可以把自我检查与上级检查相结合，把专业检查与全面检查相结合，把定期检查与经常检查相结合。

在对目标实施过程进行检查、控制的同时，还应对检查结果做出评价和考核，并与经济责任制联系在一起，实施奖励和惩罚。具体做法就是按月份、季度和年度定期组织管理人员对组织下属各级单位和全体员工的目标责任完成情况进行检查考评，并据考评结果决定工资、奖金的发放水平，组织行政的奖罚和岗位职务升降。

一个计划期的目标管理过程结束之后，可根据检查考评资料发动广大员工进行总结，以推广成功经验，吸取失败教训，并用以指导和改善下一个计划期的目标管理，进行新的、更高水平的目标管理循环。

4.3 计划执行情况控制

4.3.1 计划执行过程中监控的必要性

计划监控是监视各项活动，保证组织计划与实际运行状况动态适应的管理职能。在企业管理的过程中，首先是制订计划，然后是组织和领导计划的实施。但要弄清计划实施的结果如何，计划所确定的目标是否得以顺利实现，甚至计划本身制订得是否科学，就需要开展有效的控制工作。控制工作就是按照计划标准来衡量计划的完成情况和纠正计划执行的偏差，以确保计划目标的实现，或适当修改计划，使计划更加适合于实际情况。

(1) 计划执行过程的监控是落实计划既定方针、推动计划顺利实现的需要

计划的编制与下达只是计划工作的开始，更重要的是计划的执行。计划的制订过程虽然有一套严格程序，可以调动组织中的各个层次，并对各种环境因素进行通盘考虑，但是，仍然不能保证它的每一个环节都能得到及时、全面、切实的贯彻和落实。通过计划的检查可以及时了解任务的落实情况及基层单位完成计划的进度情况，及时发现问题，提出改进措施，保证计划的圆满完成。

(2) 计划执行过程的监控可以检验计划编制是否适合

计划的编制应力求做到符合企业发展的实际需要，但计划毕竟是面对企业未来发展的，有其不可预测性，况且客观环境也是不断变化的。因此，计划的准确性不高是时常发生的事。当计划与实际不符合时，应及时分析原因，采取相应措施。当因客观环境或发生不可抗因素时（如油价飞涨、发生重大社会事件、遇到严重自然灾害等），就应修订原计划。但修订计划是企业一件严肃、重大的工作，必须按一定程序进行，必须经领导层审查批准。对由于计划执行单位经营管理不善等主观原因造成的计划与实际相脱节，则不允许修改计划，以

保证计划的严肃性与公平性。

4.3.2　计划执行情况的检查内容和方法

1. 计划执行情况的检查内容

（1）业务报表

业务报表可以反映营销计划执行过程的详细情况，通过报表可以看出工作人员有无抓住计划实施的重点，在实施过程中存在的问题，同时还可通过报表了解计划目标的完成情况，掌控计划实施进度。

（2）业务工作程序

这是正确执行计划的保障，比如要完成既定的里程计划和乘客满意度目标，就要提高发车水平。如果对调度员的工作建立一个规范的程序或步骤，就可以在不用增加任何资源的情况下达到目标，比如规定调度员必须按照以下程序开展工作：进行路况调查、整理客流调查资料、制订营运计划、有解决交通拥堵的预案、核实乘客投诉情况、回访乘客投诉等，这将会为调度人员提供一个良好的工作规范，增强他们工作的信心，提高计划的实施效率。

（3）工作会议

这项内容将会对计划的执行状况进行双向沟通，及时发现基层人员在工作中出现的问题，并提供帮助和指导，同时也教给基层人员一些业务技巧和方法，提高其应变能力。另外，对于目标计划在实际中碰到的困难，也要通过基层人员的信息反馈给予重新审视，对目标计划进行动态调整。

（4）业务培训

业务培训是激励员工队伍、提高工作效率的最佳方法，包括对执行目标计划所需技能进行的培训。同时，对计划的核心思想、经营策略进行灌输，使工作人员能充分领会计划的要求，把握工作重点。

2. 计划执行情况的检查方法

（1）数量检查与质量检查相结合

数量检查是对速度、规模、产值、产量等生产经营数量指标进行检查，如：公共交通的营运车辆、总行驶里程、客运量、客运收入等。质量检查是指对经济效益、成本支出、运营服务质量等质量指标进行检查，如百公里油耗、工作车率、完好车率、乘客满意度等。

（2）定期检查与不定期检查相结合

定期检查是指按照生产经营活动的特点，以制度或规定的形式确定下来的，按年、季、月等不同时段进行的定期检查。不定期检查是指按计划管理或分析研究的需要进行的随机性检查。

（3）统计报表检查与实际检查相结合

统计报表检查是指根据各单位、各部门的统计报表所进行的对比分析，以检查计划的执行情况；实际检查是指直接到所要检查的单位进行检查，如：发现某单位在票款收入上下降幅度较大，就需要直接到该单位进行检查，了解原因。两者结合既可以掌握较准确的情况，又能深入地发现新问题。

（4）分项检查与综合检查相结合

分项检查是针对某一项指标或某一个单位、部门进行检查，如对某一单位的能源消耗进行检查。综合检查是对综合性指标进行检查，如车辆安全检查，包括刹车制动检查、发动机检查、车灯检查、车内扶手检查。

（5）全面检查、重点检查与抽样检查相结合

全面检查是指对所有下属单位的计划完成进度进行的检查，这种检查对季度的讲评分析非常有用。重点检查一般是指对完成计划进度先进或落后的单位进行的检查，有利于推广先进经验。抽样检查是指按照随机抽样的原则选择有关单位进行的检查。三种检查方法相结合可以全面了解计划执行的一般与重点情况。

4.3.3　计划指标的调整

为适应环境的发展变化，需要根据新情况、新问题对目标计划进行动态调整，以保证整个计划的稳定性。

1. 动态调整在不同层次上各有不同

计划强调适应性和针对性，并不是说可以对计划任意调整，而应在不同层次上进行不同程度的调整。对战略性计划而言，要体现整个公交企业的特点；对中层计划而言，要体现企业中层单位的特点；对基层计划而言，要体现基层工作的特点。因此，动态调整通过不同层次上的差异，其实是一种共同性基础上的调整，既考虑各区域市场的特点，又保持统一的共性。

2. 动态调整是在稳定性基础上的调整

除了上面提到的层次性，还有时间性，而时间性构成了计划的稳定性，也就是说动态调整并不是可以随时调整，同样也要反映一年、一季、一月和一周的共性，同时还要兼顾各种共性之间的协调，从而在整体上保持动态、平衡的发展。

为维护计划的严肃性，企业计划报送上级主管机关及企业领导批准下达后，必须严格执行，各归口部门和执行单位均不得随意修改。如确因客观原因影响，经主观努力仍不能完成计划时，在有利于调动广大职工完成计划积极性的前提下，调整计划指标必须办理审批手续。具体要求如下。

① 高层计划指标的调整，由执行单位提出书面申请，送归口部门签署意见后，经计划管理部门审核报公司领导审批，属总公司下达的计划指标，还要报上级主管机关审批，在未批准前仍按原计划执行。

② 调整年度计划指标应提前一个季度申请，调整季度计划指标应提前一个月申请，整月度计划指标应提前十天申请。

③ 调整某一项计划指标，如需同时相应调整其他有关计划指标时，应一并上报，呈请

审批，以保证计划的平衡、协调。

④ 调整计划指标一律以书面批复为准，在未接书面批复以前，一律按原计划考核。

案例：××公交总公司的经营计划管理工作制度

一、总则

第一条　计划管理工作的任务。

(1) 在科学预测的基础上，为企业的发展方向、发展规模和发展速度提供依据，制订企业的长远规划，并通过近期计划组织实施。

(2) 根据市场需要和企业能力，签订各项经济合同，编制企业的年度、季度计划，使各项生产经营活动和各项工作在企业统一的计划下协调进行。

(3) 充分挖掘及合理利用企业的一切人力、物力、财力，不断改善企业的各项技术指标，以取得最佳的经济效果。

第二条　企业各级部门的主要精力，应放在各种计划的编制、执行、检查和考核上。

第三条　企业的计划管理根据“统一领导，归口管理”的原则，全厂分厂部、车间、组三级进行管理。厂计划管理部是全厂计划工作的综合管理部门，各个职能科室，都分别是各种专业计划的归口部门。

第四条　为保证全厂计划工作的正常开展，应加强综合计划机构，提高它在企业中应有的地位和作用。各级计划部门和归口部门也必须根据计划工作的要求配备专职（或兼职）的计划人员。

第五条　企业计划必须认真进行综合平衡，坚持“积极平衡，留有余地”的原则，不缺口，不打埋伏。

第六条　企业的各项计划是市场经济计划的基本组成部分，是企业生产经营活动的依据，计划一经下达，各级各部门都必须发动职员，采取切实有效的措施，保证计划的实现。

第七条　统计工作是企业的一项基础工作，是监督检查计划执行情况的重要工具，应准确、及时、全面反馈计划执行情况，禁止弄虚作假。

二、长远规划

第一条　长远规划是确定企业未来发展方向和奋斗目标的战略计划，通过年度计划的安排逐步实现，其主要内容如下。

(1) 企业的发展方向。

(2) 企业的发展规模。

(3) 企业技术发展水平，技术改造方向。

(4) 企业技术经济指标将要达到的水平。

(5) 企业组织、管理水平的提高和安全环保等生产条件的改造。

(6) 职工教育培训及文化设施建设。

(7) 职工生活福利设施的改造和提高。

(8) 能源及原材料的节约。

第二条　编制企业长远规划的主要依据如下。

(1) 经济发展的需要。

(2) 市场需要。

(3) 企业的生产技术条件。

(4) 国内外科学技术最新成就和发展趋势。

(5) 技术改进、引进和改善管理、提高职工技术水平以后所能提供的潜力。

第三条　长远规划的编制工作由分管计划工作的厂长主持。计划管理部负责汇总、综合平衡，提出总体方案并上报。各归口部门按规划要求负责收集、整理资料提出专业规划（草案）。长远规划经上级主管机关及厂长批准后分年组织实施。

三、年度综合计划

第一条　年度综合计划是企业全体职工在计划年度内的行动纲领，又是安排季度、月计划的重要依据。因此，企业各个生产环节和各个方面的生产经营活动，都必须严格按计划执行。

第二条　年度综合计划的制订采取统一领导、分工负责、综合平衡的方法进行编制，由分管计划工作的厂长负责领导，各业务归口科室按“管什么业务，就编什么计划”的原则根据规定的计划表，负责编制各专业计划，计划管理科负责拟定编制计划的总进度，综合平衡，于年前一个月组织上报。

第三条　年度综合计划编制的主要依据。

(1) 上级主管部门下达的指令及指导性计划。

(2) 厂长提出的年度方针目标。

(3) 产品订货合同和市场预测资料。

(4) 长远发展规划。

(5) 前期预计完成数字及本企业历史统计资料。

(6) 经审定过的各种技术经济定额。

第四条　编制计划所需资料由各科室车间相互提供，任何单位都不得拒绝。

第五条　专业计划的编制，各部门负责人要亲自主持，计划草案应认真听取分管厂领导和有关车间科室的意见，并按规定的时间报计划管理科。报送的计划必须附文字说明，经科长和编制人签章后方才有效。

四、指标管理

第一条　年度综合计划所规定的各项计划任务是通过一定的计划指标来表示的。计划指标就是企业在计划期内在生产经营活动方面应该达到的目标和水平。为全面反映企业的技术经营活动，必须适当设置各种指标，建立健全企业的指标体系，完善和促进计划管理工作。

第二条　计划指标应按平均先进水平来确定．一般应高于上期实际达到的水平，并经过努力才能实现的。

第三条　计划指标实行分级归口管理。厂级指标（总指标）由厂部计划管理科负责汇总、平衡、上报和下达，各业务科室负责归口管理。车间级指标（分指标）以车间主任为首，组织有关职能人员负责管理。班组级指标以班组长为首组织工作人员管理。

第四条　为使计划任务层层落实，计划指标必须进行层层分解，坚持谁管什么指标，就分解什么指标。分解指标必须和总指标保持平衡和衔接，分解指标执行情况按规定路线进行反馈。

第五条　厂级指标的设置，由计划管理科根据上级要求和厂内管理工作的需要，同指标归口部门商定。

第六条　必须在当年11月底正式下达次年的工厂年度经营综合计划。

五、计划指标的调整

为维护计划的严肃性，企业计划报送上级主管机关及厂领导批准下达后，必须严格执行，各归口部门和执行单位均不得随意修改。如确因客观原因影响，经主观努力仍不能完成计划时，在有利于调动广大职工完成计划积极性的前提下，调整计划指标必须办理审批手续。

(1) 厂级计划指标的调整，由执行单位提出书面申请，送归口科室签署意见后，经计划管理科审核报厂领导审批，属总公司下达的计划指标，还要报上级主管机关审批，在未批准前仍按原计划执行。

（2）调整年度计划指标应提前一个季度申请，调整季度计划指标应提前一个月申请，调整月度计划指标应提前十天申请。

（3）调整某一项计划指标，如需同时相应调整其他有关计划指标时，应一并上报，呈请审批，以保证计划的平衡、协调。

（4）调整计划指标一律以书面批复为准，在未接书面批复以前，一律按原计划考核。

六、计划的检查和考核

第一条　各级领导必须随时监督检查计划的执行情况，及时发现执行过程中的问题，采取解决问题的有效措施，以保证计划的顺利完成。

第二条　检查计划执行情况，应充分利用统计报表、会计报表、业务报表等资料。检查计划的实际完成数，一律以统计报表数为依据。

第三条　计划的考核必须与经济责任制考核相结合。考核的计划数，一律以上一级部门批准或下达的计划数为依据。

4.4 企业生产经营分析概论

4.4.1　生产经营分析的内容及特点

1. 生产经营分析的内容

生产经营分析是利用会计信息及相关经济资料，对企业经营形成的财务状况和经营成果进行的评价，为改进企业生产经营效率、提升企业价值及为满足相关信息需要者的决策要求提供信息。

企业通过运用计划统计方法与分析对象的有关知识，得出企业经营状况的好坏，直接反映企业的生存和发展，从而反映企业经营政策的成效。企业的生产经营分析，就是要以工作计划中的各项指标，以统计资料为基础，根据综合评定的结果，利用多种定量分析方法对大量的统计指标进行分析研究，对企业经营目标、经营效益、经营状况进行综合评价，从质和量的统一中提示生产经营发展前景和规律，从而认识经营过程中各种矛盾及各种指标之间的内在联系。

2. 生产经营分析的特点

企业生产经营分析也是企业的自我综合诊断，是一种综合治理、全面提高管理绩效的措施。其工作过程有全面性、综合性、创造性、科学性、针对性、数量性等特点。

（1）全面性

全面性是指在进行经营分析的过程中，对分析对象掌握情况要全面，这是搞好综合诊断的基础。为此，领导和机关要深入调查研究，不能停留在听取汇报上，不能满足于对情况的一知半解。对经营指标的分析不能只专注于个别指标，要从整体上进行研究。

（2）综合性

综合性是指企业生产经营分析需结合定性和定量两种手段进行，在其工作过程中也需要企业各个方面的支持和各项工作指标的结合，才能满足企业生产经营分析的需要。

（3）创造性

生产经营过程中会遇到许多新情况、新问题，每一项经营指标分别与过去同期的指标比较，在方法、思路和结论上也会有明显的差异。生产经营过程具有创新性，其分析的过程也必是一个创造性的过程。

（4）科学性

生产经营分析中所应用的各种分析方法，一部分是建立在数学、概率和数理统计基础上的，各种方法都有其理论根据，并不是全凭个人的主观经验进行，因此是科学的。当然，每种分析方法不都是定律、适用于任何环境，只有在适当的应用环境下，所使用的各种分析方法才能得出科学的结论。如因果分析法、相关分析法、价值分析法、盈亏临界分析法等。

（5）针对性

在企业生产经营分析的过程中，当发现问题时，就要针对这个问题进行详细分析，综合各种资料，找出问题发生的原因，然后提出相应的解决意见。

（6）数量性

生产经营分析是建立在指标统计的基础上，从指标方面入手分析企业的经营状况，因而数量性是其基本特点。

不论是计划工作、统计活动、统计资料都离不开指标这个中心。没有计划指标对比，生产经营分析就无从入手。当然，生产分析反映的并不是抽象的纯数量或某些指标，而是具体的、密切联系生产实际的计划指标进度。

4.4.2　生产经营分析的作用

生产经营分析是科学管理经济的重要手段，也是管理部门经常要进行的常规性工作之一。它可以起到改善经营管理、提高经济效益的作用。生产经营分析活动的作用，有以下几个方面。

① 提供制订政策和计划的依据，任何部门和企业都要依据客观要求进行决策，并指定相应的中、长期及作业计划。在计划执行过程中，还要不断监督和调整，使企业的长期决策目标得以实现。监督和调整的依据就是对一定时期生产经营状况的分析。通过生产经营活动分析报告全面了解情况，对于调整上期的计划目标和制订下一个时期的工作计划具有重要意义。通过现状分析，可以评价下属单位之间指标的优与劣、完成速度的快与慢、正常与不正常及排名顺序等，并对指标的波动进行监测与预警，从而对企业的经营状况作出判断。发现问题，找出原因，提出解决问题的办法或建议，促进企业经营活动的正常运行和发展。

② 提高经济核算质量，改善企业经营管理部门和企业在经营管理中所发生的经济事项，可以通过日常的会计、统计数据和报表资料反映出来。由于这些数据和资料是分散的，往往不能说明全部问题，反映的情况也是单一的，无法说明其生产的内在原因及发展规律。因

此，还要根据报表数字、统计数据及调查资料，对经济活动情况进行分析。这种分析，可以将日常的经济核算提高到一个新的高度去认识，明确经营的问题和找到解决的方法，改善企业的经营管理情况，提高经济效益。

③ 加强企业管理的重要手段，企业管理是全方位的，各部门的微观经济活动分析调动了经营、销售、财务多方面人员的参与。这对加强企业管理、财务监督有着重要的现实意义，是克服企业经营管理中消极因素的重要手段。

④ 对企业生产经营进行预测分析通过对指标历史及现实数据定量与定性相结合方法进行规律性分析，着重于对生产经营状况的数量规律性进行推算预测。结合政策环境分析、经济环境分析和社会环境分析，可以对企业的发展前景进行有效的预测分析。

4.4.3 生产经营分析种类

生产经营分析涉及企业生产经营的各个方面，为了便于调查研究和分析，更好地开展工作，有必要按照企业生产经营的特征进行分类。

1. 综合分析、专题分析和典型分析

综合分析就是对整体经营情况进行通报，而后作出较为全面的分析，使与会者对业务经营情况有一个总体认识。通常有以下两方面内容：一是综合平衡分析，主要有投入与产出分析、客流变化分析等；二是各种主要指标的综合平衡与相互联系分析，如千 km 收入、百 km 运量、乘客满意度与各种服务合格率等。专题分析是对某一个问题或指标专门进行分析，涉及面较窄，要求比较深入而具体，是专门为了解决具体问题的，如事故发生率、乘客投诉率、单车油耗等。典型分析一般用于总结成功经验，挖掘成功背后的因果关系，用来取长补短，如优秀驾驶员的工作流程、节油能手的操作方法等。

2. 状态分析、规律分析和前景分析

由于企业生产经营分工不同，各项生产经营分析活动尽管在具体对象和目的上具有差异性，但从对分析对象的认识来看，都无非是对经营指标的状态、规律和前景进行的分析与研究。从统计意义的角度出发，分析客观现象的状态，是指一定时间、地点、条件下的企业生产经营客观存在的规模、水平、速度及各种关系；规律是指标之间客观存在的必然的数量关系及在较长时间内指标发展变化的模式；前景是指此生产经营指标未来的状态。

从相互关系的角度出发，生产经营分析对状态、规律和发展前景的认识是相互关联的，体现了认识上的三个由浅入深的层次。对现状的分析认识是最基本的，只有在此基础上才有可能提示指标发展的规律，也只有循着所提示的规律，才有可能揭示指标发展的规律，才有可能推测未来的发展前景。当然，一项具体分析可以有所侧重，不见得每篇分析均要发挥以上三个层次的作用，但这三个层次是企业进行分析应努力的方向。按照分析的方法来划分，经营分析还有比较分析、动态分析、因素影响分析、图示分析等。一般多采用比较分析，即用数据的同期比、横向比、纵向比，比绝对值、比增长率、比市场占有率。比就是从内部和

外部两个角度分析问题，用联系的观点找出差距，找出解决问题的关键所在。

4.4.4 生产经营分析的步骤

生产经营分析过程分为研究分析过程和叙述过程两个方面。研究分析过程，是运用统计方法对反映指标数量特征的数据进行判断和推理，并由此得出结论的过程；叙述过程，是将研究过程的内容进行文字加工，是修饰分析报告的过程。两者具有密切联系。①对于生产分析而言，两个过程都是重要的。研究分析过程是否正确直接关系到分析报告结论的正确性，叙述过程是否合理、层次是否清晰、语言表达是否完备关系着对论点论据的表达。②在实际生产分析中，两个过程的分析很难截然分开，通常都是边研究，边写作，是一个工作的两个方面。生产经营分析从选题到分析研究直至写出报告，大致经过以下几个步骤。

1. 根据生产内容确定分析题目

生产经营分析要有针对性，这是进行分析时首先需要考虑的问题。通过题目来体现所要分析的目的和问题，恰当选择直接影响生产效果的问题进行分析，对提高分析的针对性具有十分重要的意义，并且可以为以后取材、构思和表达打下一个良好的基础。

（1）选择题目的重点方向

① 选择具有现实意义的题目，或是与企业中心工作、全局性工作有密切联系的题目。

② 选择企业经营发展过程中一些具有明显指导意义的题目。

③ 选择企业发展中出现的新情况、新问题。

④ 选择各部门有争论、有意见的重大问题。

⑤ 选择配合企业中心工作，为讲评及重要会议提供材料的议题。

（2）企业生产经营分析应遵循的原则

① 实事求是原则。选择题目必须从实际出发，而不能凭个人主观臆断，凭空想象去分析。

② 价值原则。题目要考虑企业的实际需要，有助于解决实际问题。生产经营分析必须要有实用价值，要能够在表达数据、交流看法方面起到一定作用。价值原则还表现为实效性，要及时注意抓住数据显露出来的苗头和生产中出现的新矛盾，善于捕捉时机，做到既对路又适时。

③ 可行性原则。选题不仅要考虑“价值”，还要考虑可行性，即主观上和客观上是否具备一定的条件。主观上讲，可行性就是量力而行。客观上讲，可行性就是要有操作的条件和空间。

（3）题目类型

① 任务题：即领导交办或上级部门布置的题目。

② 固定题：即结合日常工作或统计报表进行的定期分析等。

③ 自选题：即作者自选的题材。一般选题主要针对的是自选题。

2. 分析内容的设计

选择并确定题目之后，就要设计内容。内容一般包括：

① 进行本次分析的目的、要求；

② 分析必要性和可行性；

③ 进行分析时的指导思想、理论、政策和依据；

④ 分析的内容纲目；

⑤ 分析所需的数据是否充分等。

以上所述，就是将分析内容具体化。对于某些简单的生产分析，可以只就一两个或三个统计数据进行，例如，收入分析、公里使用分析，这时就需要用多个指标的数据来比较全面地把握分析对象。因此，需要充分地把握指标的内在联系与运用的合理性。

3. 采集、积累与鉴别所需的统计资料

生产经营分析是以统计数据为基础，因此在选定题目并进行了内容设计之后，就要有足够丰富和充分可靠的数据资料。由于在日常工作中有了计划指标体系和统计指标体系，并且有各种生产统计报表的数据来源，在指标口径、计算方法、准确程度等方面一般不会有差别，只是对数据进行一般的审核评价即可，然后根据需要进行取舍。如果需要运用外来的数据，则要进行质量评价与鉴别，并要进行调整、估算和换算，然后根据题目设计的要求，进一步加工整理，使其真实可靠、系统完整，以成为分析材料中的依据。关于这一点，需要特别引起注意，判断不准的，或不是权威材料中的数据，最好不用。

4. 运用各种方法进行系统周密地分析

方法是达到目的的手段，了解并掌握每种方法的作用、应用条件和实施过程，对搞好综合生产分析十分重要。生产经营分析要借助于一些统计分析方法才能达到预期的目的。一般从具体应用的角度看，可划分为两类：经验方法和数学方法（数理统计方法）。

（1）经验方法

经验方法是指一些初等数学知识和人们的经验相关联的方法。如分析中常用的分组分析法、指标对比分析法、数量分析法等。经验分析法的运用，不需要较高的数学知识，更多凭经验。在生产经营分析中，由于这一类方法简单、实用及约束条件少，因此应用十分广泛。

（2）数学方法

数学方法又称为数理统计方法，是以数学理论，特别是概率论为基础对大量指标进行研究与分析预测的方法。对这种方法正确地加以运用，可以大大提高生产经营分析的科学性。但是，由于公交的指标特点和行业性质所决定，这种方法很少运用。

（3）注意事项

在运用各种分析方法时，需注意从以下几方面入手。

① 要根据所利用的指标的特点和所要达到分析的目的来选用恰当有效的方法，它既可以是几种方法的有机结合，也可以是多种方法的综合运用。

② 要从不同方法特点出发，灵活运用比较与对照，既可进行纵向对比，也可进行横向比较。在分析比较错综复杂的现象并进行对比时，要注意比得合理、比得恰当、比得有效。

③ 要从生产经营分析所要完成的任务出发，深刻认识事物的本质和指标完成的规律性，把比较法、剖析法、分解法结合起来运用。为认识所分析问题的本质，对指标要进行比较对照，层层剖析，找出问题的关键。

④ 运用各种经营分析方法进行逻辑推理和判断时，要准确分清一般与个别，正确划分正常与非正常、主要与次要、必然与偶然、系统与非系统关系，进行综合概括，得出正确结论。

⑤ 在运用统计分析方法进行分析时，切记单纯用统计方法反复计算各种统计指标，而应将数字与情况结合，做到定量分析与定性分析相结合，实事求是地得出结论。

5. 得出结论，提出建议

生产经营分析的主要目的就是要为总结生产经营成果，吸取教训，发扬优点，为以后的生产经营目标的提出奠定基础。

这一阶段是生产经营分析深化阶段，是以实际材料为依据，将丰富的感性材料进行整理提出的过程。在这一过程中一定注意抓分析对象的关键内容，找出问题出现的主要原因，透过现象看本质，通过数据的变化看趋势，得出结论，提出建议。

6. 根据分析结果形成分析报告

这是生产经营分析的最后程序，也是此项工作成果的集中表现。生产分析中，应根据分析报告的目的和内容、采用灵活多样的形式来表现，以供领导和有关部门使用并参考。可以说，搞好生产分析的关键是要有真实丰富的材料、完整的内容和正确的观点，但恰当的表现形式也是生产分析发挥作用的重要方面。生产经营分析结果的表现形式有多种，其中分析报告是主要的。可以从以下四个方面衡量分析报告的质量。

① 选题准确，能紧密结合生产形势，配合企业中心工作，反映企业生产发展、计划执行的情况，对下一步工作能起到积极的作用。

② 数据可靠，观点鲜明，分析深刻，提出合理的见解。

③ 实效性强，反映情况及时。

④ 主题突出，结构严谨，条理清晰，文字简洁。

提高经营分析的有效性，应把握好以下几个环节。

(1) 做好案卷的准备工作

在进行经营分析之前，案卷资料准备要全面、翔实。要简洁而准确地将问题提前告知与会者，使与会者能事先了解会议内容，正视和思考争论的焦点，对关键问题的认识有所深化和升华，明确目标和方向，突出重点问题。

如果案卷缺乏充分的准备，往往会导致分析不全面，问题点、关键因素找不准，使经营分析流于形式，达不到预期效果。

(2) 找准薄弱环节，制订办法措施，带动整体工作

找准工作中的薄弱环节，是经营分析的一个重点和难点。因此各部门在作经营分析时，要侧重反映自身存在的问题，不相互推诿。要研究形成薄弱环节的内部、外部因素，深入分析是否自身对该问题认识不够，还是措施落实不力，或者客观条件不具备等。只要敢于正视问题，真心去找、诚心去找薄弱环节，就能恰到好处地指出症结所在，实事求是地制定措施，有效解决问题。

(3) 抓住关键、突出重点，对问题实行跟踪追问制

充分利用会议有限时间分析、探讨和解决管理经营中的现实问题，抓住要害、突出重

点，并提出切实可行的解决办法，布置好下阶段的经营工作，不能议而不决、决而不行。能否提出解决问题的方法，是衡量经营分析会是否取得实效的关键。要采取有效的跟踪追问制度，促使相关部门在会后对问题进行解决和落实，这是提高经营工作有效性的重要环节。

（4）挖掘典型，推动经营工作

研究借鉴学习哪些具有代表性、含有普遍性的成功经验，可以更新经营管理理念，进一步拓宽发展业务的思路。因此要对企业内部、外部在业务发展上的成功案例进行研究，总结成功经验，然后推广应用，进一步推动工作开展。

（5）经营分析要锐意创新，不断提高分析质量

创新是永葆生机的源泉。只有经常更新观念，及时吸收和采用一些先进的经营管理理念来分析问题，企业才能不断提高。

4.5

企业生产经营分析的方法

企业生产经营分析主要从两个方面进行：一是对企业生产经营成果进行分析，二是对企业生产经营条件进行分析。经营分析的基本方法：使用比较分析法，与过去相对比，揭示发展趋势，检查执行差异；与同行业相对比，揭示竞争中的企业优势。使用比较分析法，应注意指标的可比性。

企业经营分析的基本方法：比率分析法；趋势比率分析；定基动态比率与环比动态比率结构比率分析；揭示总体指标的质量构成状况相关比率分析；揭示事物的因果关系及联系等。

城市公共交通统计指标有一个较完整的统计指标体系。为了进一步认识运营生产、技术、经济现象的发展变化规律及构成因素，有必要结合公交企业的特点和统计学中的分析方法进行分析。

4.5.1　动态数列分析

动态数列是指将反映社会经济现象数量特征的统计指标数值按照时间顺序进行排列形成的序列。动态数列的构成要素有时间序列、统计指标数值序列等。如表 4-1 所示。

表 4-1　某企业部分经营指标

时间/年	1995	1996	1997	1998	1999	2000
产值/万元	1 500	1 600	1 800	2 180	2 496	2 800
计划完成程度/%	102	105	106	104	108	110
年末工人数/人	1 200	1 260	1 254	1 290	1 300	1 350
工资水平/（元/人）	520	540	600	680	800	1 200

动态数列按指标形式不同可分为总量指标动态数列、相对指标动态数列、平均指标动态数列三种。

1. 总量指标动态数列

总量指标动态数列又称绝对时间数列，它是把总量指标按时间顺序排列形成的，可以反映社会经济现象的绝对水平或总规模随时间发展变化的过程及其趋势。按总量指标所表明的社会经济现象的性质不同，可分为时期数列和时点数列。

（1）分类

① 时期数列。时期数列是由时期总量指标构成的动态数列，每一指标反映着社会经济现象在一段时间内发展的总量，参见表 4-2 所示。

表 4-2　某公司 2003—2006 年客运量统计

年　份	2003	2004	2005	2006
客运量/万人次	50 031	56 324	58 692	60 113

② 时点数列。时点数列是由时点总量指标构成的动态数列，每一指标数值反映社会经济现象在某一时刻上达到的总量，表 4-3 为某公司 2003—2006 年职工人数统计。

表 4-3　某公司 2003—2006 年职工人数统计

年　份	2003	2004	2005	2006
职工人数	7 185	7 212	7 315	6 100

（2）特点

① 时期数列反映时期现象，连续统计取得指标数值；时点数列反映时点现象，不连续统计取得指标数值。

② 时期数列中的各个指标数值具有可加性；时点数列中的各个指标数值不具有可加性。

③ 时期数列中的指标数值大小与时间长短有直接关系；时点数列中的指标数值大小与时间间隔没有关系。

2. 相对指标动态数列

它是把一系列同类的相对指标按时间顺序排列形成的，反映社会经济现象之间相互联系的发展过程，数列中各个指标数值不具有可加性。

3. 平均指标动态数列

它是把一系列同类的平均指标按时间顺序排列形成的，反映社会经济现象一般水平的发展变化过程，数列中各指标数值不具有可加性。平均指标动态数列常用概念如下。

① 发展水平。构成动态数列每一项指标数值称为发展水平，分为最初水平、中间水平、最末水平、平均发展水平（动态平均数，序时平均数）。

② 动态平均数，即同一指标不同时间上求平均。

③ 静态平均数，即同一总体各单位标志值求平均。

平均发展水平的计算有以下几种。

（1）由时期数列计算序时平均数

时期数列的基本特点是具有可加性，计算方法为：采用简单算术平均法计算序时平均数，由时点数列计算序时平均数，时点数列的基本特点是不具有可加性，由时间间隔相等的时点数列计算序时平均数。时间间隔相等的时点数列计算序时平均数时，先计算各个相邻时点发展水平的平均数，然后再对这些平均数用简单算术平均法计算序时平均数。某公司部分时段职工人数统计如表4-4所示。

表4-4　某公司部分时段职工人数统计

时　间	6月30日	7月30日	8月30日	9月30日
职工人数/人	1 200	1 260	1 254	1 290

根据上述资料计算该企业第三季度月平均职工人数。计算如下：

7月份平均职工人数 = (1 200 + 1 260)/2 = 1 230(人)

8月份平均职工人数 = (1 260 + 1 254)/2 = 1 257(人)

9月份平均职工人数 = (1 254 + 1 290)/2 = 1 272(人)

第三季度平均职工人数 = (1 230 + 1 257 + 1 272)/3 = 1 253(人)

（2）由时间间隔不等的时点数列计算序时平均数

时间间隔不等的时点数列计算序时平均数时，先计算各个相邻时点发展水平的平均数，然后再对这些平均数用加权算术平均法计算序时平均数，权数就是各个相邻时点的时间间隔。某公司部分时段商品库存统计如表4-5所示。

表4-5　某公司部分时段商品库存统计

时　间	1月1日	6月1日	8月11日	12月31日
商品库存额/万元	2 100	2 140	2 380	2 400

根据上述资料计算该企业月平均商品库存额。计算思路：

期内平均数 = (期初 + 期末)/2

1—5月份平均库存额 = (2 100 + 2 140)/2 = 2 120，时间间隔为5；

6—7月份平均库存额 = (2 140 + 2 380)/2 = 2 260，时间间隔为2；

8—12月份平均库存额 = (2 380 + 2 400)/2 = 2 390，时间间隔为5；

月平均库存额 = (2 120 × 5 + 2 260 × 2 + 2 390 × 5)/(5 + 2 + 5) = 2 256(万元)

（3）由相对数（或平均数）动态数列计算序时平均数列

某公司1—4月部分指标如表4-6所示。

表4-6　某公司1—4月部分指标

时间/月份	1	2	3	4
产值/万元	120	143	289	400
月初工人数/人	60	60	70	100
劳动生产率/（万元/人）	2	2.2	3.4	3.8

要求：根据上述资料计算该企业第一季度月平均劳动生产率。

分析：时间序列 + 劳动生产率序列构成相对数（或平均数）动态数列。

计算原则：

① 由相对数（或平均数）动态数列计算序时平均数时，绝对不能用构成相对数（或平均数）的本身数值直接加总计算序时平均数；

② 而应根据构成相对数（或平均数）动态数列的分子资料、分母资料，分别平均，通过对比来计算序时平均数。

$$劳动生产率平均值:劳动生产率=产值:工人数 \tag{4-1}$$

（4）计算年平均发展速度

在城市公共交通统计中，根据不同需要，可计算多种速度。要研究客运量、线路长度、运营车辆数及其他各种工作量、消耗量等的动态，也常运用发展速度等指标。例如，某市6年客运量情况如表4-7所示。

表4-7　某市6年客运量统计

年份	客运量/亿人次	增长量/亿人次		发展速度/%	
		逐期	累计	定基	环比
第1年	14.8			100	
第2年	14.5	-0.3	-0.3	98	98
第3年	15.6	1.1	0.8	105	108
第4年	17.3	1.7	2.5	117	111
第5年	20.6	3.3	5.8	139	119
第6年	23.6	3	8.8	159	114

注：定基是指第 i 年数值比基年；环比是指定基下一年比定基上一年。

通过上述计算，可以看出5年来客运量的增长及上升趋势，以便进一步安排好运输能力。在编制长期计划时，公共交通结合城市建设及人口等有关资料，参加平均发展速度指标来确定总速度。依上例，客运量的年平均发展速度为

$$年平均发展速度=\sqrt[5]{1.59}=1.097$$

也就是客运量以平均每年约10%的速度递增。这就便于提出线网规划及投资设想。

4. 计算移动平均数

动态数列是表明某种现象在一定时间的发展过程，在时距较短时，遇到一些偶然因素会引起波动。为此，除了上述把动态数列的时距扩大，还可以采取逐项推移的方法来计算序时平均数，把计算结果排成新的动态数列。例如，每日客运量随着日型不同而有所不同，在一周间上下波动。如果把时距扩大为七天，依次计算平均日客运量，即先计算1—7日的平均日客运量，继而再计算2—8日的，3—9日的，4—10日的平均日客运量，计算到所需日数。这样所得到的新的数列较为均匀，并呈现出明显的趋势。

5. 季节变动分析

季节变动是指某些现象受生产条件、自然条件及社会活动的影响，在一年内随着季节的更替发生变动。这种变动在连续若干年中，带有一定程度的规律性。例如，客运量、客流量、客运收入、总行驶里程及某些消耗都带有不同程度的季节性变动。

测定季节变动，一般要具备连续若干年的各月发展水平资料，以便于观察季节变化情况。比较简单常用的方法是计算各月份对全年各月平均水平的比率，即季节比率，或称不均衡系数。现根据某公司3年平均每月客运量计算季节比率，如表4-8所示。

表4-8　某公司3年平均每月客运量计算季节比率

月　份	平均每月客运量/万人次	季节比率
	x_i	$\frac{x_i}{\sum_{i=1}^{12} x_i/12}$
1月	4 461	0.91
2月	4 317	0.88
3月	4 445	0.90
4月	4 905	1.00
5月	5 031	1.02
6月	4 810	0.98
7月	4 917	1.00
8月	5 287	1.08
9月	5 239	1.07
10月	5 337	1.09
11月	5 016	1.02
12月	5 180	1.05
平均每月	4 912	1.00

从上表所列资料看出，客运量下半年较高，占全年任务的53%。从分月看，5月和8月以后各月的季节比率是较高的月份，尤其是8月和10月。这个规律基本历年相同，因而为电、汽车及地铁在安排运输能力上提供依据。由此得出：应加强10月、暑期和冬季的安全运输，同时还可以从年初的客流形势，预测当年的暑期及冬运任务。

季节比率的计算方法，在公共交通统计中，应用的地方比较多，如客流时间不均衡系数、客流断面不均衡系数及客流方向不均衡系数等都采用这种计算方法。但通常指的是其中比率最大值。

4.5.2　统计指数分析

指数是一种反映社会现象的动态相对数，但它只是用来反映不能直接加总的多要素组成的社会经济现象的综合变动相对数，在公共交通中也得到广泛应用。指数按其反映现状的不同，分为数量指标指数和质量指标指数。

1. 数量指标指数

如车辆设备维修工作量指数、运营公里指数、客运量指数等是数量指标指数。

（1）车辆设备维修工作量分析

几个常用指标指数的计算方法如下：

$$\text{维修工作量指数} = \frac{\sum \text{报告期维修工作量} \times \text{基期单位成本}}{\sum \text{基期维修工作量} \times \text{基期单位成本}} \tag{4-2}$$

$$\text{维修成本指数} = \frac{\sum \text{报告期单位成本} \times \text{报告期维修工作量}}{\sum \text{基期单位成本} \times \text{报告期维修工作量}} \tag{4-3}$$

$$\text{维修费用指数} = \text{维修工作量指数} \times \text{维修成本指数} \tag{4-4}$$

$$\text{维修总费用增减额} = \text{工作量增减影响额} + \text{成本增减影响额} \tag{4-5}$$

现举例说明，某公司的车辆设备维修费用如表 4-9 所示。

表 4-9　某公司的车辆设备维修费用

科　目	单位	基　期			报　告　期		
		产量	单位成本/万元	总成本/万元	产量	单位成本/万元	总成本/万元
修发动机	台	12	2	24	18	1.5	27
修车体	辆	5	0.5	2.5	4	0.5	2
大修	辆	2	0.6	1.2	3	0.7	2.1
合计				27.7			31.1

从表 4-9 可以看出，各项修理项目由于计量单位的不同不能进行综合比较，也不能计算两个因素的影响程度。为此，就要计算维修工作量指数和维修成本指数及对总变动中的影响程度，维修工作量指数为：

$$维修工作量指数 = (18\times2+4\times0.5+3\times0.6)/(12\times2+5\times0.5+2\times0.6)$$
$$=39.8/27.7$$
$$=1.44(或 144\%)$$

由于维修工作量增加，影响维修费用增加数为：39.8 − 27.7 = 12.1 （万元）

三个维修项目，报告期的工作量比基期增长了 44%，维修费用增加 12.1 万元。

$$维修成本指数 = (1.5\times18+0.5\times4+0.7\times3)/(2\times18+0.5\times4+0.6\times3)$$
$$=31.1/39.8$$
$$=0.78(或 78\%)$$

由于维修单位成本降低，影响维修费用减少数为：

$$39.8-31.1=8.7\ (万元)$$

即三个维修项目，报告期的单位成本是基期的 78%，减少 22%，节约维修费用 8.7 万元。

它们三者的关系如下。

$$维修费用指数 = 维修工作量指数\times维修成本指数$$
$$=144\%\times78\%=112\%$$
$$维修总费用增减额 = 12.1\ 万元 + (-8.7)\ 万元 = 3.4\ 万元$$

（2）耗油量分析

在城市公共交通统计中，常见的是简单现象总体因素分析，可运用指数分析方法。主要指数如下。

$$公里指数 = \sum(报告期行驶里程\times基期油耗)/\sum(基期行驶里程\times基期油耗) \tag{4-6}$$

$$油耗指数 = \sum(报告期油耗\times报告期行驶里程)/\sum(基期油耗\times报告期行驶里程) \tag{4-7}$$

表 4-10 是两款车型的油耗统计。

表 4-10　两款车型的油耗统计

车型	基　期			报　告　期		
	油耗/(L/百 km)	行驶里程/百 km	总耗油量/L	油耗/(L/百 km)	行驶里程/百 km	总耗油量/L
A 车型	20	1 000	20 000	19.5	1 100	21 450
B 车型	25	1 200	30 000	24	1 300	31 450
合计			50 000			52 650

由表4-10可以看出，两种车型的报告期比基期的行驶里程及总油耗量都是增加的，而百公里油耗又都是降低的。总耗油量的增加，是正反两方面的作用，如对总体所包括两个因素进行测定，要计算公里指数和油耗指数。

$$
\begin{aligned}
\text{公里指数} &= (1\,100\times20+1\,300\times25)/(1\,000\times20+1\,200\times25)\\
&=54\,500/50\,000\\
&=1.09(\text{或}109\%)
\end{aligned}
$$

由于行驶里程增加，使耗油量增加数为：54 500 - 50 000 = 4 500 (L)

$$
\begin{aligned}
\text{油耗指数} &= (19.5\times1\,100+24\times1\,300)/(20\times1\,100+25\times1\,300)\\
&=52\,650/54\,500\\
&=0.966(\text{或}96.6\%)
\end{aligned}
$$

(3) 客运收入分析

在客运收入分析中，通常采用以下指标：

客运量指数 =（实际客运量 × 计划平均收入）/（计划客运量 × 计划平均收入）　(4-8)

平均收入指数 =（实际平均收入 × 实际客运量）/（计划平均收入 × 实际客运量）　(4-9)

表4-11为某公司2006年度客运收入的统计结果。

表4-11　某公司2006年度客运收入统计

指标	计划	实际
客运收入/万元	50	55
客运量/万人次	1 111	1 309
平均收入/（元/人次）	0.045	0.042

在分析客运收入增加因素中，可有两个方面的影响，即客运量的增减和平均收入的多少。

$$
\begin{aligned}
\text{客运量指数} &= (1\,309\times0.045)/(1\,111\times0.045)\\
&=59/50\\
&=1.18(\text{或}118\%)
\end{aligned}
$$

由于客运量增加而增加客运收入 59 - 50 = 9（万元）

$$
\begin{aligned}
\text{平均收入指数} &= (0.042\times1\,309)/(0.045\times1\,309)\\
&=55/59\\
&=0.93(\text{或}93\%)
\end{aligned}
$$

由于平均收入降低而减少客运收入 55 - 59 = -4(万元)

由于平均收入减少的原因又可从普通乘客和月票乘客的增减变化上分析及普通乘客中长短途结构上进一步分析。例如，某公司两年的客运任务完成情况见表4-12所示。

由表4-12可以看出，普通乘客平均收入报告期比基期高，月票乘客的平均收入一样。但总平均收入数却是报告期比基期低。原因是由于平均收入低的月票乘客比重由66.4%上升到了80.2%，平均收入高的普通乘客比重由33.6%下降到了19.8%。所以在遇到类似问题时，可把平均数与统计分组法结合起来，用组平均数补充说明总平均数才能确切地反映现象的原因。

表 4-12 某公司两年的客运任务完成情况

	基期			报告期		
	客运收入/万元	客运量/万人次	平均收入/（元/人次）	客运收入/万元	客运量/万人次	平均收入/（元/人次）
普票	713	9 048	0.078 8	1 108	13 403	0.082 7
月票	556	17 863	0.031 1	1 684	54 190	0.031 1
合计	1 269	26 911	0.047 2	2 792	67 593	0.041 3

（4）车日行程分析

车日行程是反映工作效率的指标。车日行程受两个因素影响：一个是运营速度高低；另一个是每工作日运行时间长短。由表 4-13 某公司 2006 年 5 月部分运营参数的统计可见，车日行程实际比计划增加 1%。在因素分析上是运营车速因某些影响而降低了 6.2%，为保证服务质量，在每辆车的运行时间上延长了，增加了 7.7%。它们的内在关系如下。

表 4-13 某公司 2006 年 5 月部分运营参数统计

科目	单位	计划	实际	完成计划/%
车日行程	km	208	210	101
每工作日运行时间	h	13	14	107.7
运营车速	km/h	16	15	93.8

$$101\% = 107.7\% \times 93.8\%$$

绝对数量为车日行程增加：

$$210 - 208 = 2\ (\text{km})$$

由于工作日运行时间延长而增加行程：

$$14 \times 16 - 13 \times 16 = 16\ (\text{km})$$

由于运行车速降低而减少行程：

$$15 \times 14 - 16 \times 14 = -14\ (\text{km})$$

上述维修工作量指数、公里指数、客运量指数等是数量指标指数。如公里指数反映的是行驶里程的变动及其对总耗油量的影响程度。要反映行驶里程的变动，必须消除油耗变动的影响，也就是要把用作同度量因素的油耗固定在基期上。

2. 质量指标指数

成本指数、油耗指数、平均收入指数等属于质量指标指数。在计算油耗指数时，必须消除行驶里程变动及其对总耗油量的影响，也就是把不同时期的行驶里程固定在某一时期。即用同一时期的行驶里程作为同度量因素，在统计上常用的是报告期行驶里程。

城市公共交通运营生产、技术、经济现象之间，有着密切的联系。一种现象的变动可能受两个以上因素的影响，它们之间的关系有些表现为乘积关系。如：

$$\text{行车用电费指数} = \text{行驶里程指数} \times \text{行车电力消耗指数} \times \text{电度单位成本指数} \quad (4-10)$$

现以表 4-14 为例说明它的分析方法。

表 4-14　某公司部分电车运营成本统计

科　目	单位	计划	实际	计划完成/%
行驶里程 q	km	100 000	120 000	120
单位公里耗电量 m	(kW·h)/km	1.25	1.2	96
用电单位成本 p	元/(kW·h)	0.1	0.09	90
行车用电总费用 qmp	元	12 500	12 960	103.7

在上述资料中，相对变动的关系如下。

$$(q_1/q_n)\times(m_1/m_n)\times(p_1/p_n)=q_1m_1p_1/q_nm_np_n \tag{4-11}$$

式中：q_1，q_n——实际行驶里程、计划行驶里程，km；

p_1，p_n——实际用电单位成本、计划用电单位成本，元；

m_1，m_n——实际单位里程耗电量、计划单位里程耗电量，kW·h。

例题中，相对变动关系为：

$$120\%\times96\%\times90\%=103.7\%$$

对上述用电总费用的变动：

（1）行车用电总费用的变动

$$\begin{aligned}&q_1m_1p_1-q_nm_np_n\\&=12\,960-12\,500\\&=460\text{（元）}\end{aligned}$$

（2）其中由于行驶里程增加使行车用电费增加

$$\begin{aligned}&q_1m_np_n-q_nm_np_n\\&=120\,000\times1.25\times0.10-100\,000\times1.25\times0.10\\&=15\,000-12\,500=2\,500\text{（元）}\end{aligned}$$

（3）由于单位公里耗电量降低而减少行车用电费

$$\begin{aligned}&q_1m_1p_n-q_1m_np_n\\&=120\,000\times1.20\times0.10-120\,000\times1.25\times0.10\\&=14\,400-15\,000=-600\text{（元）}\end{aligned}$$

（4）由于用电单位成本降低而减少行车用电费

$$\begin{aligned}&q_1m_1p_1-q_1m_1p_n\\&=120\,000\times1.20\times0.09-120\,000\times1.20\times0.10\\&=12\,960-14\,400=-1\,440\text{（元）}\end{aligned}$$

从它们之间的绝对值分析，也具有相互联系的等式关系如下。

$$460=2\,500+(-600)+(-1\,440)$$

多因素变动分析的方法，要从现象的客观联系出发来分解因素，特别要注意合理安排因素的顺序。因素的变动分析，各因素影响程度的合并与分解，结论都应一致。另外，也应注意根据指数编制中确定同度量因素的原则来确定因素的时期。如：

$$\text{行驶用电总费用}=\frac{\text{行驶用电量}}{\text{行驶里程}}\times\frac{\text{变、供电成本}}{\text{行车用电量}}\times\text{行驶里程} \tag{4-12}$$

又如在同度量因素固定时期上，行驶里程指数 $q_1m_np_n/q_nm_np_n$ 是数量指标指数，同度量因素单位公里电费固定在计划期 m_np_n。成本指数是质量指数 $q_1m_1p_1/q_1m_1p_n$，同度量因素行车用电量 q_1m_1 固定在报告期，

4.5.3 现象结构的变动分析

在研究城市公共交通现象动态时，除了把两个绝对数进行对比外，还经常把两个平均数进行对比。但是平均指标的变动又受两个因素的影响，一个是各组平均指标变动的影响；另一个是总体结构（即比重变化）的影响。例如，一条线路工人平时工资的变动，除了受工种工资水平变动影响外，还受各工种工人所占比重变动的影响。现以某线路资料为例进行说明，如表 4-15 所示。

依据表 4-15 的资料，该路全部工人的平均工资报告期比基期降低了 2.25%。全部工人的工资水平报告期比基期减少了 1.68 元。但该路各工种工人的平均工资指数都是提高的，似有矛盾。为了分析原因，就要计算影响总平均工资变动的两个因素：一个是组平均指标的变动；另一个是总体结构的变动。

表 4-15 某公司部分工种人员统计

工种分类	工人数		月工资水平		工资指数/%
	基期 F_0	报告期 F_1	基期 X_0	报告期 X_1	
调度员	25	35	100	105	105.00
驾驶员	100	150	80	83	103.75
站务员	80	240	60	62	103.33
合计	205	425	74.63	72.95	97.75

1. 计算工人的固定组成工资指数

计算工人的固定组成工资指数是把工人工种结构这个因素固定下来。它以报告期工人人数作为权数来计算基期和报告期全部工人的平均工资。

工人的固定组成工资指数计算公式如下：

$$k = \frac{\dfrac{\sum X_{1i}F_{1i}}{\sum F_{1i}}}{\dfrac{\sum X_{0i}F_{1i}}{\sum F_{1i}}} = \frac{\sum X_{1i}F_{1i}}{\sum X_{0i}F_{1i}} \tag{4-13}$$

式中，k——固定组成工资指数；

X_{1i}——报告期第 i 组工种人员月工资水平；

X_{0i}——基期第 i 组工种人员月工资水平；

F_{1i}——报告期第 i 组工种人员数量；

F_{0i}——基期第 i 组工种人员数量。

人均工资绝对增加额度为：

$$E = \frac{\sum X_{1i}F_{1i}}{\sum F_{1i}} - \frac{\sum X_{0i}F_{1i}}{F_{1i}} = \frac{\sum X_{1i}F_{1i} - \sum X_{0i}F_{1i}}{\sum F_{1i}} \tag{4-14}$$

例子中，$k = \dfrac{31\,005}{29\,900} = 1.037$（103.7%）

人均工资绝对增加额度为二者之差：

$$
\begin{aligned}
E &= \frac{\sum X_{1i}F_{1i}}{\sum F_{1i}} - \frac{\sum X_{0i}F_{1i}}{F_{1i}} \\
&= \frac{31\,005}{425} - \frac{29\,900}{425} \\
&= 2.6(\text{元})
\end{aligned}
$$

计算结果表明，消除工人结构变化影响后，工资水平提高了 3.7%，绝对额增加 2.6 元，使工资总额增加了 31 005 − 29 900 = 1 105（元）或 2.6 × 425 = 1 105（元）。

2. 计算工人人数结构影响指标

计算工人人数结构影响是把工人的工资水平因素固定下来，它以基期的工资水平计算报告期和基期的平均工资，然后再加以对比，表明平均工资的动态。工人结构影响指数：

$$
\bar{x} = \frac{\sum X_{0i}F_{1i}}{\sum F_{1i}} \div \frac{\sum X_{0i}F_{0i}}{F_{0i}} \tag{4-15}
$$

式中，$\bar{x}$——工人结构影响指数。

$$
\text{可变构成指数} = \text{固定组成工资指数} \times \text{工人结构影响指数} \tag{4-16}
$$

例子中，工人结构影响指数为：

$$
\begin{aligned}
\bar{x} &= \frac{\sum X_{0i}F_{1i}}{\sum F_{1i}} \div \frac{\sum X_{0i}F_{0i}}{F_{0i}} \\
&= \frac{100 \times 35 + 80 \times 150 + 60 \times 240}{425} \div \frac{100 \times 25 + 80 \times 100 + 60 \times 80}{205} \\
&= \frac{70.35}{74.63} \\
&= 0.942\,6(\text{或 } 94.26\%)
\end{aligned}
$$

二者差额为：

$$
\begin{aligned}
&\frac{\sum X_{0i}F_{1i}}{\sum F_{1i}} - \frac{\sum X_{0i}F_{0i}}{F_{0i}} \\
&= 70.35 - 74.63 \\
&= -4.28\ (\text{元})
\end{aligned}
$$

计算结果表明，平均工资水平由于各工种之间结构变动的影响，使报告期比基期降低了 5.74%，即平均每人降低 4.28 元，而报告期由于工人结构的变化使工资总额减少1 819元。

工种技术较低的，也即工资水平较低的站务员，在报告期的比重有了较大增加，而工资水平较高的调度员及司机，比重相对减少（绝对数是增加的）。由于工人结构的变动，影响了总的平均工资的变动。

把以上分析结果综合起来，得出如下的相互联系：

可变构成指数 = 固定组成工资指数 × 工人结构影响指数 = 103.7% × 94.26% = 97.75%

各个指标绝对差额的变化：总平均工资降低 1.68 元；由于分工种平均工资增加而增加

2.6 元；由于工人结构变化而影响平均工资减少 4.28 元。

4.5.4 相关分析

城市公共交通的某些经济现象之间，存在着数量上的相互依存关系，这种关系虽并不十分严格，但能反映两个变量关系的密切程度和方向。例如，车辆行驶里程与维修费用的相关关系、平均站距与运送车速的相关关系、城市人口与客运量的相互关系、卫星城镇开发与平距的相关关系等；示例如表 4-16 所示。计算变量间的一般数量关系，是进行各种推算及预测的依据。现仅就线性相关的方法来分析。

表 4-16　某公司 2006 年车辆统计表

序号	x	y	x^2	xy	y_c
1	2	500	4	1 000	501
2	4	600	16	2 400	659
3	5	800	25	4 000	738
4	7	900	49	6 300	896
5	8	1 000	64	8 000	975
6	10	1 100	100	11 000	1 133
合计	36	4 900	258	32 700	

注：① 车辆行驶里程/万 km

② 维修费/（元/万 km）

根据经验判断上表中车辆行驶里程及维修费用属线性相关，用线性回归方程$y_c = a + bx$求解。公式中的 a 代表纵轴上一个起点，x 代表自变量值，即行驶几个万 km，y 代表自变量增加一个单位时因变量的平均增加值，即每增加一个万 km 所增加的维修费用。y_c 是推算直线上的趋势值，各趋势值连接起来形成一条直线，可对短期进行预测。再根据最小二乘法的要求，求 a、b 两个参数，公式为：

$$\sum_{i=1}^{n} y_i = na + b\sum_{i=1}^{n} x_i (\text{本例中 } n = 6) \tag{4-17}$$

$$\sum_{i=1}^{n} x_i y_i = a\sum_{i=1}^{n} x_i + b\sum_{i=1}^{n} x_i^2 \tag{4-18}$$

把表中数据代入公式得：

$$4\,900 = 6a + 36b$$

$$32\,700 = 36a + 258b$$

求解 a、b 得：$a = 343$　$b = 79$

最后计算趋势值：　$y_c = a + bx = 343 + 79x$

行驶 2 万 km 推算万公里的维修费用为：

$$y_2 = 343 + 79 \times 2 = 501 \text{ 元}$$

行驶 10 万 km 推算万公里的维修费用为：

$$y_{10} = 343 + 79 \times 10 = 1133 \text{ 元}$$

行驶 12 万 km 推算万公里的维修费用为：

$$y_{12} = 343 + 79 \times 12 = 1293 \text{ 元}$$

4.5.5　其他分析法

城市公共交通企业生产经营分析比较常用的方法除了上面介绍的动态数列分析方法、统计指数分析方法、现象结构的变动分析方法和相关分析方法外还有综合分析法、分组分析法、平均分析法等。适当了解这些内容，对于从多角度进行生产经营分析是很有必要的。

1. 综合分析法

综合分析法可以使生产经营分析主体全面、完整地认识生产经营活动中各种关系、各个方面，从而真实地把握分析对象的真实情况。要真正地认识事物，就必须把握、研究它的一切方面、一切联系和中介，这就是综合分析法的主要内容。在综合分析中特别要把握的是对资源的分析与利用，在新经济时代，虽然物质资源仍然发挥着重要的作用，但人们对资源的认识已大大改变，如科技资源、人力资源、知识资源、关系资源等。这些资源虽然不同于物质资源，但它们的作用却是无限的。

对企业的资源而论，从物质性的角度，可以把资源分为实资源与虚资源；从系统性的角度，可以把资源分为硬资源与软资源；从对立性的角度，可以把资源分为正资源与负资源；从动态性的角度，又可把资源分为显资源与潜资源。在进行分析时，策划者必须充分认识到企业的各种资源，才能谈得上利用资源。计划经济时代的企业，只把人、财、物等看得到的东西作为资源，而对品牌、专利、智力等无形资产，却不作为企业的资源，就更不要谈时间、空间、信息了。

对公交企业而言，各种资源的使用效果一般用一些指标来显示，所以在分析公共交通企业的经济效益与社会效益时，不能单独根据某一个指标的高低来简单地评价综合效益优劣，而需把各种指标联系起来进行全面研究和综合分析，这种方法称为综合分析法。如考核一个企业的经济效益，不仅要看客运量是否完成计划或比上期增长，还要从成本的降低来全面分析运营生产和财务完成情况。因为综合分析法涉及多个指标、多个单位同时进行评价和比较，又称为多变量综合评价分析法。它广泛应用于各种生产经营分析当中，如企业某方面自身的纵向对比、企业间的横向对比等。

2. 分组分析法

统计分组是根据分析的需要，将统计总体按照一定的标志区分为不同性质或不同数量的若干个组成部分。结构分析法是在统计分组的基础上，计算各组成部分所占比重（即结构相对数），进而分析某总体现象内部的结构特征、总体性质、总体内部结构依时间推移而表现出的变化规律性等。

结构相对数的计算公式为：

$$\text{结构相对数} = (\text{总体某一部分数值}/\text{总体总量}) \times 100\% \qquad (4-19)$$

3. 平均分析法

平均指标是衡量企业生产经营效果之间的重要特征值。利用平均指标可以对比不同总体的一般水平。平均数可以用来对同类指标在各单位、各部门和各地区之间进行比较，用以说明生产经营结果的好坏等。例如，要比较同一行业内不同企业生产水平的高低，仅对行驶里程、货运收入、客运收入等指标不足以说明问题，因为这些指标会受到企业拥有运营车辆多少和运营时刻表的影响，因此，对比百公里收入、司售人员人均票款收入、人均客位公里等，得出科学结论。利用平均数以说明事物的发展过程和变化趋势。例如，分析某运营企业总行驶里程的变化，如果以行驶里程这个总量指标进行分析，会受到车辆变动的影响，而以单车平均车日行程这个平均数对比，则能正确地反映公里使用情况及变化趋势。平均分析以其简单性和实用性得到广泛应用，是经营分析中不可缺少的分析工具。

4.6 生产经营评价

城市公共交通企业作为公益性企业，承担着社会公众的出行任务，其追求的效益目标不光是经济效益，更包括社会效益。可以说，其基本任务就是按照城市建设总体规划，根据市民的乘车需求，大力发展大容量快速公交，构筑快速路、主干路、次干路、支路系统协调发展的现代化高效公共交通体系，提高公交出行的分担率，提供方便、快捷与舒适的公共交通服务。所以在其评价过程中，要兼顾经济效益的评价和社会效益的评价。

4.6.1 公共交通企业生产经营分析内容及评价标准

1. 分析内容

公共交通企业生产经营分析的基本内容主要包括：企业当前总体经营情况；对生产经营的发展趋势的预测分析；以及对策建议部分。

（1）企业当前总体经营情况

主要涉及营运总收入、总支出、企业总体经济目标完成等情况，具体包括以下基本内容。

① 对企业所涉及的经营工作进行全面核算。即借助价值形式，利用会计核算、统计核算、业务核算等方式，对企业计划期内的收入、支出等情况进行分析比较。利用同比、环比等分析手段得出企业经营目标完成情况，然后针对成本总支出、企业职工数、车辆保有量等具体情况归纳出公共交通当前生产运营的特点，归纳出的特点要保证是近期的或一定时期的，而且最好是短期的。如分析一季度的生产运营特点就是针对一季度，分析上半年的生产

运营特点就是要针对上半年，以便从特定时段找出生产运行的特点来。需要特别注意的是，要区分长期问题与短期问题，分清主次，突出重点。

② 一分为二地分析公共交通企业生产经营特点。分析时，尽可能全面总结生产经营过程中运行状态存在着的积极方面，也就是说，对于企业运营过程中的良好方面要概括出来；同时对生产经营中存在的问题或企业发展面临的障碍也要总结归纳出来。

例如，对于分析中所需数据较多的问题，可以采用将总结结果排队的办法，即积极因素和负面因素进行相同的罗列汇总，然后根据列出的相应内容，将重要的留下，不重要的去掉。

经过筛选之后，能够保留下来的生产经营中的分析总结，要用简练的语言将它们概括出来，并用充分的数据加以支持。例如，经营收入增长有几个百分点是企业发展拉动的？有几个百分点是外延需求拉动的？对这样的简单问题，也需要做具体分析。在讲特点、摆情况时，还要找出那些制约经营效益的因素。

③ 生产经营分析结果供管理层参考或用于讲评及生产经营分析。为此，要求生产经营分析要抓住企业发展的关注点，抓住大家都比较关心的主要问题。计划统计部门做生产经营分析，最主要的是为领导工作提供信息并为领导决策服务。因此，要体现出想领导之所想、急领导之所急的特点。除归纳出生产经营的特点外，所分析的问题应该是领导最关心的，将领导的关注点和当前企业面临的各种影响因素做出分析，分析报告才能达到应有的效果。不然，忽视了领导最为关注和各部门比较关心的问题，那就没有达到为领导提供正确信息的目的，这样的分析报告是没有意义的。

④ 分析生产发展的趋势性问题。对于比较集中或对企业经营有影响的问题，可以挑出一两个来比较详细的论述。

以上几点是对生产经营状况进行分析的基本要素，主要是对已发生的事实进行回顾和总结。因此，在整篇分析报告中是最好写和最容易写的，这些毕竟是已经发生了的事情，无非是从哪个角度看。看问题的角度不一样，概括出的特点也不一样。计划统计部门的分析报告，应尽量从不同角度把重点排列出来，分析全面。

（2）对生产经营的发展趋势的预测分析

根据运营统计、客流调查、服务情况、行车安全、技术管理所取得的过去和现在的数据资料和信息，结合各种政策环境和市场环境，对城市公共交通下一步的发展前景做出的比较准确的推测和表述就是预测。预测方法的应用范围比较广泛，在企业经营管理中具有重要作用。

发展趋势的预测是做生产经营分析的一项重要工作。报告第一部分分析出的企业生产经营特点，主要是预测下一步发展趋势。简单地说，对过去所发生指标的解释和特点说明，也是为了解释和说明下一步的发展趋势与如何更好发展。但这一部分要完成好是非常困难的，内外环境的不确定性和工作进度的时效性，使它在接受事实的检验时会面临许多问题。预测做不好，或判断失误，对于分析报告来说就是失败的。分析中的预测容许有误差，但是，偏离不能太大，特别是不能有意地往高处预测。预测误差的出现有两方面原因：一是预测现象的未来状态发生了实质性变化；二是预测者错误地选择了方法，或没有遵循正确的预测程序。

对于预测误差问题，还要说明两点：即微观预测往往比宏观预测误差大；中长期预测往往比近、短期预测误差大。

预测要实事求是，要有科学方法，要收集大量数据，找出生产发展高低快慢的理由，说明为什么增降。简单地罗列数据说明不了问题，一定要找出根据。如果预测比较准确，但是理由不对，这样的分析报告也不能说有水平。

预测的前提条件，归纳起来主要有预测对象必须具有相对的稳定性；要有系统、准确、大量的资料；预测者要熟悉自己的领域；预测者具备一定的理论知识，掌握科学的预测方法。在做分析预测时，要注意把握以下四方面的问题。

① 确定预测的目的。预测之前，先要确定预测目的，即要从企业决策和管理的需要出发，紧密联系生产经营实际，确定分析预测所要解决的问题。这样才能选择恰当的方法，收到良好效果。

② 提高跳出本位的能力。如果只局限于本单位的数据，就会失去参照物，分析就有可能出现问题。在运营生产经营中，每个单位都会有各自好的经验，分析时要善于把本单位优势与其他单位比较，与经营好、发展快的单位做比较。思考为什么他们的经营好、发展快，机遇为什么被别人抓住了，或者通过数据分析出别的单位在调整中出现了哪些变化。另外，如果本单位名列前茅，其他单位经营不如自己，也要进行优劣比较，这样，分析才会清清楚楚，心中有数。

③ 立足于本单位分析“热点”问题。不要回避矛盾，要多分析生产经营中的“热点”、“难点”、“潜力”与“发展机遇”。同时，还要与其他专业多联系，了解下一步企业在生产经营发展中的政策取向，有无较大政策调整等。如果有政策调整或经营发展调整，那么这些变化可能给企业带来什么样的发展机遇。

④ 要学会用长期眼光分析短期问题。在企业经营管理中，一些短期出现的问题，如果从长期观察，利弊是不一样的，是可能相互转换的，这就要求分析时要多角度、客观地看待。一些短期问题与长期问题会交织在一起，不能不加分析地解决。有些短期问题在近期可能解决了，但却背上了长期包袱；有些调整在短期受了益，对长期发展却不利。对短期生产经营出现的问题，要结合企业长期利益分析，要客观、冷静地在报告中分析清楚。

分析报告中的预测部分所涉及的范围相对来说大一些，也是难度比较大的部分。注意把握好以上几点，并且注意与其他专业和领导多沟通，生产经营预测也不是很困难的事情。如上所述，预测是对前期发生的和在本期发生的指标结果进行科学的归纳和总结，从中找出发展规律，并利用这一规律对今后的生产经营发展作出预见。

（3）对策建议

分析报告中，由于有了前面两部分的充分铺垫，这部分材料的准备不该用过多文字陈述，越精简越好。由于专业工作不具备调控手段，对策建议的提出仅供领导参考，应该简单明了。

这部分内容需注意两点：首先，企业在下一步生产经营中可以营造哪些收支关键点，特别是如何将收入增长点抓上去；其次，企业在生产经营中有什么政策需进行调整。

2. 企业经营评价标准

主要包括企业经营要素、环境和资源评估和间接环境因素评估。

（1）企业经营要素、环境和资源评估

企业内部经营要素主要包括七项资源，即场站、人力、物力、财力、技术、管理和信息。

① 场站。场站是公共交通企业从事经营活动的必要生产资料，是重要的经营条件，主要影响因素包括土地使用权、土地面积和位置等。如果企业自身没有必要的场站，经营活动就会受到严重影响。

② 人力。人员状况是企业的成功之本，只有拥有一支高素质的职工队伍，企业才可能立于不败之地。企业现有人员素质，将对企业的经营带来直接影响。员工旺盛的士气、过硬的素质，是企业经营成功的基础。

③ 财力。财力是指企业现有资本状况及其筹措资金的能力。不同性质和规模的企业，有不同的财力要求。如果企业财力雄厚，可以考虑创办股份公司；如果企业财力有限，只能创办有限公司。

④ 物力。物力主要指企业的物质设备和原材料供应等。不同类型的企业对物质设备有不同要求。比如，车辆必须有场站、维修车间、油库和材料仓库等，同时还要权衡财力和物力状况，以选定适宜的经营项目。

⑤ 技术。不同类型的企业对技术有不同要求。公共交通企业需要的技术主要有车辆维修技术、车辆调度技术和先进的信息管理技术等。

⑥ 管理。管理水平的高低是企业经营成败的关键。管理水平涉及健全的管理制度、科学的管理方法、合理的组织结构等。一般说来，企业规模越大，对管理水平要求越高。

⑦ 信息。企业创办者的信息是否灵敏、准确，将影响经营项目的选择。这里的信息是指同企业经营活动有关的信息、情报和资料。

（2）间接环境因素评估

间接环境因素又称为宏观环境因素，是指对企业的经营带来间接影响的环境因素的总称。间接环境因素包括如下几个方面。

① 人口因素。人口的数量及增减趋势；人口的结构，包括年龄结构和城乡居民结构等；人口的地理分布及区间流动。

② 宏观经济因素。经济体制；经济杠杆，即税率、利率和汇率等；经济政策，即国家对公共交通企业的政策、票价政策、外商投资政策等。

3. 资源评估

资源评估就是对资源库内可得资源的数量和质量进行评价和分析。

通常资源可分为如下四类：实物资源、人力资源、财务资源、无形资产。

公共交通企业生产经营分析评价标准，进行生产经营分析、统计数据是最基本的材料、而生产经营评价是最初步分析。所谓生产经营评价，是从数量上展示和说明指标完成水平的高低、速度的快慢、规模的大小，以及各项指标之间的关系是否协调。因为任何一个企业在任何时期都有自己的发展中心、主线，并用相应的计划指标来体现，将其放入整个行业系统中来评价，用评价指标来检验经营状况是否在稳定、持续、健康地发展。

分析材料中对事物进行的评价，是要通过比较来实现的。例如，对某公交集团公共电汽车某年度的经营发展情况进行评价，如果仅列举当年的一些数据就很难说明发展水平，只有通过与上年的比较，才能说明当年的发展情况。

1）评价标准

在生产经营分析中选择合适的评价标准，才能对经营状况做出客观评价。人们在对指标完成情况的评价中，主要应用四种标准：时间评价标准、空间评价标准、计划指标标准和经验理论标准。

（1）时间评价标准

即选择历史上不同时间段的指标数值作为评价报告期的评价标准。经常用到的是：报告期与同期进行比较、报告期与上一期进行比较、报告期与达到历史最高水平的同期进行比较、报告期与历史上的特殊时期进行比较。

（2）空间评价标准

即选择不同空间的指标数值与报告作比较。经常用到如下几点。

① 与相似空间比较。如本企业的主要经营指标与周围其他同行业企业进行比较，也可与其他省市同行业企业进行比较，以检验本企业的经营效果。

② 与先进空间比较。如本企业的主要经营指标与周围其他同行业最先进的企业进行比较，以检验本企业的经营差距。

③ 与空间平均标准比较。如本企业的主要经营指标与周围其他同行业企业的平均水平进行比较，以检验本企业的位置。

（3）计划指标标准

即与计划部门或其他业务部门提出的计划数、定额数进行比较。

（4）经验理论标准

经验标准就是透过对大量历史资料的归纳总结而得出的标准，如运营车辆运送乘客的满载率，高峰时段不超过 70%，低峰时段不超过 60%，应是乘客乘车较舒适的状态。理论标准则是已知理论经过推理得到的依据，如工作车日低于完好车日的 90% 为不良状态等。

2）评价方法

（1）简单评价法

简单评价是指在分析评价中，将一项指标或指标体系中的各个指标分别选择评价标准，然后逐一进行评价。简单评价是应用最广泛的方法，也是其他评价方法的基础。例如，2002 年，某客运单位的市区客运量比 2001 年下降了 5%，而郊区客运量同比上升了 8%。一降一升反映了客运市场的变化，这就是简单比较。

简单比较按指标不同可分为：利用问题指标进行规模比较，以说明规模大小；利用平均水平进行一般水平比较，以说明水平高低；利用速度指标进行比较，以说明速度快慢；利用结构指标、比例指标、强度指标等进行对比，以说明各种关系是否协调。

简单比较按比较方式的不同又可分为：相对比较和相差比较。相对比较就是用相除的方式以说明相对增长（或下降）程度，相对比较一般适用于总量指标、平均指标。相差比较适应于一切指标，特别是速度指标以及表现各种关系的结构指标、比例指标等。

（2）差异评价法

在生产经营分析中，除了用平均指标来反映所要说明对象的一般水平，并通过比较来反映要说明的对象与评价标准之间在一般水平上存在的差距外，还有另一类反映差异水平的指标，如平均差、标准差和标准差系数等。这些反映差异水平的指标又称为标志差异指标，它们是用来反映要说明对象的分布状况的指标。

差异指标是指运用标志变异指标进行比较，从而对所要说明对象与评价标准之间内部的分布差异进行评价。

如甲乙两家客运公司，运营车辆规模都在 1 000 辆左右，月均普客运量在 800 万人次左右，但是，甲公司运量分布可能较为集中在市区，车辆之间运量的差异不是很大。乙公司运量分布可能在市区、郊区之间，分散较大，又由于线路原因，车辆之间运量有较大差异。因此，在生产分析中，要把指标及经营状况分析得透彻一些，要将平均指标的比较与标志变异指标的比较结合在一起应用。

4. 6. 2　公共交通企业生产经营评价

1. 公共交通企业经营评价的写作标准

经济活动分析报告的基本结构是标题、正文、落款。各部分内容及要求如下。

1）标题

① 公文式。这类标题一般有单位名称、事由、内容和文体种类四部分组成，也可以根据具体情况省去其中一两项，如《××公司××××年度财务状况分析报告》、《2000 年度营运分析报告》。

② 论点式。标题本身就可以分析问题的要点或突出主题，为强调说明也可以加上副标题，如《营运成本价格变动因素分析》、《加速流动资金周转——对企业结算方式的分析》。

2）正文

（1）前言

一般是介绍分析对象的基本情况，有时也介绍分析方法、交代背景、提出分析的内容和范围。前言的主要作用是为主题部分的写作和分析做好导引。其写法可根据需要选择，有提问式、结论式、对比式、评论式等。并非所有的经济活动分析报告都要有前言，在写作时可以舍弃前言而直述主体，但应注意在主体中要体现前言中应介绍的问题。

（2）主体

主体是分析报告的主要部分，是全文精髓所在，应从分析问题的要求和目的出发，利用数据及资料进行分析，从而得出正确结论。主体通常由情况介绍、分析和建议三部分组成。

首先，无论是什么类型的分析报告，正文开头部分都应对具体情况进行介绍，如财务指标完成情况、生产计划执行情况、服务质量达标情况等，为后面的分析做好充分准备。

其次，要分析现状，评价经济效益。经济活动分析报告的核心部分是将经济活动中出现的差异、矛盾进行比较、说明，要找出关键性、规律性问题。分析时，可由点及面进行，既要分析成绩，又要暴露问题；既要找出主要原因，又要进行其他因素分析。例如，在分析企业成本高的现象时，就不能仅仅归咎于原材料涨价、人工费增加，还应该从材料利用率、劳动生产率、工艺改进水平等管理角度进行分析。

最后，要提出建议。应针对分析中发现的问题，提出改进企业经营管理、提高经济效益的建议或措施。这部分内容在写作时应注意建议要具体，措施要切实可行。

3）落款

报告的最后要有落款，标明撰写经济活动分析报告的作者或单位，注明写作日期，以备查考。如标题下已具备，就不必再写了。

2. 与其他相似文体的比较

1）与市场调查报告的不同

① 周期性不同。经济活动报告的周期短，属于定期报告，在月末、季末、年末或是在某一项项目结束时及时做出分析；而市场调查报告具有报道性，在市场变化和企业内部出现新问题、新矛盾时，要随时进行市场调查，在时间上是不定期的。

② 涉及范围不同。经济活动分析报告大多属于专题报告，主要是针对各项指标的执行情况做出的报告，如根据计划、成本、销售、广告效果等作出的分析；而市场调查报告所涉及的范围要更广泛，可以是市场出现的任何现象。

③ 表述形式有所不同。经济活动分析报告多以数据和表格相结合的方式进行分析，大多使用历史数据和市场调查资料，采用数学、统计方法进行专业分析，简单明了地将问题加以说明即可，一般无须过长叙述；市场调查报告的文体形式虽然也有相关数据，也要加以分析，但表现形式则可以根据内容更灵活、更多样，在表达方式上以叙述为主。

2）与市场预测报告的比较

二者分析对象有差异，经济活动分析报告侧重对过去和现在的经济活动的分析，而市场预测报告则侧重于对市场未来进行预测。

3. 写作要求

经济活动分析报告在写作中，除了要符合应用文的一般要求外，还需要注意以下问题。

① 宏观分析与微观分析相结合。撰写经济活动分析报告，首先要有宏观观念，即对国家的经济政策、相关法规、国内外经济形式的大背景要有一定认识，之后，再从微观经济入手。这样才能认清本地区或本部门的经济形式，避免分析的片面性和局限性。

② 面上材料与调查相结合。这两种材料相结合，可以从比较中发现问题，容易找到微观管理的症结，进而提出改善管理的对策。

③ 数字说明与文字说明相结合。经济活动问题要凭数字说话，比较多的运用相对数、绝对数、平均数、百分比。说明时即要注意数字的准确性和科学性，更要注意以简要的文字说明它。二者的结合，可以使人明白数字的来龙去脉，也可化枯燥的数字为可感觉的具体事物。

4. 公共交通企业生产经营评价实例

（1）对总公司收入、里程的完成情况进行评价某公司 2006 年前 10 个月运营指标统计如表 4-17 所示。

表 4-17　某公司 2006 年前 10 个月部分运营指标统计

指标	计算单位	年计划	同期	末期	为同期%	比同期 ±	为年计划%
票款收入	万元	46 050	36 035. 52	39 743. 17	110. 29	3 707. 65	86. 30
行驶里程	万 km	14 250	11 915. 88	12 297. 76	103. 20	381. 88	86. 30
客运量	万人次		44 082. 67	46 936. 11	106. 47	2 853. 44	
平均人次单价	元/人次		0. 817	0. 847	103. 67	0. 03	
千 km 收入	元	3 231. 58	3 024. 16	3 231. 74	106. 86	207. 58	

① 从客运量和人次单价方面分析：由于客运量比同期增加 2 853. 44 万人次使收入增加 2 331. 26 万元；由于平均人次单价比同期提高 0. 03 元使收入增加 1 376. 39 万元。

② 从里程和千公里收入方面分析，由于里程比同期增加 381. 88 万 km，使收入增加 1 122. 85万元；由于千公里收入比同期增加 207. 58 元，使收入增加 2 584. 8 万元。

③ 截止到 10 月份，收入、里程均完成年计划的 86. 30%，这不是简单的数字巧合，而是价格因素所导致（见表 4-18）。

以上数据说明，调价后票款收入完成年计划的 53. 22%，其中月票款完成年计划的 52. 04%；调价前普通 IC 卡运量占总运量的 38. 06%，调价后是 24. 17%；调价前月票运量占总运量的 30. 37%，调价后是 35. 66%；调价前零票运量占总运量的 31. 57%，调价后是 40. 17%。因此，价格起主导作用。

表 4-18　某公司 2006 年部分运营收入统计

<table>
<tr><th>指标</th><th>计算单位</th><th>年计划</th><th>调价前
今年 1—4 月</th><th>调价后
今年 5—10 月</th><th>1—10 月
累计</th><th>调价前为
年计划%</th><th>调价后为
年计划%</th><th>累计为
年计划%</th></tr>
<tr><td>票款收入</td><td>万元</td><td>46 050</td><td>15 234. 66</td><td>24 508. 51</td><td>39 743. 17</td><td>33. 08</td><td>53. 22</td><td>86. 30</td></tr>
<tr><td>其中：零票</td><td>万元</td><td rowspan="2">39 750</td><td>6 935. 76</td><td>13 152. 20</td><td>20 087. 96</td><td>33. 06</td><td>51. 82</td><td>84. 88</td></tr>
<tr><td>IC 卡</td><td>万元</td><td>6 205. 60</td><td>7 445. 43</td><td>13 651. 03</td><td>33. 23</td><td>62. 08</td><td>95. 30</td></tr>
<tr><td>月票</td><td>万元</td><td>6 300</td><td>2 093. 29</td><td>3 910. 89</td><td>6 004. 18</td><td>34. 26</td><td>52. 04</td><td>86. 30</td></tr>
<tr><td>行驶里程</td><td>万 km</td><td>14 250</td><td>4 881. 79</td><td>7 415. 97</td><td>12 297. 76</td><td></td><td></td><td></td></tr>
<tr><td>客运量</td><td>万人次</td><td></td><td>18 974. 60</td><td>27 961. 51</td><td>46 936. 11</td><td></td><td></td><td></td></tr>
<tr><td>其中：零票</td><td>万人次</td><td></td><td>5 990. 74</td><td>11 232. 33</td><td>17 223. 07</td><td></td><td></td><td></td></tr>
<tr><td>IC 卡</td><td>万人次</td><td></td><td>7 221. 74</td><td>6 758. 66</td><td>13 980. 40</td><td></td><td></td><td></td></tr>
<tr><td>月票</td><td>万人次</td><td></td><td>5 762. 12</td><td>9 970. 51</td><td>15 732. 63</td><td></td><td></td><td></td></tr>
</table>

（2）工资分析

某公司 2006 年 10 月份效益工资分配情况如表 4-19 所示。

表 4-19 某公司 2006 年 10 月份效益工资分配情况

单位	按 10 月份实际里程计算配置人员				10 月份实际驾驶员	缺员/人	10 月份含加班工资		10 月份不含加班人均工资/元	计划月均里程/km	实际月均里程/km	比计划±/km
	里程/km	应配正编	应配副编	人员小计			工资总额/万元	人均/元				
一公司	408.86	1 443	145	1 588	1 376	-212	227	1 649.71	1 430.35	2 833	2 971	138
二公司	353.08	1 246	125	1 371	1 353	-18	210.66	1 556.98	1 316.59	2 833	2 610	-224
三公司	140.17	495	50	545	626	81	89.01	1 421.88	1 199.57	2 833	2 239	-594
四公司	384.97	1 155	116	1 217	1 283	12	183.21	1 427.98		3 333	3 001	-333
合计	1 287.08	4 339	436	4 775	4 638	-137	709.88	1 530.57				

以上数据说明，驾驶员缺员比较严重。一公司驾驶员平均每人多行驶 138 km，按劳动量和工资比例计算，一公司驾驶员 10 月份加班费应达到 1 705.02 元，比实际少 55.31 元。以此类推，二公司多 11.42 元，三公司多 79.93 元，四公司多 152.42 元。

4.6.3 公共交通企业生产经营管理改进

有效的绩效评价与管理是企业经营管理程序中不可分割的重要组成部分，它通过定期或不定期地对企业的生产经营活动进行评估，以事实为依据，帮助发现企业经营管理中的薄弱环节，提出改进措施和目标，使企业得以长足进步。

1. 企业生产经营管理改进原则

（1）合理性原则

企业生产经营管理措施的改进，不能盲目求大求快，而必须以事实为依据，把握事态发展的规律，制定科学合理的改进措施。

（2）全面性原则

企业生产经营管理措施的改进，在层次上应当涵盖企业决策层、管理层和全体员工，在对象上应当覆盖企业各项业务和管理活动，在流程上应当渗透到决策、执行、监督、反馈等各个环节，避免管理出现空白和漏洞。

（3）针对性原则

企业生产经营管理改进应当在兼顾全面的基础上突出重点，集中人力、物力、财力，针对重要业务、事项与环节积极研究、重点研究。避免走形式，走过场的事情发生。

（4）有效性原则

企业生产经营管理改进措施是企业目标的实现提供合理保证。企业应采取必要的控制手段，保证改进措施的有效执行。企业生产管理改进措施确立和实施过程中存在的问题应当能够得到及时地纠正和处理。

（5）制衡性原则

在分析、研究企业生产经营管理改进的时候必须综合考虑企业所面临的内、外部经营环境，协调好人力、物力、财力的平衡关系。使改进措施有利于企业的可持续发展。

（6）适应性原则

企业生产经营管理改进措施应当合理体现企业经营规模、业务范围、业务特点、风险状况及所处具体环境等方面的要求，并随着企业外部环境的变化、经营业务的调整、管理要求的提高等不断改进和完善。

（7）成本效益原则

生产经营管理改进措施应当在保证有效性的前提下，合理权衡成本与效益的关系，争取以合理的成本实现更多的社会效益和经济效益。

2. 企业生产经营管理改进依据

生产经营活动分析控制要求企业综合运用生产、财务等方面的信息，利用比较分析、比率分析、因素分析、趋势分析等方法，定期对企业经营管理活动进行分析，发现存在的问题，查找原因并提出改进意见和应对措施。

企业应当建立有效的信息收集系统和信息沟通渠道，确保与影响内部环境、风险评估、控制措施、监督检查有关的信息有效传递，促进企业决策层、管理层和员工正确履行相应的职责。

企业应当准确识别、全面收集来源于企业外部及内部、与企业经营管理相关的财务及非财务信息，为企业生产经营管理的有效运行提供信息支持。

内部信息主要包括会计信息、生产经营信息、资本运作信息、人员变动信息、技术创新信息、综合管理信息等。

企业可以通过会计资料、经营管理资料、调查研究报告、会议记录纪要、专项信息反馈、内部报刊网络等渠道和方式获取所需的内部信息。

外部信息主要包括政策法规信息、经济形势信息、监管要求信息、市场竞争信息、行业动态信息、客户信用信息、社会文化信息、科技进步信息等。

企业可以通过立法监管部门、社会中介机构、行业协会组织、业务往来单位、市场调查研究、外部来信来访、新闻传播媒体等渠道和方式获取所有的外部信息。

3. 企业生产经营管理改进措施论证

公共交通企业在不同的时期以及不同的内部环境、业务层面和工作环节，可能面临不同的风险，企业应当按照立足实际、突出重点、体现差异、适应变化的原则，对企业生产经营管理的新举措，有针对性地开展评估、论证。

主要是及时识别、科学分析企业生产经营改进措施对实现生产经营目标可能产生负面影响的不确定性因素并采取应对策略的过程。

评估、论证一般应当按照目标设定、风险识别、风险分析、风险应对等程序进行。

① 企业应当按照战略目标和相关的经营目标、财务报告目标、合规性目标与资产安全完整目标，并根据设定的目标合理确定企业整体风险承受能力和具体业务层次上的可接受的风险水平。

② 企业应当在充分调研和科学分析的基础上，准确识别影响企业内部控制目标实现的

内部风险因素和外部风险因素。应当关注的内部风险因素一般包括：员工专业胜任能力、团队精神等人员素质因素；经营方式、资产管理、业务流程设计等管理因素；财务状况、经营成果等基础实力因素；研究开发、技术投入、信息技术运用等技术因素；营运安全、员工健康、环境污染等安全环保因素。应当关注的外部风险因素一般包括：经济形势、国家对城市公共交通企业的政策、资源供给、市场竞争等经济因素；法律法规、监管要求等法律因素；文化传统、消费者行为等社会因素；技术进步、工艺改进、信息技术等科技因素；环境状况等自然环境因素。

③ 企业在进行风险识别时，可以采取座谈讨论、问卷调查、案例分析、咨询专业机构意见等方法，特别应注意总结、吸取企业过去的经验教训和同行业的经验教训，加强对多发性风险因素的关注。

④ 企业应当针对已识别的风险因素，从风险发生的可能性和影响程度两个方面进行分析。企业应当根据实际情况，针对不同的风险类别确定科学合理的定性、定量分析标准。企业应当根据风险分析的结果，依据风险的重要性水平，运用专业判断，按照风险发生的可能性大小及其对企业影响的严重程度进行风险排序，确定应当重点关注的重要风险。

风险应对策略与企业的具体业务或者事项相联系，不同的业务或事项可以采取不同的风险应对策略，同一业务或事项在不同的时期可以采取不同的风险应对策略，同一业务或事项在同一时期也可以综合运用风险降低和风险分担应对策略。

生产经营管理改进措施的论证要求企业建立和完善内部报告制度，明确相关信息的收集、分析、报告和处理程序，及时提供业务活动中的重要信息，全面反映经济活动情况，增强生产经营管理的时效性和针对性。

内部报告方式通常包括例行报告、实时报告、专题报告、综合报告等。

4. 企业生产经营管理改进措施事后监督

企业生产经营管理改进措施事后监督，是指企业对生产经营管理改进措施的健全性、合理性和有效性进行监督、检查与评估，形成书面检查报告并作出相应处理的过程。

企业应当利用信息与沟通情况，提高监督检查工作的针对性和时效性。同时，通过实施监督检查，可以不断提高信息与沟通的质量和效率。

企业加强对生产经营改进措施实施情况的监督检查的方式主要包括持续性监督检查和专项监督检查等。

持续性监督检查是指企业对生产经营改进措施实施的整体情况所进行的连续的、全面的、系统的、动态的监督检查。

专项监督检查是指企业对生产经营改进措施实施的一方面或者某些方面的情况所进行的不定期的、有针对性的监督检查。

持续性监督检查和专项监督检查应当有机结合。

企业对在监督检查过程中发现的生产经营改进措施实施缺陷，应当采取适当的形式及时进行报告。对于监督检查中发现的重大缺陷或者重大风险，应当及时向管理决策层汇报。

分析生产经营改进措施实施缺陷产生的原因，并有针对性地提出和实施新的改进方案，不断健全和完善企业生产经管理。

企业应当结合生产经营改进措施实施的监督检查工作，定期对企业生产经营管理制度的健全性、合理性与有效性进行自我评估，形成书面评估报告。评估报告应当全面反映企业一定时期内建立与实施生产经营管理制度的总体情况。

生产经营管理自我评估的方式、范围、程序和频率，由企业根据经营业务调整、经营环境变化、业务发展状况、实际管理存在的问题等多种因素合理确定，但是至少应当每年进行一次。

本章练习题

1. 什么是线路平均负荷统计？断面通过量怎样计算？
2. 城市公共交通企业行车服务质量包括哪些主要指标？
3. 什么叫企业化定制与管理？
4. 公共交通企业生产经营改进原则和依据是什么？
5. 测定季节变化用什么指标？如何反映事件的变化？
6. 怎样写公共交通企业生产经营评价报告？改进意见如何形成？

5 第5章 轨道交通客流统计

本章概述

本章重点介绍了轨道交通客流主要指标、乘客出行特征、客流强度和不均衡性，以及轨道交通客流分析的案例。要求重点掌握轨道交通线路的客流形成机理、空间分布及时间分布特征与轨道交通沿线周边土地利用的关系，同时学会对车站的乘降量、断面客流的不均衡性指标进行分析计算。

本章学习重点

理解轨道交通客流主要指标，并结合轨道交通线路实际，针对乘客出行特征分析客流强度和不均衡。熟悉断面客流的客流形态和断面分布分析方法。最后，通过对香港地铁尖沙咀车站、北京天通苑地铁终端站的客流统计分析，了解客流统计分析方法、轨道交通技术指标汇总统计指标等内容。

5.1 客流调查内容与统计指标

客流统计是在轨道交通生成、吸引、换乘客流及乘客行为特征的调查分析基础上形成的主要特征指标和统计分析，下面从 3 个方面进行介绍。

5.1.1　客流调查内容

客流是动态变化的，对城市轨道交通运营客流调查数据进行统计分析，可以了解客流在时间、空间上的动态变化规律；同时对既有线路的运营客流特征分析，也能为后续实施线路或者其他城市的规划路网提供参考数据，从而为其线网规模的控制、基建工程和设备采用与布置及运输组织等诸多方面提供参考。

轨道交通客流调查主要包括以下内容。

（1）全面客流调查

全面客流调查是对全线客流的综合调查，通常也包含了乘客情况抽样调查。全面客流调查时间长、工作量大、需要较多的调查人员。但通过对调查资料进行整理和统计分析，能对客流现状及客流规律有一个全面清晰的了解。

全面客流调查有随车调查和站点调查两种调查方式。随车调查是在车门处对全日运营时间内所有运行列车的上下车乘客进行调查，站点调查是在车站检票口对全日运营时间内所有在车站上下车乘客进行调查。轨道交通系统全面客流调查多采用后者，调查一般应连续进行两天或三天，在全日运营时间内，调查全线各站所有乘客的上下车情况和票种情况。

（2）乘客情况抽样调查

抽样调查是用样本来近似地代替总体，这样做有利于减少客流调查的人力、物力和时间消耗。乘客情况抽样调查通常是用问卷方式进行，调查内容主要包括乘客构成情况和乘车情况两方面。

乘客构成情况调查一般是在车站进行。调查内容包括年龄、性别、职业、居住地和出行目的等，调查时间可选择在客流比较稳定的运营时间段。

乘客乘车情况调查可以根据需要分类进行，也可在特定的时间、地点进行。调查内容除年龄、性别和职业外，还可包括家庭住址、家庭收入、日均乘车次数、上车站和下车站、到达车站的方式和所需时间，下车后到达目的地的方式和所需时间等。

（3）断面客流调查

断面客流调查是一种经常性的客流抽样调查，可选择一两个断面进行调查。一般是对最大客流断面进行调查，调查人员用直接观察法调查车辆内的乘客人数。

（4）节假日客流调查

节假日客流调查是一种专题性客流调查，重点对春节，元旦、国庆节、双休假日和若干民间节日期间的客流进行调查。调查的内容包括机关、学校、企业等单位的休假安排，都市旅游业、娱乐业的发展程度，城市居民生活方式的变化等，一般通过问卷方式进行。

（5）突发客流调查

突发客流调查主要针对影剧院、体育场馆等客流快速集散的站点进行的专项客流调查，该项调查主要涉及影剧院、体育场馆的规模与附近轨道交通车站的客流影响程度和持续时间之间的相关关系。

5.1.2 站点分组与统计指标

1. 站点分组

根据轨道交通站点的站点功能、空间位置和站台形式，轨道交通站点具有不同的统计分组方法。

（1）根据站点功能分组

轨道站点按功能可划分为首末站和中途站两种基本的站点形式。其中中途站包括枢纽站和大型轨道线路换乘站。

（2）根据空间位置分组

根据轨道站点空间位置的不同，可以分为核心区、CBD 站点、市郊站点和路段一般站点三类。

（3）根据站台形式分组

根据轨道站点站台形式的不同，可以分为岛式站点和侧式站点两类。

2. 统计指标

站点的统计指标主要有站点数量、站距、服务半径和站点覆盖率等以下几个方面。

（1）站点数量

轨道站点数量是指报告期末某地区内存在的轨道站点的数量，计算单位为个。

（2）站距

站距是指一条轨道线路相邻站点之间的距离，计算单位为 m。

平均站距是在某一线路中的所有站距的平均值，计算公式如下：

$$I_0 = \frac{L}{N-1} \tag{5-1}$$

式中：I_0 ——平均站距，m；

L ——轨道线路总长度，m；

N ——站点的总个数，个。

轨道站点数量与间距是轨道线路微观优化设计的一个主要指标，轨道站点的数量与间距影响着轨道车辆的营运速度、线路的发车间隔、配车数和线路运载能力，是影响乘客乘车便利程度、车辆营运速度和轨道营运调度计划的重要因素。

(3) 服务半径

服务半径以各轨道站点为中心，乘客步行至轨道车站的距离为半径绘制站点服务半径覆盖图，计算单位为米。轨道站点服务半径是对城市用地的覆盖情况量化统计，表达乘客乘坐轨道交通的方便程度。

(4) 站点覆盖率

站点覆盖率是指站点服务面积占城市用地面积的百分比，是反映居民接近轨道交通程度的重要指标。通常按 300 m 和 500 m 半径计算，计算公式为：

$$站点覆盖率 = \frac{站点服务面积}{城市用地面积} \times 100\% \tag{5-2}$$

【例 5.1】某条轨道线路 A 的长度为 12.85 km，现有在用站点数量为 22 个（包括始末站），轨道车辆平均全程运行时间为 75 min。求：①线路 A 的平均站距；②全程平均速度。

由式（5-1）知平均站距：

$$I_0 = \frac{L}{N-1} = \frac{12.85}{22-1} = 0.612(\text{km}) = 612(\text{m})$$

$$全程平均速度 = \frac{线路全程长度}{全程运行时间} = \frac{12.85}{75/60} = 10.28(\text{km/h})$$

5.1.3　客流统计指标

客流调查结束后，对客流调查资料应认真汇总整理，列成表格或绘成图表，计算各项指标，并将它们与设计（预测）数据或历年调查数据进行比较，分析数据增减的比例及原因。轨道交通全面客流调查后应计算的主要指标如下。

① 乘客人数。包括分时与全日各站上下车人数，分时与全日各站换乘人数，各站全线高峰小时乘客人数，各站与全线全日乘客人数，高峰小时乘客人数占全日乘客人数的比例。

② 断面客流量。包括分时与全日各断面客流量，分时与全日最大断面客流量，高峰小时最大断面客流量。

③ 乘坐站数与平均乘距。包括本线乘客乘坐不同站数的人数及所占百分比，跨线乘客乘坐不同站数的人数及所占百分比，平均乘车距离。

④ 乘客构成。包括全线持不同票种乘客人数及所占百分比，车站别按年龄、家庭住址和出行目的等统计的乘客人数及所占百分比，车站别三次吸引乘客人数及所占百分比，从不同距离、以三种方式到达车站的乘客人数及所占百分比，需不同时间、以三种方式到达车站的乘客人数及所占百分比。

⑤ 车辆运用。包括客车公里，客位公里，客流密度，平均满载率和高峰小时最大客流断面满载率。

5.2 乘客出行特征分析

5.2.1 轨道交通客流形成机理

城市轨道交通承担的客流主要由趋势客流、转移客流和诱增客流三部分构成。趋势客流指的是城市轨道交通初期建设所需要满足的客流，是城市轨道交通的基础客流，它的大小是影响城市轨道交通初期建设规模的重要因素；转移客流是指由于城市轨道交通独特的优点，如快速、安全、准时、可靠、方便、无交通堵塞问题等，原来主要由道路公交和自行车方式所承担的城市较长距离的客流转移到城市轨道交通；诱增客流是指由于轨道交通项目的兴建，使原有的交通体系得到改善，诱发了部分居民的出行欲望，导致原有出行者的出行行为发生变化。这些变化直接表现为出行时间的变化、出行线路及出行方式的调整、出行距离的增加和新的出行需求产生。诱增客流量不同于转移客流量，前者是由于一种新的交通运输方式的产生刺激了居民出行的需求而产生的客流，而后者则是从其他交通方式转移过来的客流。这种转移对整个交通系统客流总量不产生影响。

城市客流主要取决于城市土地利用空间布局和交通组织，在供应满足的条件下，在城市的土地利用布局规划确定后，城市客流的产生和分布就为客观存在。城市轨道交通作为一种高速、大运量的城市客运系统，改变了轨道线路沿线的可达性，相应的会对城市土地利用空间布局产生一定的影响。大量资料显示，轨道交通沿线土地价值在轨道交通建设及运营期逐年递增，甚至在城市轨道交通规划期已经开始上升，沿线被开发成商用和居民住宅。所以交通系统和土地利用空间布局是相辅相成的关系，彼此之间存在促进反馈作用。

5.2.2 客流分布规律

客流分布规律分析主要从以下几个方面进行统计分析。

① 有无新线投用对客流分布特征的影响。当年有新线投入时，全年客流量分布的离散性相对较大；反之则客流量的离散性相对较小（均方差较小）。

② 一周客流分布。找出一周内客流量最大的规律，以及最大客流量高出日均客流量比例。例如周五客流量最大，一般要高出日均客流的 7% ～ 10%，周日客流最小。

③ 月份客流情况。例如 10 月份客流量一般为最大，5 月次之，6 月份比较低。

④ 一年中的客流活跃日期。在一年中，劳动节和国庆节期间的客流一般为全年最高。虽然最高客流量在增加，但增加比例在降低，由开通时增幅近 50% ～ 80% 下降到近年来的 20% ～ 30%；妇女节和圣诞夜的客流也比较高；当有重要或大型活动时，客流也较高。如

果前述节假日或大型活动与星期五叠加，则客流增量更为明显。春节期间客流为最低段，除夕客流是全年最低点。

⑤ 全年的客流比例。下半年的客流量一般占到全年客流量的 52% ～ 54%。

⑥ 网络化之后的客流重新分布及线路之间的客流比例关系。以北京为例，自 2001 年开始，1 号线的客流量几乎是 2、3 号线的客流量之和，2 号线的客流量是 3、4 号线的客流量之和。经过多年运营，1 号线的年客流量在达到近 3 亿人次后，客流量较成熟，客流总量现稳定趋势。尽管线路延长，客流增量已经不大。尽管 5 号线开通已经 4 年，但由于线路沿线客流尚不成熟，客流增长缓慢。

⑦ 客流构成。采用随机抽样调查分析轨道交通的乘客构成。例如某城市轨道交通客流调查结果，从年龄结构看，年龄段在 21 ～ 40 岁的乘客约占到总客流的 70% 以上；41 ～ 50 岁的乘客约占到 10% 以上，其余的由 20 岁以下和 50 岁以上的乘客构成。从乘坐轨道交通的主要目的看，上下班的占 37%；因公办事的占 31%；上学的占 11%；其余的 20% 左右主要是私人购物、访亲、观光和其他。上下班和上学的这两部分乘客占总客流量的 50% 左右。

5.2.3　客流的空间分布

1. 空间方向上的客流形态

（1）客流形态

一般线路都有上下行两个方向，两个方向的客流量在同一时间分组内是不相等的，主要分为双向型和单向型两种形态。

双向型：上下行的运量数值接近相等，市区线路属于双向型的较多。

单向型：上下行的运量数值差异很大，特别是通向郊区或工业区的线路，多是属于单向型的。

（2）客流空间规律分析方法

相同的时间里，由于线路上下行的客流量往往是不相同的，这个差异通常用上下行客流的不均衡系数表示，记为 α_1。

$$\alpha_1 = \frac{\max\{A_{\max}^{上}, A_{\max}^{下}\}}{(A_{\max}^{上} + A_{\max}^{下})/2} \tag{5-3}$$

式中：$A_{\max}^{上}$，$A_{\max}^{下}$ ——上行、下行最大断面客流量，人。

一般线路的 α_1 系数为 1.1 ～ 1.2，工业区线路的 α_1 系数为 1.4 ～ 1.5。当 α_1 较大时，在上下行方向最大断面客流量不均衡的情况下，直线走向（需要折返）的轨道交通线路要做到经济合理地配置运力比较困难，而在环形轨道交通线路上则常采用内外环线路安排不同运力的方法来解决，即在环线轨道交通上可分别上下行安排不同的运力与此相适应。

2. 车站乘降量的集中率

城市轨道交通线路客流的空间分布也可以从以下两方面来考虑：①以车站为单元——乘降

量的集中率和地区特征；②以路段为单元——路段客流强度、需求特征及路段间的关联度。

一般情况下，客流经常集中在少数几个大站点上，这些大站点往往又是换乘站。如果这些大站点是待开发的新区，客流的风险就比较大。主要是由于线网的发育中，如果与本线相交线的客运量没有达到预期的水平，会直接影响换乘量；其次，如果车站周边用地开发没有达到预期的水平，会直接影响车站的发送人数；此外，车站与其他交通方式的换乘条件：如果车站周边与其他交通方式的衔接设施和管理没有达到预期的水平，也会直接影响车站的发送人数。

车站乘降量的集中率 G 计算步骤如下。

① 将各站乘降量列于表中，并按大小排序；

② 由大到小累加各站的乘降量 Q_m，直至达到全线乘降量 Q 的 40%，

$$D_m = \sum_{i=1}^{m} D_i, D_m \geqslant 0.4Q \tag{5-4}$$

式中：D_i ——第 i 站的乘降量；

m——第 m 个车站。

计算车站乘降量的集中率

$$G = 1 - \frac{m}{n} \tag{5-5}$$

式中：n——全线车站数。

例如，某市地铁 1 号线设有 27 个车站，全线远期乘降量为 223.06 万人次/天，由大到小累加各站的乘降量，当累加到第 5 个车站时（$m=5$），D_m 已达到 $0.4035Q$，这时即可计算车站乘降量的集中率

$$G = 1 - \frac{5}{27} = 0.815$$

由此可见，该线 5 个大站点的乘降量占全线的 40% 以上。从城市总体规划和该市的轨道交通线路可知，这 5 个车站中 4 个是换乘站，1 个是“大学城”所在的新区。

3. 路段的客流分布

一条城市轨道交通线路可划分为几个路段，各路段间客流的交流量，以及路段内客流所占的比例，称为路段的客流分布。路段的客流分布是列车运行交路设计时必须考虑的因素。

路段的划分主要参考下列条件：自然条件，如山、河等的分隔；用地性质；断面客流量突变点；其他条件。

（1）路段客运量比例

计算各路段的发送量占全线客运量的比例 C_k：

$$C_k = \frac{Q_k}{Q_q} \tag{5-6}$$

式中：C_k ——路段 K 的发送量占全线客运量的比例；

Q_k ——路段 K 的全日发送量；

Q_q ——全线的全日客运量。

（2）路段客流强度

计算各路段的客流强度 H_k：

$$H_k = \frac{\sum_i (M_i \cdot S_i)}{L_k} \tag{5-7}$$

式中：H_k ——路段 K 的客流强度；

M_i ——路段 K 中的 L 区间全日双向断面客流量；

S_i ——L 区间的区间长度，km；

L_k ——路段 K 的长度，km。

4. 各路段的需求特征分析

各路段乘客的出行距离、出行目的需求特征不同，要求的行车速度、发车间隔服务水平也不同。所以要对各路段的需求特征进行分析。

各路段发送量的乘距分布是指从站间 OD 表可计算在该路段的总发送量中各乘距所占的比例。

出行目的分布是指各路段发送量中乘客的各种出行目的所占的比例。如果以中长距离、业务出行为主，要求行车速度高；如果以中短距离、上下班出行为主，则要求发车间隔小。

5.2.4 客流的时间分布

1. 全日客流形态

轨道交通的运能、线路走向、所处交通走廊的特点及车站所处区位的用地性质，是影响轨道交通客流在全天不同时间上分布的主要影响因素。纵观不同运能轨道交通的不同类型的车站，可归纳出以下五种客流日分布曲线类型，如图 5-1 所示。

（1）单向峰型

轨道交通线路所处的交通走廊具有明显的潮汐特征，或车站周边地区用地功能性质单一时，车站客流分布集中，有早晚错开的一个上车高峰和一个下车高峰，如图 5-1（a）所示。

（2）双向峰型

车站位于综合功能用地区位时，客流分布与其他交通方式的客流分布一致，有两个配对的早晚上下车高峰，如图 5-1（b）所示。

（3）全峰型

轨道交通线路位于用地已高度开发的交通走廊，或车站位于公共建筑和公用设施高度集中的地区时，客流分布无明显的低谷，双向上下车客流全天都很大，如图 5-1（c）所示。

（4）突峰型

车站位于体育场、影剧院等大型公用设施附近，演出节目或体育比赛结束时，有一个持续时间较短的突变的上车高峰。一段时间后，其他部分车站可能有个突变的下车高峰，如图 5-1（d）所示。

（5）无峰型

当轨道交通本身的运能比较小或车站位于用地还没有完全开发的地区时，客流无明显的上下车高峰，双向上下车客流全天都较小，如图 5-1（e）所示。

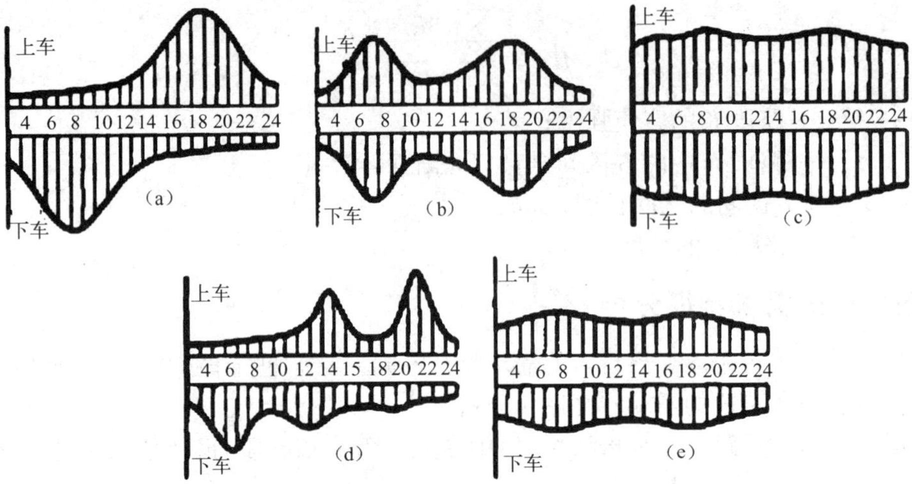

图 5-1　轨道交通客流时间分布特征图

全日客运量在时段（1 h 或几 h）上的分布可按全线、路段和车站分别研究。车站全日上、下车人数在时段上的分布是基础。各路段与全线的客流时段分布形态可能不同。对于“超长线”的两端路段，客流的时段分布相对集中，而中间路段比较分散。

2. 全线全日客运量的时段分布

利用居民出行调查、流动人口出行调查和公交客流调查综合推断出行量时段分布和客流量时段分布是常用的方法。

1）高峰小时系数

定义客运量的时段系数 P：

$$P = \frac{Q_i}{Q_d} \tag{5-8}$$

式中：Q_i ——第 i 个小时的客运量；

Q_d ——全日客运量。

通常取 $P=0.12 \sim 0.15$。P 的最大值为高峰小时系数，高峰小时单向最大断面客流量是由客运量与客运周转量共同作用形成的，显然。全日单向最大断面客流量与 P_{max} 的乘积不等于高峰小时单向最大断面客流量。沿线用地性质不同，线路在线网中的位置不同，客运量的高峰小时系数会有所区别。

2）客流时段分布的均衡性

客流高峰时段实际并非仅仅 1 个小时，一般情况下，7:30—10:30 和 16:00—19:00 都是客流的高峰期，将这 6 个小时称为“高峰时间段”；其他时间除去运营的第 1 个小时和最后 1 个小时，称为“平峰时间段”。全天运营的第 1 个和最后 1 个小时，其行车计划不是根据客流需求，而是为了保持服务水平和“出车”、“收车”的需要。

(1) 均衡系数

客流时段分布的均衡性用客流时段分布的均衡系数 U 表示。

$$U = \frac{G}{H} \tag{5-9}$$

式中：G——高峰时间段的小时平均客运量；

H——平峰时间段的小时平均客运量。

若 $U>2.0$，表明客流很不均衡；$U=1.6 \sim 2.0$，表明客流不均衡；$U<1.6$，表明客流较均衡。客流时段分布的均衡性直接影响行车组织和系统利用效率。

北京市地铁 5 号线运营初期全线全日客流量时段形态示意图如图 5-2 所示。

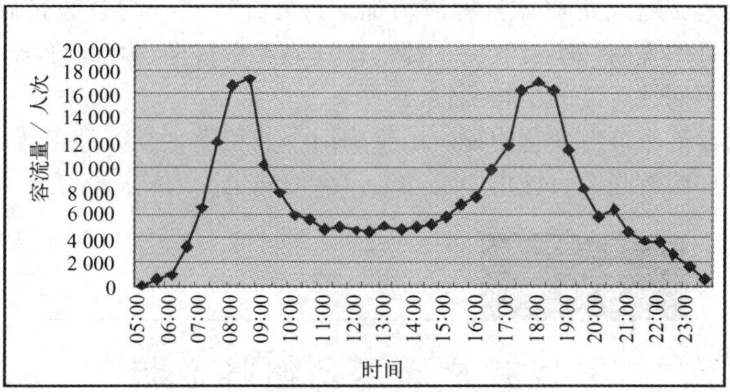

图 5-2　北京地铁 5 号线运营初期全线全日客流量时段形态示意图

（2）全线运量比

全线运量比 N 定义如下：

$$N = \frac{Q_g}{Q_d} \tag{5-10}$$

式中：Q_g——高峰小时客运量；

Q_d——全日客运量。

（3）断面客流比

断面客流比 M 定义如下：

$$M = \frac{M_G}{M_d} \tag{5-11}$$

式中：M_G——高峰小时最大断面客流量；

M_d——全日最大断面客流量。

当 $N \geqslant M$ 时，高峰小时最大断面客流量的稳定性好；当 $N < M$ 时，高峰小时最大断面客流量的稳定性不好。

如果高峰单向最大断面客流量较高，就需要有较大的高峰小时客运量的支撑，否则是不稳定的。

3. 其他时段分布特征

（1）车站全日客运量的时段分布

确定车站全日客运量时段分布的基本依据是车站周边的用地性质和大型公共建设项目的

规模。确定方法可用分析、类比法。资料表明，城市外围居住区高峰小时系数可达 0.18 ～ 0.20，而市中心重点商业区仅 0.10 左右。

（2）路段客运量的时段分布

城市中心区路段与城市边缘区路段的客运量时段分布是不同的，由各路段车站的客运量时段分布，可推算各路段客运量的时段分布。

（3）一周内全日客流分布规律

城市轨道交通线路主要是以通勤、通学客流为主，双休日客流有所减少，而连接商业网点、旅游景点的轨道交通线路双休日客流增加。另外，星期一与节假日后的早高峰小时客流、星期五与节假日的晚高峰小时客流，都会比其他工作日早、晚高峰小时客流大。

（4）季节性或短期性客流的不均衡性

城市轨道交通客流季节性变化明显。由于梅雨季节和学生复习迎考等原因，6 月份客流通常是全年的低谷。旅游旺季，城市中流动人口会使轨道交通线路的客流增加。

5.3 客流强度和不均衡性分析

5.3.1 客流强度分析

城市轨道交通的优势在于大运量、中长运距，它应与道路公交及其他交通方式形成不同层次的一体化客运系统，但不能代替所有公交系统；轨道交通是高密度、列车化运行的独立路权系统，要发挥其最大的运能，必须有足够的运量支撑，具有一定的运营效益；轨道交通系统除轨道和桥隧外，还包括车辆、供电、通风空调、通信信号等子系统，不仅建设投资高，而且建成后的运营成本也高，因此要讲经济性，不能随意扩大建设规模、提高建设标准；轨道交通应与城市发展同步，有客流就建，无客流不建，等客流达到了一定量级再建，从而把握最佳的建设时机，使城市发展与轨道交通建设取得双赢。

从各规模城市的站点日均客流强度统计分布来看，其发展趋势具有以下特征。

① 500 万以上人口城市的站点日均客流强度具有初期向近期快速增长、远期逐步下降的发展特性。其初期站点日均客流强度基本为 1 万～ 2 万人次/站量级，近期为大于 2 万人次/站量级，远期为 2 万人次/站量级。

② 200 万～ 500 万人口城市的站点日均客流强度具有初、近期量级相近，且近期有所增长、远期逐步下降的发展特性。其初、近期站点日均客流强度基本小于 2 万人次/站量级，远期小于 1 万人次/站量级。

③ 200 万以下人口城市的站点日均客流强度具有初、近期量级相似，远期逐步增长的发展特性。其中 100 万～ 200 万人口城市，初、近期站点日均客流强度基本小于 1 万人次/站量级，远期站点日均客流强度基本为 1 万～ 2 万人次/站量级。

客运效益目标应该是以尽可能少的线路长度，运送尽可能多的客流量。例如，具有百年左右地铁历史的伦敦、纽约、巴黎、东京等城市，对于地铁的建设规模都持比较谨慎的态度。这些城市已建成的地铁运营线路分别为 398 km、415 km、213 km 和 292 km。值得注意的是这些线路的客流强度：200 km 左右线网规模的客运强度高达 1.7 万～2.7 万人次/（km·d），而 400 km 线网规模的客流强度为 1.0 万人次/（km·d）。另一个参数，即每百万人口拥有的轨道交通线路里程，与客运强度也具有相关性：在每百万人口拥有 20～40 km 线路时，相应的客运强度较高，在 1.5 万人次/（km·d）以上；在每百万人口拥有 40 km 线路以上时，相应的客流强度均低于 1.0 万人次/（km·d）。根据上述两个方面的推算，中国三大城市（北京、上海、广州）的地铁规模达到 400 km 左右时，客运强度会达到较佳的顶峰。

提高客运强度的同时，应该兼顾改善服务水平。以拥挤度为例，日本的地铁拥挤度标准提出：当站位密度为 4～6 人/m^2时，这样的拥挤度认为是“可以接受的”；当站位密度为 6～8人/m^2时，尚属“正常状况”；当站位密度为 9～12 人/m^2时，就达到了“拥挤状况”。标准规定，“拥挤状况”只能出现在个别时段的个别区段，所占的比例均不得高于标准的规定。我国《城市轨道工程项目建设标准》规定为“拥挤度 + 忍受度”的组合标准，即拥挤度为 5～6 人/m^2时，忍受度不宜大于全区间总数的 20%，或平均运距不大于 12 km。

上述国外城市的轨道交通线网还有一个特点：其市郊铁路覆盖城市外围，数量庞大，规模均在 1 000 km 以上。市郊线多为地面线或高架线，造价低，速度快，能将郊区卫星城居民快速送达市中心，在集散市民上发挥了重要作用。因此，合理的城市轨道交通线网还应注意提高郊区快速线在整个线网结构中的比例。

5.3.2　断面客流及不均衡性分析

轨道交通的客流量，以断面客流量表示时，它是指单位时间内，通过轨道线路某一点的客流量。这里的单位时间一般指 1 h 或 24 h，而通过某一点的客流量就是通过该断面所在区间的客流量。

断面客流量又可分为上行和下行断面客流量断面。在单位时间内，通过各个断面的客流量是不相等的。其中单向断面客流最大的断面称为最大客流量断面，其客流量称为最大断面客流量。上下行的最大客流断面一般不在同一断面上。在以小时为单位计算断面客流量的情况下，分时断面客流量最大的小时称为高峰小时，与高峰小时相对应的是低谷小时。轨道交通的高峰小时有早高峰与晚高峰之分。就行车组织的内容而言，高峰小时的最大断面客流量是一项很重要的基础资料。

一条线路某一断面客流是乘客路径和乘客数量的函数。严格地讲，要想精确推算断面客流几乎是不可能的。因为不同乘客会选择不同路径和换乘方式，每一位乘客的步行速度、乘客在车站内的滞留时间、发车间隔、列车的拥挤状况均不同。票务系统仅能计算出乘客在收费区内停留时间和依最短距离推断的路径，目前尚不能完全跟踪到每一位乘客的真实路径。

断面上的客流动态主要包括客流形态和客流断面分布规律分析方法。

1. 客流形态

线路上各停车站的上下车人数是不相等的，因此车辆经过各断面时的通过量也是不相等的，若把一条线路各断面通过量的数值按上行或下行各断面的前后次序排成一个数列，这个数列就能显示出断面上的客流动态。从这些数量关系中，可以看出客流在不同时间内在断面上的分布特点和演变规律。客流在线路各断面上的动态分布是有一定特点的，但对整条线路归纳起来，大致有以下几种主要类型。

① 均等型。当轨道交通线路成环线布置或沿线用地已高度开发成熟时，各车站的上下车客流接近相等，沿线客流基本一致，不存在客流明显突增路段。

② 两端萎缩型。当轨道交通线路的两端伸入还没有完全开发的城市边缘地区或郊区时，线路两端路段的客流小于中间路段的客流。

③ 中间突增型。当轨道交通线路途经大型的对外交通枢纽、高密度开发地区或者车站利用常规公交线路辐射吸引范围广阔时，位于该区位车站的上下车客流明显偏大，线路客流存在突增的路段。

④ 逐渐缩小型。当轨道交通线路首末车站位于大型对外交通枢纽附近或城市中心地区时，随着线路向外延伸，线路客流逐渐缩小。

2. 客流断面分布规律分析方法

在线路的一个方向中，沿线路各个断面的客流量也不尽相等。市区线路自首（末）站发出后逐站增加上车人数。由于中途各站乘客上下的交替量大，往往形成线路中间客流量大、两端客流量小的分布形状，称为断面的不均衡规律。用断面客流不均衡系数 α_2 表示。

$$\alpha_2 = \frac{A_{\max}}{\frac{1}{n}\sum_{i=1}^{n} A_i} \tag{5-12}$$

式中：$A_{\max}$ ——单向最大断面客流量，人；

A_i ——第 i 个区间单向断面分时客流量，人；

n——轨道交通所设区间数量。

当 α_2 较大时，即在断面客流量不均衡时，运营部门常采用在客流量较大的区段加开区段列车的措施，但在行车密度很大的情况下，加开列车会有一定难度，而且加开区段列车对运营组织和车站折返设备都会提出新的要求。一般情况下，α_2 指数达 1.5 以上的线路，要采取措施。增大最大断面的运输能力，保持线路各个断面运力与运量的平衡。

合理的列车交路计划能改变这种状况，提高列车和车辆运用效率，又能给予乘客较大的方便。因此，采用不同列车交路相结合的列车运行方式，能使行车组织做到经济合理。列车交路主要有长交路、短交路及混合交路等几种方式。

轨道交通线路所行经区域的用地开发性质不同，所覆盖的客流集散点的规模和数量也不同，因而线路单向各个断面的客流存在不均衡现象是不可避免的。轨道交通线路单向各个断面客流不均衡系数 α'_2 可按下式计算：

$$\alpha'_2 = \frac{\frac{1}{k}\sum_{i=1}^{k} P_i}{P_{\max}} \tag{5-13}$$

式中：α'_2 ——单向断面客流不均衡系数；

P_i ——第 i 个断面单向断面客流量；

k——单向全线断面数。

α'_2 越趋近于 0，线路单向最大断面客流不均衡程度越大。可在客流量较大区段加开区段列车解决这一问题。但在行车密度较大的情况下，加开区段列车会有一定难度，并且加开区段列车对运营组织和车站折返设备都会提出新的要求。

5.3.3　高峰小时（早、晚）上、下行客流的不均衡性分析

由于客流的流向原因，轨道交通线路上下行方向的分时客流通常是不相等的。在放射状轨道交通线路上，早、晚高峰小时的上下行方向客流不均衡尤其明显。可以采用上下行方向不均衡系数描述轨道交通线路上下行方向客流均衡程度。这种时间的不均衡性一般用分时客流的不均衡系数 α_3 表示。

$$\alpha_3 = \frac{A_{\max}}{\frac{1}{h}\sum_{i=1}^{h} A_i} \tag{5-14}$$

式中：$A_{\max}$ ——单向最大断面客流量，人；

A_i ——各时段单向断面分时客流量，人；

h——轨道交通全日营业时段数，h。

α_3 表示时间的不均衡规律。当 α_3 较大时，即在分时客流不均衡时，为达到运输组织合理性和运营经济性的目的，运营部门可参照采用小编组、高密度的行车组织方案，即在客流高峰时间段开行较多的列车以满足运输需求，而在客流低峰时间段则减少开行列车数以提高车辆平均满载率。

5.3.4　轨道交通技术指标汇总统计

轨道交通的主要年度统计技术指标主要包括全年列车正点率（%）、全年列车满载率（%）、旅行速度（km/h）、平均站距（km）、最小发车间隔（min）、全日开行列数（列）、高峰小时最大运力（人/h）。以北京市的轨道交通技术指标统计为例，见表 5-1。

表 5-1　北京市轨道交通技术指标统计

年份	线路	全年列车正点率/%	全年列车满载率/%	旅行速度/（km/h）	平均站距/km	最小发车间隔/min	全日开行列数/列	高峰小时最大运力/(人/h)
2003	1 号线	99.7	30.19	33.2	1.384	3	433	2 400
	2 号线	99.7	46.66	34	1.278	3.5	366	18 300
	13 号线	98.9	43	44.5	2.723	8	198	3 240
	八通线	—	—	—	1.58	—	—	—

续表

年份	线路	全年列车正点率/%	全年列车满载率/%	旅行速度/（km/h）	平均站距/km	最小发车间隔/min	全日开行列数/列	高峰小时最大运力/(人/h)
2004	1 号线	9. 72	36. 83	33. 2	1. 384	3	434	27 400
	2 号线	99. 31	55. 53	30. 5	1. 278	3. 5	371	19 108
	13 号线	99. 82	—	43. 9	2. 723	5	223	11 280
	八通线	99. 5	—	33. 9	1. 58	6	204	9 400
2005	1 号线	99. 67	—	33. 8	1. 384	3	434	27 400
	2 号线	98. 45	—	30. 5	1. 278	3. 5	382	19 108
	13 号线	99. 65	—	45	2. 723	5	244	11 280
	八通线	99. 91	—	35. 6	1. 58	5	218	11 280
2006	1 号线	99. 75	—	33. 8	1. 384	3	435	28 800
	2 号线	99. 75	—	30. 5	1. 278	3. 5	392	18 300
	13 号线	99. 75	—	45	2. 723	4	289	14 100
	八通线	99. 75	—	35. 6	1. 58	5	239	11 280
			—					
2007	1 号线	—	—	31	1. 384	3	460	22 480
	2 号线	—	—	35. 5	1. 278	2. 5	402	32 880
	13 号线	—	—	43. 8	2. 723	3	349	18 800
	八通线	—	—	35	1. 58	3. 5	268	16 114
	5 号线	—	—	33. 1	1. 374	4	362	20 520
2008	1 号线	—	114	33. 8	—	2. 5	562	34 272
	2 号线	—	90	31. 4	—	2. 5	485	34 272
	13 号线	—	100	45. 2	—	3	454	28 560
	八通线	—	97	36. 1	—	3	361	28 560
		—			—	3	420	28 480
	5 号线	—	110	32. 9	—	7（奥运期间为 3）	436	12 478
	8 号线一期	—	6	38. 1	—	3. 5	462	24 956
	10 号线一期	—	92	32. 5	—	15	144	1 792
	机场线	—	31	64. 8	—			

5.4 车站客流统计案例分析

5.4.1 香港地铁尖沙咀站统计数据分析

香港地铁尖沙咀站是一个大型客流集散和换乘车站，客流时间分布是双向峰型，因车站位于综合功能用地区，地铁客流分布与其他交通方式的客流分布一致，都有早晚乘车高峰。尖沙咀站的早上是繁忙时段，尤其是 7:30—9:30 出站的乘客明显比进站乘客多，因为该地区不是传统的住宅区，而是商厦林立的地方，如写字楼、金融机构、政府办公室及其他贸易公司等。乘客因为早上时间紧迫，选择乘坐地铁，从而形成地铁站早上 7:30 至 9:30 的繁忙时间；在星期一至星期五，每天约 25% 的乘客是工作或上学的通勤客流。

11:00—16:00 时间段，进出车站的乘客几乎数量相等，因为这个区域又是旅游热点，区内有大量酒店、饮食及购物中心等吸引乘客到访。在这个非繁忙时段，乘客多为中产阶层人士，他们可能是个体经营者、老板或户外自由工作人士（如记者一类）、浮动上班时间的业务推广员以及闲逛和乘巴士兜风的来港旅游的人士。

下午至傍晚 16:00—19:00 时间段为晚上高峰时间，积聚了大量下班或到尖沙咀附近消遣、观光、购物的乘客，所以乘客进出车站流量颇大。在下班时间乘客流量较大，繁忙时间由 17:30 起至 19:30 结束，这个高峰期亦是星期一至星期五出现，但白领文职人员的人数可能会比较少些，因为他们会在较悠闲的心境下，选择较便宜并且不太拥挤的路面交通工具。夜晚尖沙咀区仍然处于忙碌状态，主要因为该地区是夜生活及消费场所的集中地，亦即所谓的不夜天。

1. 周末和节假日地铁进出站客流特点

在香港，星期六很多公司休息，所以这一天的早上繁忙时间，不论路面交通还是地铁系统，均比其他日来得轻松。主要是上班的人士会较迟起床，避开了繁忙时段，闲适地与家人到茶楼品茗；然后再乘坐公共交通工具或自驾车去消遣。尖沙咀站繁忙时段便会相应地延长些，繁忙时间从中午开始至下午 3:00 左右。

在上午约 10:00—13:00 时段，出站乘客比进站乘客多，因为尖沙咀附近有中港码头、附近的文化康娱设施、饮食及购物商场等，市民多到此区娱乐消遣。在傍晚19:00—20:00 时段，出站乘客较多，只因星期天是假期，一般不用上班；下班的乘客会选择到旺角、尖沙咀等地区消费，周六进出站客流特点如图 5-3 所示。

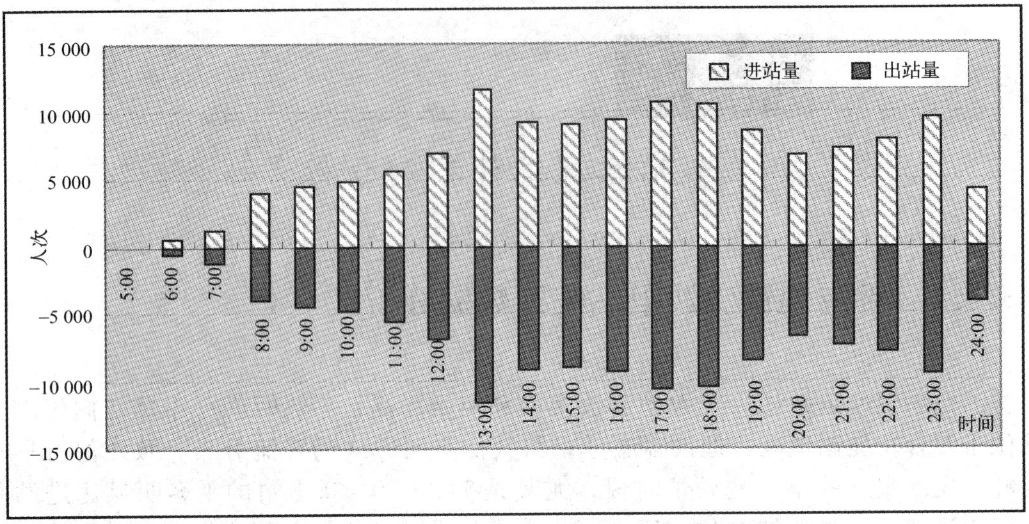

注：负值为出站人数。

图 5-3　香港地铁尖沙咀站周六进出站客流特点分布图

2. 尖沙咀站一周内平均进站人数特点

对香港尖沙咀站一周内平均进站人数数据分析，可以看出星期一至星期四的乘客进入车站记录相对平均，人数为 12. 5 万人次。上班、上学、购物、游客及消费的乘客数量比较稳定。星期五的乘客数量则接近 13. 5 万人次，是一星期内进入尖沙咀站最多的一天，主要是在星期五回家相聚、相约朋友出外消遣、娱乐。星期六因为仍会外出娱乐消费，尖沙咀站乘客的数量比平日多。而星期日则为公众假期车站人数最少的一天，如图 5-4 所示。

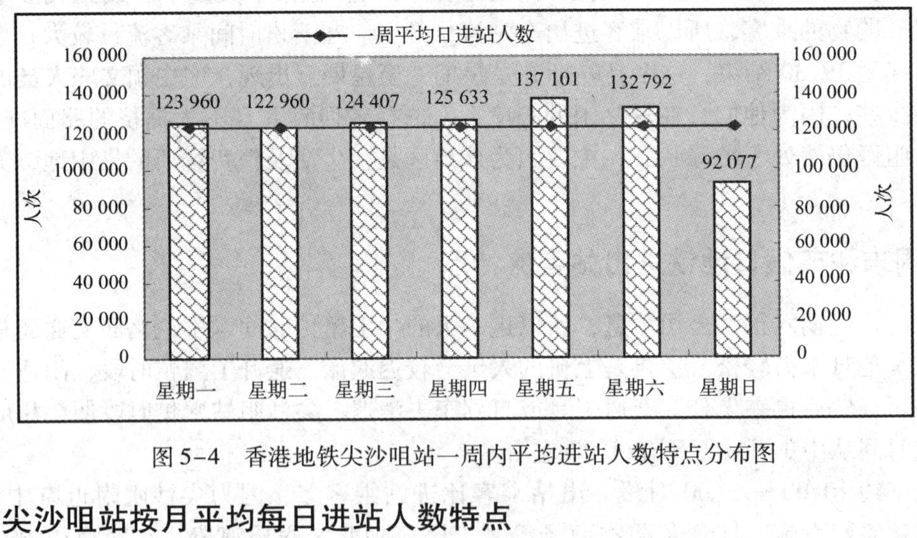

图 5-4　香港地铁尖沙咀站一周内平均进站人数特点分布图

3. 尖沙咀站按月平均每日进站人数特点

尖沙咀站按月平均乘客统计数据分析表明，每年中的 6—8 月是尖沙咀站进站人数最多的季度，而 7 月份更是进站人数的高峰月份，原因是气候比较热，乘客多选用环境舒适的交通工具。其次正值暑假期间，学生不用上课，多相约朋友外出消遣，因尖沙咀区附近有很多娱乐地方，如百货公司、戏院、文化中心、太空展览场所及饮食广场等。12 月份则是尖沙咀站进站人数高峰的另一个月份，这是因为圣诞节的来临，尖沙咀区附近均设有大型的圣诞灯饰布置，维港两岸景观美轮美奂，吸引大量乘客到此地区游览观赏，共度佳节，尖沙咀站按月统计日均进站量如图 5-5 所示。

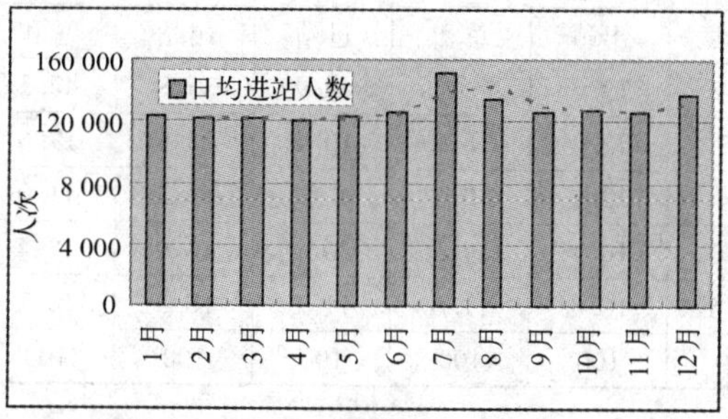

图 5-5　香港地铁尖沙咀站按月平均每日进站人数特点分布图

4. 车站按站口方向等角度的客流特点

① 进站人数：按进出站口统计平日进站人流量，形成如表 5-2 的特点。

表 5-2　按进出站口统计平日进站人流量特点（按出口）

出口	早上繁忙时间/人次	非繁忙时间/人次	晚上繁忙时间/人次	估计全日乘客流量/人次	繁忙时间占全日比率
A1	430	1 787	4 933	25 544	21. 80%
A2	62	320	947	4 623	4%
B1	273	500	140	5 178	4. 40%
B2	551	1 342	5 148	24 447	20. 90%
C1	228	642	948	7 664	6. 60%
C2	31	79	167	1 090	0. 90%
D1	75	171	229	2 087	1. 80%
D2	289	377	901	6 494	5. 60%
E	744	786	1 584	13 842	11. 80%
F	863	375	702	10 192	8. 70%
G	5 050	1 135	3 069	51 060	43. 70%

② 出站人数：按进出站口统计平日进站人流量，形成如表 5-3 的特点。

表 5-3　尖沙咀站乘客平日出站人流量统计（按出口）

出口	早上繁忙时间/人次	非繁忙时间/人次	晚上繁忙时间/人次	估计全日乘客流量/人次	占全日比率
A1	6 777	2 352	2 768	45 004	33. 5%
A2	293	238	441	3 725	2. 8%
B1	719	590	3 250	15 601	11. 6%
B2	1 945	1 264	207	14 752	11%
C1	917	447	1 072	8 938	6. 7%
C2	51	41	75	641	0. 5%
D1	113	274	389	3 192	2. 4%
D2	611	522	1 034	8 264	6. 2%
E	1 056	995	1 551	14 146	10. 5%
F	290	451	1 168	7 163	5. 30%
G	1 780	2 267	4 334	32 521	24. 20%

③ 客流空间分布：尖沙咀站进出客流分布统计结果如表 5-4 所示。

表 5-4　尖沙咀站进出客流分布统计（按车站位置）　　%

车站位置	平日工作天			星期六			星期天/假日		
	进站	出站	总和	进站	出站	总和	进站	出站	总和
上行大堂	50. 2	39. 0	44. . 3	49. 9	35. 8	42. 3	50. 3	34. 8	42. 2
中大堂（上行）	9. 8	22. 0	16. 2	10. 4	23. 8	17. 6	10. 9	24. 6	18. 1
中大堂（下行）	8. 4	12. 1	10. 3	8. 5	13. 2	11. 0	7. 9	12. 8	10. 5
下行大堂	19. 0	16. 1	17. 5	20. 2	16. 9	18. 4	21. 2	18. 8	20. 0
连接九广铁路	12. 6	10. 8	11. 6	11. 1	10. 3	10. 7	9. 6	9. 0	9. 3
总和	100	100	100	100	100	100	100	100	100

④ 时间分布：尖沙咀站客流高峰时间分布统计结果如表 5-4 所示。

表 5-5　尖沙咀站客流高峰时间分布形式

	星期一至星期五		星期六		星期日	
	进站	出站	进站	出站	进站	出站
早上高峰时间的车站人流所占百分比	4. 2	10. 1	2. 2	5. 4	1. 5	3. 8
晚间高峰时间的车站人流所占百分比	13. 2	11. 6	8. 6	9. 0	9. 4	9. 2

5. 4. 2　天通苑地铁终端站客流统计分析

北京地铁 5 号线是一条贯通南北的放射线，形成大量的进城客流，有效地缓解了南北进城道路交通流量。

地铁 5 号线开通初期的客流统计分析，形成乘降量和断面流量特点。全线的平日累计断面流量如图 5-6 所示。

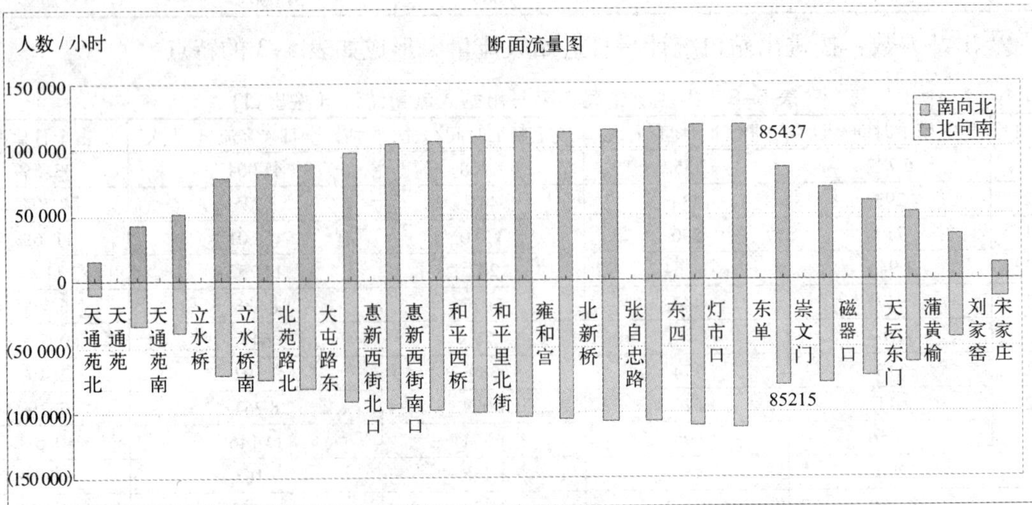

图 5-6　地铁 5 号线开通初期全线的平日累计断面流量示意图

各站乘降量如图 5–7 所示。

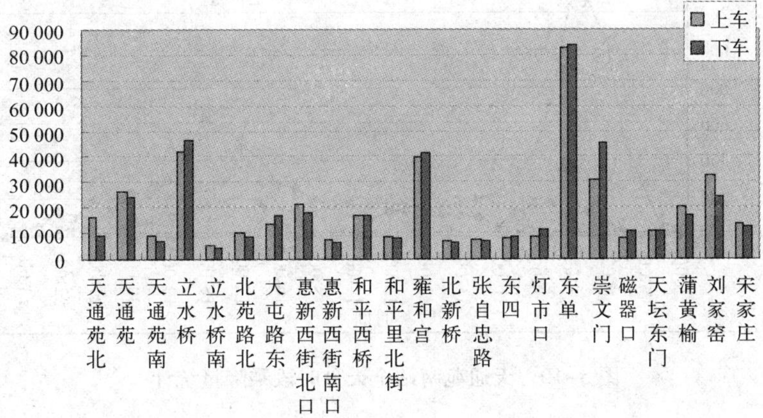

图 5–7　地铁 5 号线开通初期全线各站乘降量示意图

终端站天通苑地区的全天分时段乘降量如图 5–8、图 5–9 和图 5–10 所示。

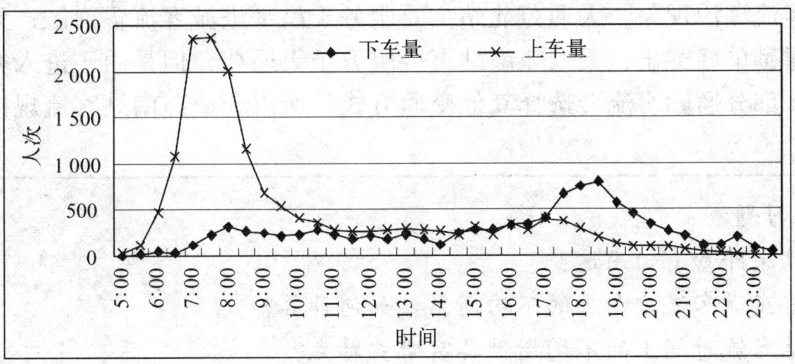

图 5–8　天通苑北站全天分时段乘降量统计

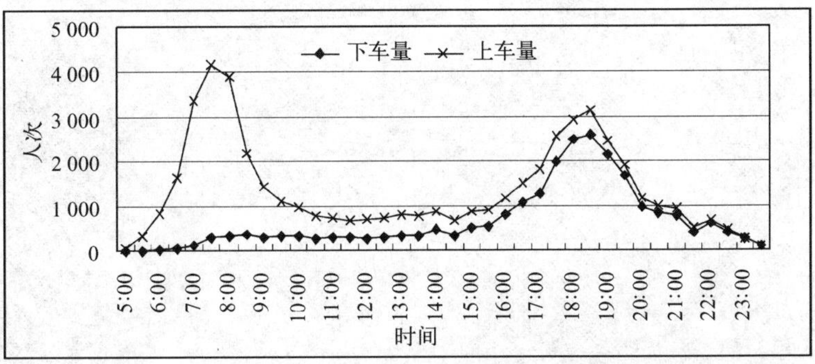

图 5–9　天通苑站全天分时段乘降量统计

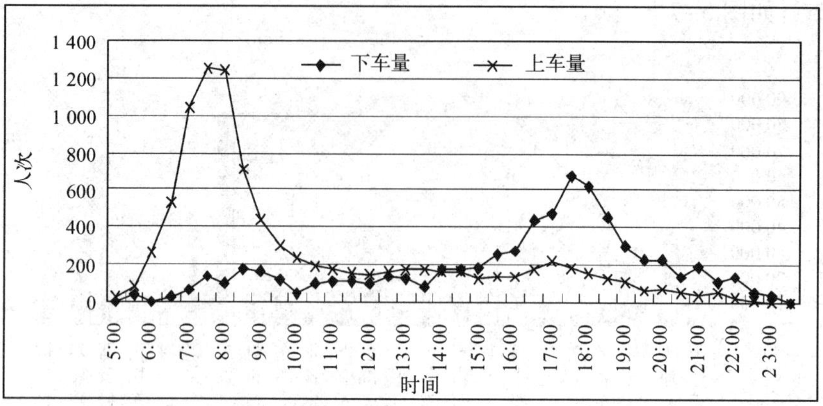

图 5-10　天通苑南站全天分时段乘降量统计

从图 5-6 可以看出，南北方向平日通勤向中心区客流较大。图 5-7 中可以看出大型换乘站乘降量较大，反映出中心区外围与中心区交汇形成东西、南北大型商业、办公地分流，例如立水桥、雍和宫、东单等车站。

从图 5-8 至图 5-10 可见作为服务于大型社区的地铁 5 号线末端三个车站全天客流都具有明显的通勤客流潮汐现象，天通苑北站主要服务于昌平进城客流辐射区；天通苑站服务于天通苑社区，通勤单峰突出；天通苑南站直接服务于天通苑，但是由于进入城市中心区的选择方式较多，一部分通勤客流会选择其他交通方式，所以天通苑南站客流规模较小。

本章练习题

1. 车站乘降量有何用途？
2. 轨道交通客流方向上的不均衡系数如何计算？
3. 车站客流时间上的不均衡性具有哪些特点？
4. 车站客流时间不均衡性与城市用地性质有何关系？

6 第6章 轨道交通运营服务统计指标分析

本章概述

本章重点介绍轨道交通运营服务统计的四部分内容，即列车运营指标，安全服务指标与乘客服务指标和设备设施指标，并对四部分统计指标进行展开分析，同时还介绍了运营的正常状态和非正常状态下的计算指标和全日车辆走行公里、全日平均满载率、高峰小时满载率、运用车辆数、候车时间、换乘时间，以及从使用者的角度来评判城市轨道交通的运营服务水平的指标。

本章学习重点

了解正常运营状态下评价指标（包含基础指标、客流指标与乘客出行特征三方面内容）。掌握非正常运营状态评价指标（包括行车无事故天数，行车事故次数，行车责任事故次数，行车及其他危机运营安全的事故次数，行车事故频率，行车事故伤亡人数及受伤人数计算方法）。理解轨道交通安全运营的乘客服务分析方法和指标选取。理解运力指标、运行图兑现率、列车正点率的定义。通过电梯可靠度、售票充值机可靠度、进出站闸机可靠度、乘车信息系统可靠度、广播可靠度、通风空调可靠度、无障碍设施可靠度及屏蔽门可靠度8个方面给出设备设施完好率分析。

6.1 列车运营指标分析

地铁运营系统是由车站、乘客、车辆、轨道、运营设备等因素相互交织在一起的系统，地铁运营就是通过地铁列车运行，为乘客提供适时空间位移服务的过程。

6.1.1 正常运营状态评价指标

正常运营状态评价指标包含基础指标、客流指标与乘客出行特征三方面内容。

1. 基础指标

（1）运营线路数

运营列车设置的固定运营线路总条数，包括已对社会开通载客运营、独立命名的线路数量和试运营阶段的线路。

（2）运营长度

线路运营长度和路网运营长度。线路运营长度指运营线路按始发站站中心至终点站站中心，沿正线线中心测得的长度。计算公式如下：

$$\text{线路运营长度} = 1/2\text{（上行起点至终点里程} + \text{下行起点至终点里程）} \tag{6-1}$$

例如：首都机场线运营长度为东直门站中心至 T2 航站中心（东直门→三元桥→T3 航站→T2 航站）沿正线线中心测得的长度。

路网运营长度指路网各线路运营长度之和，计算公式如下。

$$\text{路网运营长度} = \sum \text{线路运营长度} \tag{6-2}$$

（3）运营车站数

包括线路车站数、换乘车站数、路网车站数。

① 线路车站数：运营线路上供乘客乘降列车、办理运营业务的车站个数。

② 换乘车站数：轨道交通线路间具备从一条线路转乘到另一条线路功能的车站个数，其中两线或两线以上换乘车站只计作一座换乘站。

③ 路网车站数：路网中各条运营线路的车站总数，若两条或者更多条线路的换乘车站，则计为两座或更多座，共线运营车站只计一座。

（4）平均站距

包括线路平均站间距、路网平均站间距（单位：km）。

站间距表示同一线路两个相邻车站站中心间的距离。线路平均站距表示线路上两个相邻车站站中心间的距离的平均值。计算方法为：

$$\text{线路平均站间距} = \frac{\sum \text{站间距}}{\text{站间个数}} \tag{6-3}$$

路网平均站间距：路网中全部运营线路站间距的平均值。计算方法为：

$$路网平均站间距 = \frac{\sum 站间距}{\sum 站间个数} \tag{6-4}$$

2. 客流指标

（1）进站量/进线量

① 车站进站量：统计期内在轨道交通车站上车乘坐轨道交通的乘客数量。

② 线路进线量：统计期内在运营线路所属车站上车乘坐轨道交通的乘客总量。计算方法为：

$$线路进线量 = 本线进出人次 + 本线进其他线出人次 \tag{6-5}$$

式中：本线进出人次指进站与出站均属于本线路的乘客在统计期内的值；本线进其他线出人次指进站属于本线路而出站不属于本线路的乘客在统计期内的值。北京市目前存在共用闸机车站，线路进线量不等于该线车站进站量之和。

③ 路网进站/进线量：统计期内，路网各运营线路车站上车乘坐轨道交通的乘客总量。计算方法为：

$$路网进站/进线量 = \sum 线路进线量/\sum 车站进站量 \tag{6-6}$$

（2）出站量/出线量

① 车站出站量：统计期内在轨道交通车站下车离开轨道交通的乘客数量。

② 线路出线量：统计期内在运营线路所属车站下车离开轨道交通的乘客总量。计算方法为：

$$线路出线量 = 本线进出人次 + 其他线进本线出人次 \tag{6-7}$$

式中：本线进出人次指进站与出站均属于本线路的乘客在统计期内的值；其他线进本线出人次指进站不属于本线路而出站属于本线路的乘客在统计期内的值。北京市目前存在共用闸机车站，线路出线量不等于该线车站出站量之和。

③ 路网出站/出线量：统计期内路网各运营线路车站下车离开轨道交通的乘客总量。计算方法为：

$$路网出站/出线量 = 路网进站量/进线量 = \sum 线路出线量/\sum 车站出站量 \tag{6-8}$$

（3）换乘量（单位：人次）

① 换乘站换乘量：统计期内换乘站线路间各方向换乘乘客的总量。计算方法为：

$$换乘站换乘量 = \sum 线路间各方向换乘乘客人次 \tag{6-9}$$

② 线路换乘量：统计期内换入该线的乘客数量。计算方法为：

$$线路换乘量 = 其他线进本线出人次 + 途经本线人次 \tag{6-10}$$

式中：途经本线人次指进站与出站均不属于本线路，但按照乘客出行路径会经过本线路的乘客在统计期内的值。

③ 路网换乘量：统计期内进入轨道交通路网的乘客在换乘站由一条线路换乘到另一条线路的总量。计算方法为：

$$路网换乘量 = \sum 线路换乘量 = \sum 换乘站换乘量 \tag{6-11}$$

（4）客运量

① 线路客运量：统计期内线路运送的乘客数量。计算方法为：

$$线路客运量=线路进线量+线路换乘量 \tag{6-12}$$

② 路网客运量：统计期内路网中各条运营线路运送乘客总量。计算方法为：

$$路网客运量=\sum 线路客运量 \tag{6-13}$$

（5）断面客流量

断面客流量：单位时间内单向通过运营线路某一断面的乘客数量。

高峰 h 最大断面客流量：在以 h 为单位计算断面客流量的情况下，运营线路一日内分时最大断面客流量的峰值。

（6）线路断面满载率

线路断面满载率是单位时间内，通常是早高峰 h，通过最大客流断面的车辆载客能力被利用的百分数。它的计算公式如下：

$$\beta=\left(\frac{p_{\max}}{c_{\max}}\right)\times 100\% \tag{6-14}$$

式中：β—— 线路断面满载率；

$p_{\max}$——单向最大断面客流量，人；

$c_{\max}$——高峰小时线路输送能力，人。

考虑线路断面满载率这个指标主要是为了在高峰小时，通过车辆在部分区间超载来提高列车利用率和运营的经济性。当然，满载率也是衡量乘客舒适程度的一个指标。

（7）客运周转量（单位：人 · km）

① 线路客运周转量：统计期内运营线路乘客乘坐里程的总和。计算方法为：

$$线路客运周转量=\sum 线路乘客乘坐里程 \tag{6-15}$$

② 路网客运周转量：统计期内路网内乘客乘坐里程的总和。计算方法为：

$$路网客运周转量=\sum 路网乘客乘坐里程 \tag{6-16}$$

3. 乘客出行特征

① 线路平均运距：统计期内某一线路上乘客一次乘车的平均距离（单位：km）。计算方法为：

$$线路平均运距=\frac{线路客运周转量}{线路客运量} \tag{6-17}$$

② 路网平均运距：统计期内平均路网中乘客平均一次出行全程的总乘车距离（单位：km）。计算方法为：

$$路网平均运距=\frac{路网客运周转量}{路网进线量} \tag{6-18}$$

③ 路网换乘系数：统计期内乘客在路网内完成一次出行需乘坐的平均线路条数。计算方法为：

$$路网换乘系数=\frac{路网客运量}{路网进线量} \tag{6-19}$$

④ 换乘距离：统计期末换乘车站从一条线路转乘到另一条线路的距离（单位：m）。计算方法为：

换乘距离 = 换出线路站台首部、中部和末部分别至换入线路站台的平均距离

⑤ 换乘时间：统计期末，换乘车站从一条线路转乘到另一条线路的时间（单位：min）。计算方法为：

$$换乘时间 = 换出线路站台首部、中部和末部分别至换入线路站台的平均走行时间 + 候车时间 \quad (6-20)$$

⑥ 一票通/一卡通使用比例：统计期内轨道交通使用一票通/一卡通进站量占总进站量的比例。计算方法：

$$一票通/一卡通使用比例 = \frac{一票通/一卡通进站量}{总进站量} \quad (6-21)$$

一票通的票种包括但不限于单程票、福利票、出站票、定值纪念票、一日票等。一卡通的票种包括但不限于储值卡、员工卡等。

6.1.2　非正常运营状态评价指标

非正常运营状态评价指标包括行车无事故天数、行车事故次数、行车责任事故次数、行车责任事故次数、行车责任事故频率、行车责任事故伤亡人数。以下做具体说明。

① 行车无事故天数：统计期内，车站或运行线上，连续安全行车的天数。

② 行车责任事故次数：统计期内，列车在运行过程中意外发生的财产损失、人员伤亡的事故次数。根据《地铁运营安全评价标准》（GB/T 50438—2007），运营事故分为特别重大、重大、大、险性、一般等 5 类。

③ 行车责任事故次数：统计期内由于运营企业组织管理和处置不当，造成乘客伤亡、车辆和设备损坏、中断的次数。

④ 行车责任事故频率：统计期内列车每发生一次行车责任事故平均行驶的万车公里数。计算方法为：

$$行车责任事故频率 = \frac{列车运营公里}{\sum 行车责任事故次数} \times 10^{-4} \quad (6-22)$$

⑤ 行车责任事故伤亡人数：统计期内行车责任事故造成受伤和死亡的人数。其中，行车事故受伤人数包括重伤和轻伤的总人数，死亡人数包括当场死亡和由于受伤后伤情发展而死亡的人数。但伤、亡两项人数不得重复计算。

6.2　安全服务指标分析

安全评价是保障地铁系统安全的重要手段，地铁运营安全是以地铁运营过程中存在的安全影响因素和事故危险因素为出发点，结合地铁运营系统自身的特点，从人员、设备、环境

和管理四个方面综合考察地铁的运营安全状况，达到提前发现安全隐患、及时进行改善、保证地铁安全稳定持续运营的目的。

6.2.1 轨道交通运营管理安全指标

轨道交通运营管理指标应从安全生产制度、安全生产指标、运营安全管理、安全教育与宣传、事故与救援几个方面进行分析。

1. 安全生产制度

建立以安全生产责任制为核心的安全管理规章制度是安全生产管理的依据和前提，安全生产责任系统的建立体现了全面安全管理的思想。按照管理层次和分工不同，把安全责任落实到个人和具体工作岗位，纵向从最高管理者到每个作业人员，横向包括各个部门的每个岗位，使其明白自身的安全责任。评价内容如表 6–1 所示。

表 6–1 安全生产制度评价指标及评价内容

一级指标	二级指标	评价内容
安全生产制度	安全生产管理机构	设置了健全的安全生产管理机构，配备足够数量的专职安全生产管理人员
	安全生产责任制	建立了全面的安全生产责任制，内容齐全，责任明确，落实到人
	安全培训教育	建立了完善的安全教育培训制度。对企业所有人员实施年度安全教育培训；经常组织干部、员工开展安全生产法律法规宣传、学习；特种作业人员持证上岗，并按要求进行审核，台账齐全
	安全检查	建立完善的安全检查制度，定期开展安全检查，对企业重大隐患和危险源全面监控，并对发现的隐患及时处理
	保险与保护	劳动合同中安全条款符合国家有关规定，全额缴纳职工工伤社会保险，职工劳动防护用品的配备符合国家的有关规定，有毒有害作业点防护措施到位

2. 安全生产指标

建立完善的安全生产指标体系，可以进一步强化地铁公司各级部门的安全生产责任制，把各级安全生产责任落到实处。建设部《城市轨道交通安全生产工作督查要点表》将安全生产指标分为伤亡事故控制指标和生产运营事故控制指标两大类。评价内容如表 6–2 所示。

表 6–2 安全生产指标体系指标及评价内容

一级指标	二级指标	评价内容
安全生产指标	伤亡事故控制指标	根据本单位实际情况制定责任伤亡事故年控制指标，指标应严于市政府和上级管理部门的要求
	生产运营事故控制指标	根据本单位实际情况制定生产运营事故年控制指标，指标应严于市政府和上级管理部门的要求

3. 运营安全管理

地铁由于埋设于地下，环境相对封闭，内部空间狭窄，通向地面的出口又不多，加之客流量大，人员往往高度密集，一旦出现突发性灾害事故，救援和人员疏散逃生都会受到很大限制，如果局面控制不好，有时可能会造成比较严重的后果。因此，地铁安全管理工作是地铁公司整体工作的重中之重，是保障地铁安全运营的关键，必须引起高度的重视。评价指标如表 6–3 所示。

表 6–3　运营安全管理指标及评价内容

一级指标	二级指标	评价内容
运营安全管理	危险源识别与控制	企业危险源识别、评价工作认真到位，对危险源控制进行有效规划和建档，对重大危险源制定完善的应急预案
	专业管理（车站管理）	制定完善的管理办法并实施（站务、乘务、控制中心、各类设备系统）；检查记录各项专业管理工作情况；现场安全设施符合国家有关安全标准
	落实消防规范	车站、车间、仓库等建筑物耐火等级、防火分区等符合消防技术规范要求。车站、车间、仓库、物管区等建筑物消防设施按消防规范要求设置。安全出口、疏散通道、应急照明装置、疏散指示标志等完全符合消防安全要求
	消防管理	制定完善的消防安全责任制、消防安全管理制度，重点场所、设备设防火检查制度，消防安全管理档案齐全。发现消防隐患及时整改，消防设施、安全防护装置设专人负责管理，定期检查。用火、用电、用气符合消防安全管理规定
	危险品管理	危险品是指具有易燃、易爆、有毒、腐蚀、放射性等特性，会对生命、设施、环境等造成伤害或损毁的化学品。不同危险品的危险程度不同，对于不同类型、不同危险程度的危险品应采取相应的管理措施

4. 安全教育与宣传

安全教育与宣传包括公众安全教育与地铁标志和标识。

（1）公众安全教育

加强对公众的安全教育，有利于减少不安全行为和事故的发生。地铁安全宣传是指通过网络、媒体、宣传册等手段对地铁工作人员和乘客普及安全知识的行为，安全宣传是普及安全知识和加强安全意识的必要手段。

地铁公司应该充分利用网站、车站的乘客信息系统，通过图像、文字、声音等方式，采取多种形式向公众宣传安全知识。使“地铁安全，人人有责”的观念深入人心。

（2）地铁标志和标识

地铁安全标志是用以表达特定安全信息的标志，由图形符号、安全色、几何形状或文字构成，主要包括疏散指示标志、疏散导流标志、障碍警示标志。在发生危险情况时，乘客可根据安全标志的指引顺利到达安全地点，安全标志的合理设置是地铁应急系统的重要组成部分。

5. 事故与救援

事故与救援包括事故报告处理与抢救救援队伍、装备和抢险演练两个方面内容。

(1) 事故报告处理

地铁事故的分析和处理是一项复杂的、经验性很强的技术工作，它包括受伤人员抢救和死难人员善后处理、抢修和重建、勘测和分析、责任划分及事故报告等内容。地铁发生事故的原因很多，要求快速、有效、准确地识别故障原因并采取有效措施及时恢复地铁正常运行。前车之鉴，后事之师。通过对地铁事故的分析可以及时发现地铁运营中存在的问题，暴露潜在的安全隐患，有利于对症下药，实行相应的改进措施，并对相关人员进行教育，避免事故的再次发生。

(2) 抢救救援队伍、装备和抢险演练

从应急预案的制定，抢险救援队伍方面来考虑。

① 事故和灾害是难以根本杜绝的，必须高度重视应急预案的制订与演练。“预防为主”是地铁安全运营的原则。凡事预则立，不预则废。不同的事故，其应急处理方法不同。只有事先针对不同的突发事件，制定专项的应急预案；针对复杂的突发情况，制定综合的应急预案，并对这些预案进行演练，增强突发事件的应急处理能力，才能把事故与灾害所造成的人员伤亡和财产损失降到最低程度。增强全员安全生产意识，逐步提高各有关专业和工种的应变能力、协同配合能力和对事故的综合救援能力，对于保障地铁运营安全是十分重要的。

② 应急抢险救援队伍的职责是在总指挥的指挥下负责具体救援抢修工作，根据事先拟定好的抢救救援方案，在做好个人防护的基础上，以最快的速度及时救援，排除、消灭突发事故。一支高素质的抢险救援队伍是保证各项应急预案得以顺利、正确执行的关键，也是发生紧急情况时尽快恢复地铁正常运营的生力军，是整个地铁应急系统中的重要部分。

6.2.2 轨道交通运营设备安全指标

设备是保障运营安全的最基本的部分。对于新建地铁，购买的设备都比较先进。设计与配置处于领先水平的设备，运营管理中，暂时不对设备的设计安全性能的问题给出安全指标，本节主要是从管理的角度对设备进行安全评价，从设备的管理制度、维修与防护、故障次数三个方面来进行评价。设备因素包括地铁车辆、线路及轨道系统、信号系统、通信系统、供电系统、扶梯及电梯系统、环控系统、给排水及消防系统、综合监控系统、屏蔽门系统和自动售检票系统。每个系统可以从设备管理制度、维修与防护、故障次数几个方面来评价。评价指标如表 6-4 所示。

表 6-4　设备安全评价指标及内容

一级指标	二级指标	评价内容
运营设备	地铁车辆	设备管理制度、维修与防护、故障次数
	线路及轨道系统	设备管理制度、维修与防护、列车故障下限频率
	信号系统	设备管理制度、维修与防护、故障次数
	通信系统	设备管理制度、维修与防护、故障次数
	供电系统	设备管理制度、维修与防护、故障次数
	扶梯及电梯系统	设备管理制度、维修与防护、故障次数
	环控系统	设备管理制度、维修与防护、故障次数
	给排水及消防系统	设备管理制度、维修与防护、故障次数
	综合监控系统	设备管理制度、维修与防护、故障次数
	屏蔽门系统	设备管理制度、维修与防护、故障次数
	自动售检票系统	设备管理制度、维修与防护、故障次数

6. 2. 3　轨道交通运营环境安全指标

同设备和管理一样，环境也是影响地铁运营安全的四大因素之一。地铁运营安全的环境条件分为内部环境和外部环境，内部环境可以依靠先进的设备和管理得以优化，可控性较大。但是，由于地铁在空间上分布很广，系统构成复杂，既有深埋地下的地下结构，又有裸露在外面的高架桥结构，容易遭受地震、台风、雷电等外部自然灾害的影响，此类影响不具有可控性，只能采取积极预防的策略。评价指标如表 6-5 所示。

表 6-5　环境安全指标及内容

一级指标	二级指标	评价内容
环境	内部环境	地铁生产设施所构成的人工环境及周围空间整洁、卫生、通风好
	外部环境	对地铁所在地的气象条件及特点进行分析
		针对水灾、风灾、雷电及地震等危害所采取的安全对策措施
		水灾、风灾、雷电及地震等安全防护设备设施完整及有效性

6. 2. 4　轨道交通人员安全服务指标

据统计，交通系统中人的失误概率占 90%，机电设备事故中人的失误概率占 70%，交通作为城市生命线系统中人的失误概率占 80%。可见，人是激发事故的主要因素。依据北京地铁的资料，在地铁系统中发生的事故 70% 以上是人的失误造成的。因此，对人员的安全评价是很有必要的。因为安全评估的对象是地铁运营企业，所以此处人员因素只是考虑地铁的员工，不考虑乘客。人员因素主要从人员构成、人员培训和人员考核三个方面来评价。评价内容如表 6-6 所示。

表 6-6　安全服务指标及内容

一级指标	二级指标	评价内容
人员因素	人员构成	员工整体素质和构成，委外、临聘人员的整体素质，安全防范意识
	人员培训	员工安全培训、特种作业人员安全培训，提高安全处理能力
	人员考核	员工考核制度的完善程度、员工考核制度的落实情况、员工持证上岗合格率

6.3 乘客服务指标分析

6.3.1 轨道交通行车指标

轨道交通行车指标包括运力指标、运行图兑现率、列车正点率、全日车辆走行公里、全日平均满载率，高峰小时满载率与运用车辆数。

1. 运力指标

轨道列车运力供给水平指标包含有：运营时间、高峰发车间隔和平峰发车间隔。列车运营时间越长，发车越频繁，运力供给就越充足，就越能方便乘客出行。

2. 运行图兑现率

列车运行图（时刻表）执行过程中，实际开行列数与线路计划开行列数之比为运行图兑现率。计算方法：

$$\text{运行图（时刻表）兑现率}=\frac{\text{实际开行列数}}{\text{计划开行列数}}\times 100\% \tag{6-23}$$

3. 列车正点率（包括列车的晚点列数和列车正点率）

晚点列数：统计期内列车运行图（时刻表）在执行过程中，列车在始发站出发或到达终点站的时刻与列车运行图（时刻表）计划时刻相比大于等于2min时均统计为晚点。分为始发晚点和到达晚点（单位：列）。

列车始发晚点，但其全程运行时间未超过列车运行图（时刻表）规定的全程运行时分，不统计为到达晚点。对于中途退出的列车，按其退出运营的车站作为到达站统计晚点。同性质列车中途变更列车车次，到达晚点按初次变更前的列车车次统计。

正点率：统计期内实际开行列车正点次数与实际开行列数之比。公式如下：

$$\text{正点率}=\frac{\text{实际开行列数}\times 2-\text{始发到达晚点列数之和}}{\text{实际开行列数}\times 2}\times 100\% \tag{6-24}$$

正点率分为列车始发正点率和列车到达正点率，其计算公式如下：

$$\text{列车始发正点率}=\frac{\text{实际开行列数}-\text{始发晚点列数}}{\text{实际开行列数}}\times 100\% \tag{6-25}$$

$$\text{列车到达正点率}=\frac{\text{实际开行列数}-\text{到达晚点列数}}{\text{实际开行列数}}\times 100\% \tag{6-26}$$

4. 全日车辆走行公里

全日车辆走行公里就是所有运营车辆一日内在运行线路上走行的总公里数。在完成运输任务的前提下，总的走行公里越长，所需的运营成本就越大。计算公式如下：

$$L_{走行}=2bl_{运营}\cdot n_{全日} \tag{6-27}$$

式中：b——列车编组辆数，辆/列；

$l_{运营}$——运营长度，km；

$n_{全日}$——全日开行对数，对。

5. 全日平均满载率

全日平均满载率反映系统车辆运能的平均利用水平，也反映了方案与客流时间和空间分布特征的吻合程度，同时也是运营效益的体现。平均满载率大，表明方案与客流时空特征的吻合度高，车辆运能利用水平高，能力损失少，运营效益高。计算公式如下：

$$\beta_{平均}=l_{平均}p_{日}/2mn_{全日}l_{运营} \tag{6-28}$$

式中：$l_{平均}$——平均运距，km；

$p_{日}$——日客运量，人；

m——列车定员，人；

$n_{全日}$——全日开行对数，对；

$l_{运营}$——运营长度，km。

6. 高峰小时满载率

高峰小时满载率反映系统设计最大输送能力对高峰小时客流的适应性，也反映了乘车的舒适度。计算公式如下：

$$\beta_{高}=l_{平均}^{高}p_{高}/2mn_{高峰}l_{运营} \tag{6-29}$$

其中：$l_{平均}^{高}$——高峰小时平均运距，km；

$p_{高}$——高峰小时客运量，人；

m——列车定员，人；

$n_{高峰}$——高峰小时开行列车对数，对；

$l_{运营}$——运营长度，km。

7. 运用车辆数

运用车辆数反映运营方案的经济性。运用车辆数越少，投资成本和运营成本越少。计算公式如下：

$$N=\frac{n_{高峰}\theta_{列}m}{60} \tag{6-30}$$

其中：N——运用车辆数，辆；

$n_{高峰}$——高峰小时开行的列车对数，列；

$\theta_{列}$——列车周转时间，min；

m——平均每列车编组辆数，辆/列。

考虑到地铁车辆有时是以动车组形式编组，此时运用车辆数公式计算如下：

$$N=\frac{n_{高峰}\theta_{列}l}{60} \tag{6-31}$$

其中：l——每列车内动车组组数（组/列），其他同前。

上述两式中，列车周转时间是指 $\theta_{列}$ 列车在线路上往返一次所消耗的全部时间。它包括列车在区间运行时间、列车在中间站停留时间以及列车在折返站作业停留时间，即

$$\theta_{列} = \sum t_{运} + \sum t_{站} + \sum t_{折} \tag{6-32}$$

式中：$\theta_{列}$——列车周转时间，分钟；

$\sum t_{运}$——列车在线路上往返一次各区间运行时间之和，min；

$\sum t_{站}$——列车在线路上往返一次各中间站停留时间之和，min；

$\sum t_{折}$——列车在折返站停留时间之和，min。

6.3.2 轨道交通布局设施指标

轨道交通布局设施指标包括三方面的内容：卫生环境，通风环境，客流秩序。

1. 卫生环境

清洁明亮、舒适卫生的乘车环境是每位乘客所期望的。在进行实地调查时，应重点考察车站及车厢的卫生保洁工作；有效地控制地铁站口乱派发、张贴广告传单现象；地铁进出口、站厅、通道、候车站台是否清洁明亮；乘客接触较多的服务设施设备是否很好地保持着整洁状态等方面。地铁运营公司除了制订相应的考核制度，对保洁工作进行定期的评估和考评，定时巡视地铁站的卫生情况，确保保洁公司按质按量完成保洁工作，给乘客提供一个舒适称心的乘车环境之外，还应该要求保洁公司加强对保洁人员的专业培训。提高保洁人员的文化素养，能协助解决乘客问路等普通咨询工作。

2. 通风环境

地铁里的空气质量对乘客健康影响较大。由于地铁相对封闭，如果通风不流畅，则站内空气很容易污浊。环控系统是对车站站厅、站台、隧道、设备及管理用房等处所的环境进行空气处理的系统，主要调节指定区域内的空气温度、湿度，控制二氧化碳、粉尘等有害物质的浓度，以满足人体健康及相关设备正常运行的要求。

一个运转正常的地铁环控系统，应该较少地出现故障，即使发生故障，环控监控系统也能够随时进行监控及时发现。地铁站通风及温度的设置符合《地铁设计规范》（GB 50157—2003）中有关对地铁通风及环境控制的要求。夏季站厅温度维持在29℃，站台维持在27℃，为乘客提供了健康、舒适的乘候车环境。此外，环控系统具备在特殊情况下给乘客提供能接受的生存环境，如发生火灾事故时它能够有效排烟，给乘客和消防人员输送足够的新鲜空气。

3. 客流秩序

提供安全、有序的乘候车环境是地铁运营服务的重要内容，客流是否有序是衡量地铁运营服务的重要指标。科学合理的城市地铁客流组织，能够简化行人流动线，避免客流交叉对流、集聚拥挤的现象，使乘客有序而且比较快速地完成地铁出行的各个步骤。

在处理大客流方面，地铁公司应该制定出大客流运营组织办法等指导性文件，按照“客流预测与协调—行车组织计划—客运设施准备—人员调度配置—强化客流组织—票务组织计划—服务信息发布—客流三级限制”这样一个处理大客流的有效程序与方法，顺利地

完成大客流的疏导工作。

6.3.3　轨道交通运营监控与信息服务指标

城市的客运交通领域：城市铁路、公共汽车和出租车，有了专门用于传媒资讯的移动电视；在地铁里可以较好地使用手机。这些景象说明了信息传播在城市交通中的作用越发凸显。然而，国内外现有的城市轨道交通领域信息技术的应用水平参差不齐。在许多方面还没有满足广大乘客的出行需求。还需要进一步强化运营安全保障和信息服务的意识。为此可进行技术研发的空间还很大。而运营安全保障和信息服务的评测标准是轨道交通运营监控与信息服务。轨道交通运营监控与信息服务指标包括广播系统，乘客资讯系统，导向系统三部分。以下将做详细介绍。

1. 广播系统

广播系统是大众化的运营管理工具，主要是对乘客播报列车到离站信息、紧急信息等语音信息，其用途和服务范围应包括：向乘客预报到站列车信息，对上下车乘客进行安全提示和导向；发生故障、灾害等紧急情况时，发出警报、指挥救援和疏导乘客等。地铁广播是乘客获取乘车相关信息的重要渠道之一，要求播放信息及时、规范、适量、令乘客感到舒适，以及故障率较低，发生故障也能够及时修复，这些是评价地铁广播系统服务质量的重要依据。

2. 乘客资讯系统

乘客资讯系统包括信息发布和信息查询两种模式。信息发布系统以播放列车运行信息、广告、其他交通工具运行信息为主，在紧急状态下可中断其他信息的播出，实时地发布各种提示和疏散通告。信息查询是通过触摸屏查询系统，乘客可以自行查询气象信息，实时列车运行信息、换乘信息、车站周边情况、广告、新闻、政府公告等资讯。评价乘客资讯系统时，主要考察系统设备设置合理、运行可靠、传递信息的清晰程度和丰富程度等方面。一个整体运转良好的地铁资讯系统，应该资讯设备设置位置醒目；运行故障率低，即使发生故障，也能得到及时的维修；显示的信息简洁明了、信息量丰富，乘客能够清晰理解其信息含义，方便获取所需信息。

3. 导向系统

地铁导向标志系统是体现地铁服务水平的重要标志之一，高水平的导向标志系统既有利于实现地铁车站的现代化管理和“无人化”管理，也有利于提高地铁的服务水平和运营效率。

科学、合理、规范地设计与设置导向标志，力争导向标志清晰简洁、设计醒目美观，为地铁乘客的进站、购票、入闸、候车、乘车（包括中间换乘）、下车、出闸、出站这乘车“八步曲”进行方向指引与行为引导，使地铁乘客顺利完成乘车出行，保证客流快速、有序、安全的移动，减少客流在地铁车站内部的交叉，促进车站及周围地面交通的有序化。此外，在发生意外灾害或事故时也可便于引导乘客安全、快速疏散。

6.3.4　轨道交通乘客方便性指标

乘客方便性是从使用者的角度来评判城市轨道交通的运营服务水平。与乘客方便性相关的评价指标主要有：旅行速度、候车时间、换乘时间。

1. 旅行速度

旅行速度 $v_{旅}$ 反映乘客乘车时间的长短，旅行速度越大，乘车时间越短，计算公式如下：

$$v_{旅} = \sum l_{单} / \sum t_{单} \tag{6-33}$$

其中：$l_{单}$——列车单程运行距离，km；

$t_{单}$——列车单程运行时间，h。

2. 候车时间

候车时间 $t_{候}$ 为乘客在站台等候上车的时间。它与当前时段列车开行间隔时间成正比。该指标用全日列车平均开行间隔时间表示。计算公式如下：

$$t_{候} = \sum t_{分时} / a \tag{6-34}$$

其中：$t_{分时}$——各运行时间段列车平均间隔时间，min；

a——运行时间段数，个。

3. 换乘时间

换乘时间 $t_{换}$ 为乘客所占用换乘设施的服务时间，与换乘组织有关。换乘时间包括换乘步行时间 $t_{步}$（min），排队等待时间 $t_{排}$（min）及换乘候车时间 $t_{候}$（min）。计算公式如下：

$$t_{换} = t_{步} + t_{排} + t_{候} \tag{6-35}$$

6.4 设备设施指标分析

6.4.1 设备设施可靠性指标

设备设施可靠性包括电梯可靠度、售票充值机可靠度、进出站闸机可靠度、乘车信息系统可靠度、广播可靠度、通风空调可靠度、无障碍设施可靠度及屏蔽门可靠度 8 个方面。

1. 电梯可靠度

统计期内线路垂直电梯和自动扶梯设备实际服务时间与计划服务时间比值。计算方法：

$$电梯可靠度 = \frac{电梯计划服务时间 - 故障停用时间}{电梯计划服务时间} \tag{6-36}$$

2. 售票充值机可靠度

统计期内线路售票机和充值机设备实际服务时间与计划服务时间的比值。计算方法：

$$售票充值机可靠度 = \frac{售票充值机计划服务时间 - 故障停用时间}{售票充值机计划服务时间} \times 100\% \tag{6-37}$$

对于售票充值一体机，若售票或者充值中一项功能故障时，视为未实际服务时间。

3. 进出站闸机可靠度

统计期内线路进出站闸机设备实际服务时间与计划服务时间的比值。计算方法：

$$进出站闸机可靠度=\frac{进出站闸机计划服务时间-故障停用时间}{进出站闸机计划服务时间}\times 100\% \quad (6-38)$$

4. 乘客信息系统可靠度

统计期内线路车站和列车乘客信息显示设备实际并正确服务时间与计划服务时间的比值。计算方法：

$$乘客信息系统可靠度=\frac{乘客信息显示设备计划服务时间-故障停用时间-显示错误时间}{乘客信息显示设备计划服务时间}\times 100\% \quad (6-39)$$

5. 广播可靠度

统计期内线路车站和列车广播设备实际服务时间与计划服务时间的比值。计算方法：

$$广播可靠度=\frac{广播设备计划服务时间-故障停用时间}{广播设备计划服务时间}\times 100\% \quad (6-40)$$

6. 通风空调可靠度

统计期内线路车站和列车通风空调设备实际服务时间与计划服务时间的比值。计算方法：

$$通风空调可靠度=\frac{通风空调设备计划服务时间-故障停用时间}{通风空调设备计划服务时间} \quad (6-41)$$

7. 无障碍设施可靠度

统计期内线路无障碍设施实际服务时间与计划服务时间的比值。计算方法：

$$无障碍设施可靠度=\frac{无障碍设施计划服务时间-故障停用时间}{无障碍设施计划服务时间}\times 100\% \quad (6-42)$$

8. 屏蔽门可靠度

统计期内线路各车站屏蔽门正常开关次数与屏蔽门开关总次数的比值。计算方法：

$$屏蔽门可靠度=\frac{屏蔽门实际开关总次数-故障停用次数}{屏蔽门开关总次数}\times 100\% \quad (6-43)$$

6.4.2 设备设施完好率指标

1. 照明完好率

统计期末线路车站和列车照明设备实际服务数量占总数量的比例。计算方法：

$$照明完好率=\frac{照明设备总数量-故障数量-缺损数量}{照明设备总数量}\times 100\% \quad (6-44)$$

2. 客运标志完好率

统计期末线路车站和列车客运标志实际并正确服务数量占总数量的比例。计算方法：

$$客运标志完好率 = \frac{客运标志总数量 - 缺损数量 - 错误数量}{客运标志总数量} \times 100\% \tag{6-45}$$

3. 乘客坐椅完好率

统计期末线路车站和列车乘客坐椅实际服务数量占总数量的比例。计算方法：

$$乘客坐椅完好率 = \frac{乘客坐椅总数量 - 缺损数量}{乘客坐椅总数量} \times 100\% \tag{6-46}$$

4. 列车扶手、拉环完好率

统计期末线路列车扶手、拉环实际服务数量占总数量的比例。计算方法：

$$列车扶手、拉环完好率 = \frac{列车扶手、拉环总数量 - 缺损数量}{列车扶手、拉环总数量} \times 100\% \tag{6-47}$$

5. 紧急报警装置完好率

统计期末线路车站和列车紧急报警装置实际服务数量占总数量的比例。计算方法：

$$紧急报警装置完好率 = \frac{紧急报警装置总数量 - 故障数量}{紧急报警装置总数量} \times 100\% \tag{6-48}$$

6. 自动扶梯停用率

报告期内自动扶梯停止使用时间与营业时间总和之比。计算方法：

$$自动扶梯停用率 = (报告期自动扶梯停止使用时间/报告期营业时间总和) \times 100\% \tag{6-49}$$

7. 人均服务量

报告期内平均每位客运作业人员服务的乘客数，计量单位为千人次。计算方法：

$$人均服务量 = 报告期车站客运量/报告期车站客运作业人员数 \tag{6-50}$$

本章练习题

1. 轨道线路进线量是否等于该线路车站进站量？为什么？
2. 轨道交通安全运营主要考核的内容和指标是什么？
3. 车站和线路运营监控、信息管理的主要功能是什么？
4. 乘客服务的设备可靠度是什么？
5. 列车统计正点率如何计算？正点率说明什么？

7 第7章 轨道交通运营主要技术指标分析

本章概述

本章重点介绍轨道交通运营能耗指标、轨道交通运营财务指标以及轨道交通客运量指标。同时为轨道运输服务产生的能耗、节能降耗的量化处理提供参考。

本章学习重点

了解轨道交通运营经济效益评价的主要内容，不仅要考虑经济效益的一般要求，还要考虑各企业、各部门、各方案的具体情况，确定轨道交通运营的主要考核内容和计算指标。通过理解轨道交通运营成本构成、轨道交通运营经济指标、轨道交通客运量和换乘指标的计算方法，掌握轨道交通运营主要特点和运营效益分析等内容。

7.1 轨道交通运营能耗指标

随着城市社会经济的发展，人们的生活水平不断提高，从而对大容量快速公共交通出行条件要求也越来越高。对轨道交通的服务要求更是全方位的高品质服务，主要包括：舒适的乘车环境、便捷的服务设施和较高的行车密度、较快的旅行速度，追求人性化。伴随轨道交通规模的扩大和网络化完善，其客运量的剧增，轨道交通能源消耗总量也在不断增加，有必要建立一套完善的能耗指标分析评价体系，对轨道交通实施节能降耗。

7.1.1 轨道交通能耗特点

轨道交通能耗特点与敷设方式、工程建设标准、系统模式与制式、各专业系统设计及设备配置的合理化程度有关，轨道交通能耗由牵引和动力照明两部分构成，地下线和高架线牵引能耗分别占总能耗的50%～60%和60%～70%，其中主系统能耗为30%～40%，辅助系统能耗为30%～40%；地下线和高架线动力照明系统能耗占总能耗的40%～50%和30%～40%，主要为车站通风空调系统、照明系统、自动扶梯等设备系统能耗。城市轨道交通能耗有以下几个特点。

① 技术政策影响。车辆及系统设备选用、进口节能技术装备采用等须满足国产化政策要求，节能技术措施的实施受到一定的约束。

② 轨道系统结构影响。涉及总体和各专业系统，线路总体布局决定了城市轨道交通系统对能源资源需求量。

③ 运行模式和运营管理影响。与运行模式与运营管理有关，运行模式及操作方式的合理性、运营管理的科学性与精细化、检修维护社会化程度，均会影响城市轨道交通系统的节能效果。

④ 轨道布局网络影响。网络统筹综合、资源配置集约化程度、维护体系总体布局的合理性，也是影响城市轨道交通能耗的重要因素。

7.1.2 轨道交通能耗影响因素分析

轨道交通能耗评价指标体系中需考虑的要素，可概括划分如下。

(1) 时间要素

施工期、调试期、初期、近期、远期。轨道交通施工过程中，通常有部分线路在完成阶段建设目标后即开始运营，运营长度对轨道交通网络总能耗将产生直接的影响。

（2）区域要素

市区、郊区。市区人员流动性大，市区轨道交通的载客量明显高于郊区，载客量的多少对于电梯、空调等设施的能耗会产生影响。

（3）车站要素

高架站、地面站、地下站。不同的线路，站内耗电会有较大差距，特别在使用空调的季节，地下站和地面站的能耗明显高于高架站。

（4）线路节能坡采用比例

高、中、低。根据深圳地铁列车开行计划及不同节能坡方案的比较，可以看出不同线路纵断面方案对轨道交通系统长期的运营能耗会带来很大影响。

（5）车辆要素

A 型车、B 型车、C 型车等。不同的车型具有不同的牵引能耗，根据铁道部颁发的列车牵引计算规程研究不同车型的能耗计算方法，发现车型对轨道交通能耗的影响也不容忽视。

（6）设备要素

牵引供电系统、通风与空调系统、屏蔽门、照明、给排水、自动扶梯、弱电系统、车辆基地设备。不同型号的列车采用不同的节能型设施，不同类型的车站（地上、地下）根据运行的实际情况采用不同的节能措施，都可以达到节能的目的。

（7）季节要素

春、夏、秋、冬。季节因素对能耗的变化影响较大，随着夏季的到来，地铁总能耗有明显的上升。

7.1.3　轨道交通能耗指标

根据城市轨道交通能耗的特点，轨道交通能耗指标体系由网络级、线路级、站车级 3 级构成。

① 网络级能耗指标是衡量整个运营网络能耗的指标，一般按小时（h）或每日（d）进行计算，由综合能耗（kW · h/标准千车公里）、牵引能耗（kW · h/标准千车公里）和动力照明能耗（kW · h/标准站小时）3 个指标组成，用以对轨道交通网络运营节能效果进行评价，以及市政府或有关主管部门对轨道交通管理机构实施节能工作成效的评估。

② 线路级能耗指标是衡量各运营线路能耗的指标，由综合能耗（kW · h/千车公里或标准千车公里）、牵引能耗（kW · h/千车公里或标准千车公里）和动力照明能耗（kW · h/站小时或标准站小时）3 个指标组成，用以对各轨道交通线路运营节能效果进行评价，以及轨道交通管理机构对运营维护单位实施节能工作成效的评估。

③ 站车级能耗指标是衡量各车站和列车能耗的指标，由动力照明能耗（kW · h/站 · 小时或标准站小时）和牵引能耗（kW · h/千车公里或标准千车公里）2 个指标组成，用以对轨道交通每座车站和每列车辆节能效果进行评价，以及运营维护单位对车站班组和列车班组实施节能工作成效的评估。

按照轨道交通能耗指标特性的要求，选择以下能耗指标作为轨道交通能耗指标。

① 客流量能耗指标。年（月）“总耗电量/客流总量”，单位：度/人次。该指标反映了区域及季节影响因素，区域不同，季节不同，客流量变化明显，客流量的大小将间接影响总耗电量。

② 车辆周转量指标。年（月）“总耗电量/车辆运行总里程”，单位：度/车公里。该指标反映了时间、车辆类别及线路节能坡采用的因素，不同的运营期能耗表现明显不同。据研究，采用节能坡的线路对节省能耗有帮助，车型不同则能耗不同，该指标能体现不同车型能耗的比较。

③ 客运周转量指标。年（月）“总耗电量/客运周转总量”，单位：度/人公里。该指标考虑在人的因素的同时也考虑了运营里程，综合反映了季节、车型、节能坡、设备类别及区域的影响，体现力更强，集合度更高。

④ 车站动力能耗指标。年（月）“总耗电量/(站×天)”，单位：度/(站·天)。上述指标多集中于对线路及网络的影响描述，而该指标则将重点放在了车站，更多的反映站内各个设备的能耗。

⑤ 运输质量指标。年（月）“总耗电量/(车辆运行质量×里程总量)”，单位：度/吨公里。该指标强调与国家大铁路的参照性，并将人和车按质量标准统一起来，使牵引能耗指标随着人数的变化具有可调整空间。

⑥ 燃油消耗量。燃油消耗量是指报告期内运输生产车辆消耗的燃油数量。计算单位：L。在统计时应注意：实际消耗量不包括保养、修理和试车时的消耗；不包括非营运车临时抽调参加营运所消耗的燃料；汽油车和柴油车的燃料实际消耗量应分别进行考核，不能混合计算。

⑦ 百车公里燃油消耗量。百车公里燃油消耗量是指报告期内公路运输车辆每行驶百公里的平均燃油消耗数量，计算单位：升/百公里。

7.2 轨道交通运营财务指标

7.2.1 轨道交通运营成本指标

运营成本是一项综合性的质量指标，其实质是在创造社会财富时的劳动耗费，而社会财富，即产品的价值用 W 表示，即

$$W = C + Y + M \tag{7-1}$$

式中：C——物化劳动转移价值；

Y——活劳动的价值；

M——税金和利润。

可知，产品价值中的 $C+Y$ 为成本构成。

在轨道运输业中，运营成本的确定是十分重要的，它是确定运输生产耗费的尺度，是计算经营利润的基础，是进行经营决策的依据，是衡量企业经营管理水平，促进企业管理的手段。同时，它也是制定运输价格的重要依据。

1. 运营成本分析的基本原理

轨道运输的产品是货物或旅客的位移，它是在特定环境中为完成特定任务而产生的，它要受到社会、经济、自然环境的制约，这些正是运营成本产生并致力调节的基本关系。

在进行运营成本分析时，必须考虑以下几种关系：

① 与社会、经济、自然环境之间的关系；

② 与运输方式的特定形式的关系；

③ 与运输过程之间的关系；

④ 总成本与个别成本之间的关系；

⑤ 成本结构因素之间的关系。

运营成本分析从结构上可以划分为以下几个层次：

① 宏观成本与微观成本；

② 整体成本与个别（内部）成本；

③ 纵向成本与横向成本；

④ 单位成本对运营成本的影响程度。

运营成本作为一个经济范畴，是由许多项目构成的，作为一个系统，它应包括：物质消耗（材料、燃料、电力、折旧等）、活劳动消耗（工资）等支出、按经济用途确定的成本项目，以及运输过程中各环节的过程成本等。

2. 地铁运营成本分析目的

地铁运营成本是反映地铁运输生产的一项综合性经济指标，它既是生产经营管理的工具，同时又为政府决策提供参考和依据，具体来说，它有以下几方面作用。

① 运营成本是补偿运输生产耗费的基本尺度，它既反映了日常支出情况，同时也反映了地铁运营管理水平。在新线建设，既有线改造中，进行成本效益分析，以此评价地铁运营情况。

② 运营成本是反映和监督运输劳动耗费的重要工具。企业要获取较高的经济效益，必须监督和控制费用支出。实施成本控制，完善成本管理是实现考核企业经营管理目的最重要手段。

③ 运营成本帮助企业进行运营决策。对现有运营情况进行研究决策，诸如运行时间表变更，列车编组选择，设备修理周期的确定以及运输能力的充分合理利用，都可利用成本进行分析比较。

④ 运营成本是制定运价的重要依据。同时可以确定运价结构（不同类型票价）和运价水平。

⑤ 运营成本是政府提供财政补贴的根据。如当国家对地铁提供补贴时，也是决定补贴多少的重要依据。

运营成本的这些作用，决定于它在地铁运营管理中的重要地位。

3. 地铁运营成本构成

地铁运营成本主要由工资及相关费用、运营能耗、生产维修费、营运费、管理费用、主营业务税金及附加、市场营销费 7 项组成。按成本是否随行车里程的变化，将地铁运营成本分为固定成本和可变成本。固定成本包括工资及相关费用、运营能耗中动力及照明用电、管理费用、维修费、营运费中不随行车里程变动部分；可变成本包括牵引用电、车辆维修成本、车辆保洁费、司机人工费等随行车里程变动部分。相关内容如下。

（1）工资及社会福利基金

此项费用取决于职工总人数和人均工资水平。对于地铁运输部门来说，此项支出属于刚性支出，控制潜力较小。

（2）车辆维修费

按修程大小，车辆修理可分为架修、定修、月检和列检。由于是按运行时间规定修程，因此，该项费用的发生不十分均衡，主要是因为车辆投入使用时间不同，以及每批投入使用的车辆数不同。近年来，由于地铁运量的迅速增加，使得车辆平均载客人数大幅度上升，加速了车辆磨损，从而增加了车辆修理。修理量的增加和修理单价的上涨，决定了车辆修理费用的上升趋势。

（3）牵引电费

这是可变成本费用，随运量的变化成比例地变化。除运量上升所致外，电费的调整也是重要影响因素。

（4）设备维修费

主要包括线路、通信设备、信号设备、卫技、电力设备、站厅建筑物、机电设备、房屋建筑物等方面维修费用。由于各项设备技术状态不同，每年注入的修理费也不尽相同。对于一项设备来说，在一次大修（投入较多修理费用）后，以后几年内修理费用会相对较少。

（5）生产消耗费

主要包括站务费、生产用煤、生产用水、生产用电、生产工具备品摊销、劳保费等。随着地铁运输生产规模扩大，该项费用比例将会有所上升。

（6）企业管理费

属于固定成本费用，与运量变化关系不大。该项费用的控制存在很大潜力。

（7）基本折旧和大修理费

这两项费用在总成本中所占比重最大，这反映了地铁运输部门的特点。地铁运输固定资产庞大，决定了这两项费用在成本中的主要地位。

7.2.2　轨道交通运营经济指标

1. 运输业经营效益特点

进行经济效益评价，不仅要考虑经济效益的一般要求，还要考虑各企业、各部门、各方案的具体情况。就运输业而言，其经济效益有如下特点。

（1）保持对国民经济的适应性

交通运输是国民经济的基础结构部门，是国民经济发展必不可少的。因此，交通运输的能力、条件，如果适应国民经济发展的需要，其经济效益就大，反之就小，甚至没有效益。当运输能力与国民经济发展比例严重失调时，还会限制其他部门产生经济效益，出现负效益。所谓适应性，也意味着运输能力如果大大超前于国民经济的发展需要，则运输能力就会闲置，运输投入也就不能产生经济效益。轨道交通建设周期长，一般需几年时间，但运输发展必须先行。既要适应，又要先行，这就要求轨道交通与国民经济的发展，或者说与外部联系上更要特别注意计划性与比例性。

（2）运输产品具有综合性

讲究经济效益必须明确一个主要的观点，即以尽量少的劳动消耗和物质消耗生产出更多符合社会需要的产品。“社会需要”对于运输产品而言，客货产品各有不同，不仅有数量要求也有质量要求。质量包括安全、迅速、舒适、方便等方面。这种质的综合性说明，反映经济效益的指标不可能是单一的，而必须是一个系统。

（3）运输产品具有瞬时性

运输业的产品是人与物的统一，产品不具实物形态，产品的生产过程与消费过程同时进行，产品不能储存，不能调拨，因此运输业要留有充分的后备能力，才能适应运输需要。储备能力，实际要增加投资支出运营费用，对于产生经济效益来说，这是不利的因素。运输业的这种特点，决定了它在技术进步过程中，不淘汰产品，只淘汰设备、淘汰有关作业。所以设备更新，作业改革，是运输业技术进步的主要内容，也是在探讨经济效益问题时必须注意的方面。

2. 轨道交通运输项目的经济评价特点

轨道交通运输项目的经济评价，除遵循运输项目经济评价的原则和基本方法外，还有其特殊处理。

（1）项目经济评价按评价的角度不同，可划分为财务评价和国民经济评价

财务评价是从微观角度，根据国家现行的财税制度和价格体系，分析、计算项目直接发生的财务效益和费用，编制财务报表，计算评价指标，考察项目的盈利能力、清偿能力及外汇平衡等财务状况，据以判别项目的财务可行性。

国民经济评价则是按照资源配置的原则，从整体宏观角度考察项目对国民经济的贡献以及需要国民经济付出的代价，以确定项目的可行性。运输本身是生产性的活动，但运输具有社会服务功能，由此决定了当运输业的微观经济效益与国民经济宏观经济效益不一致时，应以宏观的国民经济评价为主。当然，凡有经营收入的运输项目，还应按企业或集团承担的投资额做财务评价，分析和计算项目的财务盈利能力和清偿能力。

（2）运输量是计算运输项目效益和费用的基础

为便于计算项目和效益，可将运输量分为正常的、转移的和诱发的三种。正常运输量是指无项目时在现有运输系统上也会发生的运输量；转移运输量是指项目实际从本运输方式的其他线路或其他运输方式转移过来的运输量；诱发运输量是指没有该项目便不会发生的运输量。

（3）运输项目的经济评价一般采用“有项目”和“无项目”情况对比的方法（简称“有无对比法”）

一般新建工业项目在评价时则常常采用“前后对比法”，即“项目前”与“项目后”情况的对比。以运输的增长为例，采用“有无对比法”，就不考虑正常增长的运输量，若采用“前后对比法”，仅考虑项目前后的情况对比，便应把正常增长的运输量计算在内。由于轨道交通运输业经济效益评价中，设备更新，作业改革是技术进步的主要内容，项目通常是在原有的运输系统中的扩建和改建，而新建工业项目则是从无到有因此，二者采用的方法不同。

（4）运输项目的效益和费用的范围应保持一致

项目的净效益一般根据“有项目”和“无项目”对比的原则来确定。它主要表现所涉及的运输系统在运输过程中发生的各种运输费用的节约、拥挤程度的缓解、运输质量的提高、包装费用的节约、设备维修养护费用的减少等效益。

3. 运输项目财务评价效益和费用的计量

（1）运输项目财务评价效益计量

① 运量增长带来的效益包括两个方面：

- 增加运输收入；
- 节约与运量无关的支出，降低运输成本。

② 提高机车车辆运用效率，降低与运量有关支出，运输项目投资的效果，一般以提高活动设备运用效率来体现，表现为活动设备质量指标（运用效率指标）的变动。而活动设备的质量指标与数量指标存在着一定关系，从而形成了活动设备运用数量指标的变动。与运量有关支出则与活动设备数量指标密切相关，它们之间的关系见表 7-1 所示。

表 7-1　与运量有关支出与活动设备数量指标关系

数量指标	与质量指标的关系（一定周转条件下）	相关的运输支出项目
车公里（A_1）	周转量 ÷ 运用车动载重	车辆维修、车辆轮对修理费
车小时（A_2）	（车公里 ÷ 车辆日公里）×24	车辆维修、轴箱检查、段修、车辆基本折旧和大修费
列车公里	总重吨公里 ÷ 牵引总重	
机车公里（A_3）	列车公里 ×（1 + 机车辅助走行率）	机车运行用油脂，内燃机车架修、定修、大修费
机车小时（A_4）	（机车公里 ÷ 机车日车公里）×24	机车折旧费
机车乘务组小时（A_5）	（机车公里 ÷ 旅速）×（1 + 列车组辅助率）	机车乘务组工资
列车乘务组小时（A_6）	（列车公里 ÷ 旅速）×（1 + 列乘组辅助率）	列车乘务组工资
调机小时（A_7）	车公里 × 每千车公里调机小时率	调机用燃料、各种修理费、折旧费、机乘组、调车组工资及站线修理费的部分
燃料消耗（A_8）	每万总重吨公里燃料消耗定额 × 总重吨公里	运转用燃料（电力），机车整备及运输用水费

由此可见，只要上述几项与支出相关的数量指标发生了变动，就会影响运营支出。轨道交通运营指标之间关系错综复杂，一个数量指标往往可以从不同角度、不同方面、用不同的公式计算得到，因此，对于具体的投资方案，可以分别测算出各个数量指标的变动量，然后用支出率法计算运营支出的节省。这里还需指出，轨道交通的市郊铁路可包括表 7-1 的全部内容，而轨道交通的其他形式只包括其中的一部分内容。

所谓支出率，是单位数量指标的相关支出额，设每一数量指标的变动量用 ΔA_i 来表示，相应的支出率用 X_i 来表示，则运营支出节省额的计算公式如下：

$$\text{运营支出节省额} = \sum_{i=1}^{8} \Delta A_i X_i \tag{7-2}$$

③ 车辆、机车占用费或购置费的节省车辆运用辆数（N）可以采用如下两种方法计算。

车辆日车公里法：

$$N = \frac{\text{全年计划车辆总走行公里}}{\text{计划车辆日公里} \times 365}\ \text{（车日）} \tag{7-3}$$

车辆周转时间法：

$$N = \text{日均工作量} \times \text{车辆周转时间（天）（辆）} \tag{7-4}$$

可以看出，车辆日产量的高低、车辆载重的提高、周转速度的加快，是影响运用车数的主要因素。反映在数量指标上，车公里、车小时指标的减少，会使运用车数同方向变化。因此，提高车辆运用效率，还会节省运用车辆数，从而节省车辆占用费或购置费。

$$\text{车辆占用费节省额} = \text{车辆每车日占用费} \times \text{运用车辆节省数} \times \text{年日历天数} \tag{7-5}$$

若由于运用车数的节省，可少购车的话，则有

$$\text{节省车辆的购置费} = \text{每车辆购置费} \times \frac{\text{运用车辆节省数}}{\text{车辆运用率}} \tag{7-6}$$

同理，综合计算运用机车（不包括补机）数 M 时，也可采用以下两个公式表明：

$$M = \text{机车全周转时间（天）} \times \text{列车对数（台）} \tag{7-7}$$

$$M = \frac{\text{全部机车小时}}{24 \times 365}\ \text{（台日）} \tag{7-8}$$

提高旅行速度，缩短车辆（机车）在站段的停留时间，都可以减少车辆（机车）公里、车辆（机车）小时指标，从而减少运用车辆（机车）台数，进而节省车辆（机车）占用费或购置费。

④ 实物量的节省，也可以通过车辆（机车）运用数量指标的节省量反映，包括：

- 劳动力的节省。与运行有关的劳动力包括：列车乘务组人员、车辆（机车）维修人员、整备人员、线路维修人员等；
- 材料、燃料的节省。燃料的节省与燃料消耗指标有关；材料包括车辆（机车）、线路维修材料，分别与车辆（机车）公里等指标有关；

⑤ 通过能力的节省，轨道交通的通过能力有现有通过能力和需要通过能力之分。计算公式如下。

$$\text{需要通过能力} = \text{年运输量} \times \text{波动系数} / (365 \times \text{列车定员} \times \text{平均载客系数}) \tag{7-9}$$

提高列车平均载客系数，可以提高通过能力，这是显而易见的。提高列车运能，而减少了一定运量的需要通过能力，在现有通过能力既定条件下，便可以节省通过能力，意味着通

过能力的提高。

（2）运输项目财务评价的费用计量

费用可以按支出的内容分为投资支出和运营费支出两部分。

① 投资支出应包括车、机、工、电、辆各部门为实施投资方案而花费的一次性建设费用。如运输部门线路的投资；车辆部门的车辆修理、列检设备的改造投资；工务部门的线路技术改造投资；电务部门的通信信号设备的投资及其他有关投资等。此外，实施方案增加投资还包括增加相应的垫底流动资金。

② 运营费支出可以分为与运量有关支出和与运量无关支出两部分。一般因实施方案而增加的运营费支出为与运量有关支出。如前效益计量中所述，与运量有关支出已和 8 项车辆（机车）运用的数量指标挂钩，因此可以根据新方案实施后，各项数量指标的变化量，用支出率法计算增加的费用。

4. 经济效益的国民经济评价

国民经济评价是按照资源合理配置的原则，从国家整体角度考查项目的效益和费用，用货物影子价格、影子工资、影子汇率和社会折现率等经济参数分析、计算项目对国民经济的净贡献，评价项目的经济合理性。

财务评价和国民经济评价由于角度的不同，往往会得出不一致的结论，究其原因在于：

① 价格失真；

② 效益和费用均可分为直接、间接两部分，即存在外部效果；

③ 存在无法用货币计量的无形效果。

财务评价和国民经济评价各有其任务和作用，除了评价角度不同之外，两者还存在以下区别。

（1）效益和费用的含义及划分范围不同

财务评价是根据项目的实际收支确定项目的效益和费用，补贴计为效益，税金和利息计为费用，国民经济评价则着眼于项目对社会提供有用产品和服务及项目所耗费的全社会有用资源，来考查项目的效益和费用，故补贴不计为项目的效益，税金和国内借款利息均不计为项目的费用。财务评价只计算项目直接发生的效益和费用，国民经济评价对项目引起的间接效益和费用即外部效果也要进行计量和分析。

（2）评价采用的价格不同

财务评价对投入物和产出物采用的价格不同。

（3）主要参数不同

财务评价采用官方汇率和行业基准收益率，国民经济评价采用国家统一测定的影子汇率和社会折现率。

运输项目国民经济评价，对于项目的直接效益和直接费用，计算方法基本同财务评价，但采用的价格必须为影子价格。运输项目的国民经济评价对于外部效果和无形效果，有些能够定量计算，有些则难以定量计算。可定量计算的几项经济效益的指标计算如下。

（1）增加运量带来的国民经济效益（B_1）

$$B_1 = \text{增加运量} \times \text{单位运量费用} \tag{7-10}$$

（2）运输费用（全社会）节约效益（B_2）

① 按正常运输量计算（B_{21}）

② 按转移运输量计算（B_{22}）

$$B_{22} = \text{转移运量} \times (\text{相关线路单位运费} \times \text{原运距} - \text{有项目时单位运费} \times \text{运距}) \quad (7-11)$$

③ 按诱发运输量计算（B_{23}）

$$B_{23} = (1/2) \times \text{诱发运输量} \times (\text{无项目时各种可行方式中最小单位运费} \times \text{相应距离} - \text{有项目时单位运费} \times \text{运距}) \quad (7-12)$$

（3）运输时间节约效益（B_3）

① 按正常客运量计算（B_{31}）

$$B_{31} = (1/2) \times \text{单位时间人均创造国民收入} \times \text{节约时间} \times \text{正常客运量中的生产人员数} \quad (7-13)$$

② 按转移客运量计算（B_{32}）

$$B_{32} = (1/2) \times \text{单位时间人均创造国民收入} \times \text{因转移而减少的时间} \times \text{转移客运量中的生产人员数} \quad (7-14)$$

（4）因转移原相关线路运量而形成的减少拥挤的效益（B_4）

$$B_4 = (\text{原相关线路运量} - \text{转移运量}) \times \text{原相关线路运距} \times (\text{原相关线路单位运输费用} - \text{原相关线路有此项目时单位运输费用}) \quad (7-15)$$

（5）提高交通安全的效益（B_5）

$$B_5 = \text{交通事故平均损失费} \times \text{交通量} \times \text{有无项目事故率之差} \quad (7-16)$$

以上可以量化的社会效益的计算方法只是一个基本的计算法，不必强求一致。实际工作中，各种运输方式条件、指标不一，应以能够掌握的资料为基础，灵活应用。如对于城市快速轨道交通而言，其社会效益还可以包括地铁取代地面交通而节约的地面投资运营费用；而对于地面公交来说，包括车辆投资节省、车辆配套设施投资节省、道路拓宽投资、地面车辆运营费节省及道路维修费相应节省等。

7.2.3　轨道交通票务系统运营指标

轨道交通自动售检票系统业务管理涉及方方面面信息的汇集、统计和分析。信息统计分析就是通过借助于一系列的工具和方法，将系统收集到的信息进行汇总、加工、处理，以生成满足我们日常管理需求的数据、报表、资料，并从各种不同的角度对这些数据、报表、资料加以分析，为运营管理提供信息支持。

1. 报表分类

根据运营管理性质不同，轨道交通自动售检票系统报表主要分为结算类报表、管理分析类报表、故障辅助解决类报表三大类。

（1）结算类报表

结算类报表是指在结算过程中所产生的报表，这一组报表完整体现了结算过程中的所有资金及信息内容。主要包括：

① 车站售卡、储值收费统计表，统计各站点收取现金额及分类；

② 车站出口消费统计表，统计各站点出口检票机消费交易情况；

③ 银行账户余额表，统计各银行账户的账户余额；

④ 车站结算统计报表，各站点资金结算统计；

⑤ 银行划账单，通知银行划账清单；

⑥ 收益方收益表，按收益方统计日收益值；

⑦ 收益方收益分析表，各收益方的收益构成分析；

⑧ 票卡存量表，各线路、站点的票卡存量。

（2）管理分析类报表

管理分析类报表是为了满足清分中心日常管理及对路网运营情况进行分析而设置的报表。主要包括：

① 车站票卡对账表，按车站统计票卡使用量及存量；

② 线路票卡存量表，按线路统计票卡使用量及存量；

③ 公务卡使用统计报表，明细到每一张公务卡的使用次数统计；

④ 路径费率表，费率表输出；

⑤ 分时流量表，分时段统计路网的客流量；

⑥ 流量统计表，按站、按线统计出入口流量；

⑦ 换乘客流统计表，按线路统计的换乘流量；

⑧ OD 表，对应 OD 的流量统计；

⑨ 路网收费支付方式统计表，按线路/站统计单程票、储值票使用次数及金额。

（3）故障辅助解决类报表

这类报表在出现对账不平时，为有效解决问题而提供辅助信息。

2. 轨道交通账务管理

由于轨道交通自动售检票系统日常运营管理中涉及票卡发售、票款汇缴、收益分配和资金划拨等一系列工作内容，因此应对形成的账务进行有效管理。

账务管理就是对自动售检票系统中产生的以票务收入为主的各项收入进行账户设置、资金汇缴、登账稽核、收益清算、资金划拨和凭证归档等过程的管理。

轨道交通票务系统账户设置是相关管理机构为满足日常管理、票款交缴、清算和资金划拨等需求所设立的各类账户。

根据资金清算的需要，负责清分结算的机构一般会委托一家银行作为清算银行，并在清算银行开设各类资金账户，收益方则可在清算银行或其他银行开设收益账户，每日清算工作完成后，由清算银行根据清算管理机构发出的划账指令在各账户间进行资金划拨。

（1）收款

由于轨道交通的票款量大且分散，对售票窗口的票款汇集是一项对安全性、稳定性和时效性都要求很高的工作。

在规模不大的轨道交通路网中，可采取分级汇缴的形式进行收款；在规模较大的路网中，可委托专门机构负责该项工作，甚至可委托清算银行派解款车去各车站收取售票、充值现金，确保资金安全、及时地汇集到清算银行。

（2）清点入账

对收缴的票款必须建立规范的程序及时清点入账，必须从交、收、验等各环节保障资金的安全和账款一致。票款入账越及时越能提高资金的效率。

通常的程序是由专人对各车站的缴款进行清点，清点完毕后填入各车站对应的汇缴户，并生成资金缴款单，返还给各缴款车站。

（3）账户余额提供

为便于收益方和清算管理单位及时了解账户和资金情况，清算银行应及时向清算管理单位提供所有相关账户余额。

（4）划账

由于清算管理单位具有对资金的日常划拨管理职能，因而应该根据与收益方达成的规则及时进行资金划拨。清算银行有义务根据有关划账指令及时进行资金划拨。

（5）账户设置举例

图 7-1 是一个典型的清分结算账户结构示意图。

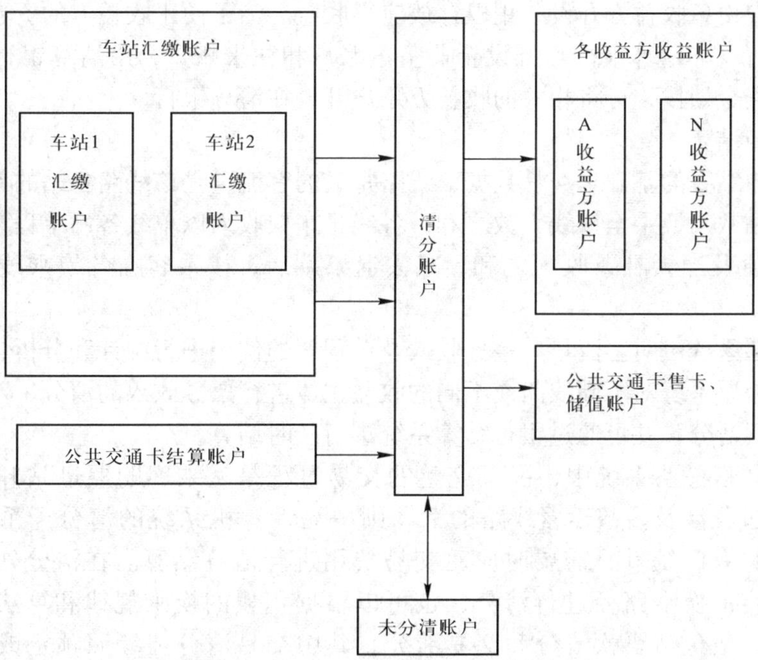

图 7-1　典型的清分结算账户结构示意图

3. 清分结算

各清分结算账户分别由清分结算管理单位和收益方开设，具体描述如下。

（1）清分结算单位开设的账户

清分结算单位开设的账户通常包括车站现金汇缴账户、储值票结算账户、清分账户和未清分账户等。

① 车站现金汇缴账户由清分结算单位为相关车站在清算银行开设，用以存放每日清点后各车站的票务收入资金。

② 储值票结算账户用于存放储值票成功消费资金，并参与清分结算。若各站点具有加值和/或销售储值票的功能，一般宜采用收支分离的清算办法。

③ 清分账户是清分结算单位在清分银行开设的清分账户，这是一个中间汇集账户，在结算单位周期终了清算后，清分结算单位发出划账指令，首先将所有的待划资金划入该清分账户，然后通过该清分账户再将资金划拨各个收益账户。该账户在结算单位周期清算工作开始前和工作结束后的余额均为零。

④ 未清分账户用于存放清算时产生的长款资金或短款处理资金。如果当结算单位周期清分账户完成向收益账户的资金划转后仍有长款资金，则这部分资金应全部划入未清分账户。如果当日清分账户内的资金不足以向全部收益账户的资金划转，则短款金额应从未清分账户中划转到清分账户。该账户在年底可以保留一定的余额，再按收益方年度收益比例进行分配。

（2）收益方开设的账户

收益方账户由各收益方开设，用以存放应得收益。为了便于收益方的资金管理，收益方可以在某家银行（非清算银行）开设企业基本账户和往来账户，由清算银行进行跨行资金划拨。为便于资金划拨，可将相关的收益方账户开设在清算银行。

（3）统计与结算

票务统计与结算的基础是交易数据，线路每天的客流量是该线路各站的单程票、储值票及许可票的进站数及换乘至该线人数之和；各线日车票收入以单线各站单程票发售收入与储值票的出站扣值及当天补票收入之和，减去退票款后，按乘客在各换乘线路乘坐的情况核算。

自动售检票系统可对客流量、票务收入及单程票的使用进行统计和分析，并编制相应的报表。自动售检票系统对不同线路或不同的收益主体进行票务收入的清分，对路网系统与其他兼容系统进行清分，并可通过银行结算系统进行及时结算。

在轨道交通售检票系统中，一个完整的交易过程是从乘客购票进站开始，到出站结束。如果旅行过程涉及多条运营线路的话，则中央计算机系统的清分子系统必须对换乘交易的数据进行专门统计，需要时应对交易费用进行清分结算。在清分处理中，可以根据起、止站预定的换乘路径进行清分，也可以根据积累的换乘规律和算法进行清分。换乘票务的清分一般包括票款清分和交易清分，其中交易清分需参照预定或积累的换乘路径进行，可以用于运载量的输入信息；而票款的清分不一定需参照预定或积累的换乘路径进行。

在路网中，如果乘客由车站 a 换乘至车站 b 所经过的路径是唯一确定的话，则每段运营线路的收益将是明确的。但是，由于路网中任意两点之间的换乘路径往往不唯一，所以当由车站 a 换乘至车站 s 时，乘客可能会出于时间、步行距离、拥堵等原因的考虑而选择不同的换乘路径，这就为换乘路径带来了不确定的因素。

在轨道交通线路之间发生换乘时，根据是否经历进、出检票过程，换乘方式有以下两种形式：无标记换乘和有标记换乘。

① 无标记换乘

如果乘客在换乘车站无需经历一次进出检票过程，在乘客出站时系统无从知晓乘客的乘车路径，此种换乘方式称为无标记换乘，也就是说无标记换乘就是允许乘客凭允许进站的单程票或储值票，换乘时无需检票，便可以直接连续地在不同线路上换乘，如图 7-2 所示。

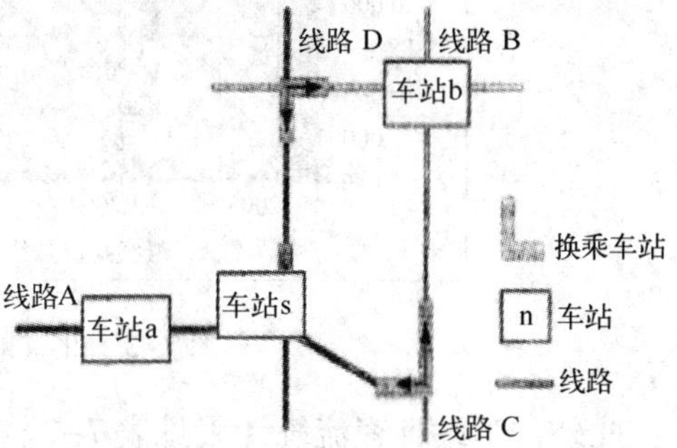

图 7-2　无标记跨线换乘的示意图

无标记换乘的一个显著特点是乘车路径的多样化。

② 有标记换乘

如果乘客在换乘车站（或通过换乘通道）需经历一次进出检票过程，记录乘客的路径信息，此种换乘方式称为有标记换乘，也就是说有标记换乘清晰地记录了乘客乘车的路径。

换乘票务清分的目的就是依据清分规则，对票务收入进行及时、公平的清分，以便各运营公司能够及时地将运营收入入账，同时可提高各收益主体的资金效益。通过清分清算，可以充分、客观地反映轨道交通路网的客流情况，特别是各线路、各车站、各断面和各方向路径的客流情况。

根据不同的换乘方式，清分算法也不同。

① 无标记换乘的清分

在路网中乘客从进站到出站，经过的路径和运营线路有多种选择。由于路径的不确定性，清分时可以采用路径算法、数理统计算法或模糊算法确定各运营线路的票款。

② 有标记换乘的清分

乘客在换乘时记录了乘客的进站交易数据、出站交易数据、路径数据，在自动售检票系统中可以获得换乘交易的一条完整的路径数据，根据路径数据，清分系统能够精确地清分各运营线路的收益，但在换乘站必须在车票上留有换乘标志信息，并经车站计算机上传给有关系统集中处理。

7.3 轨道交通客运量及换乘指标分析

7.3.1　轨道交通客运量

轨道交通客运量分析主要对城市轨道交通全年安全运行里程下的安全运送乘客人次的年度分析对比，便于形成同比和环比增幅分析，北京地铁线路年度客运量统计表如图 7-3 所示。

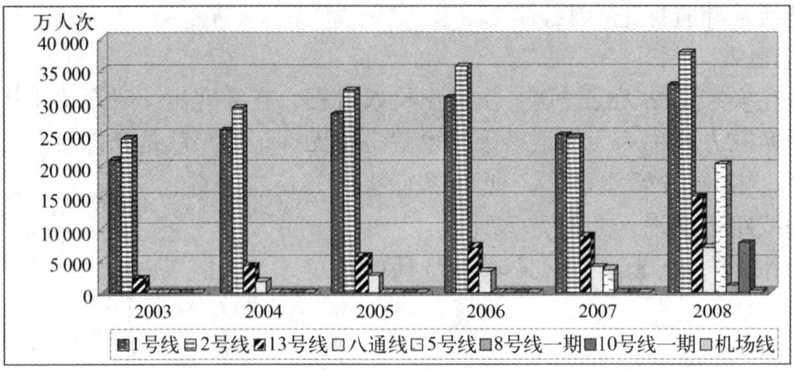

图 7-3　北京地铁线路年度客运量统计表

此外，车站日客流统计表见表 7-2。

表 7-2　车站日客流统计表

客流指标				统计结果
全天	上行	客流量/万人次		22.12
		换乘量/万人次		13.5
		换乘量占客流量比例/%		61.03
		换出	换出量/万人次	13.31
			占客流量比例/%	60.17
		换入	换入量/万人次	0.19
			占客流量比例/%	0.86
	下行	客流量/万人次		22
		换乘量/万人次		13.38
		换乘量占客流量比例/%		60.82
		换出	换出量/万人次	21.00
			占客流量比例/%	0.95
		换入	换入量/万人次	13.17
			占客流量比例/%	59.86
		客流量/万人次		44.12
		换乘量/万人次		26.88
		换乘量占客流量比例/%		60.92

续表

客流指标				统计结果
早高峰小时	上行	客流量/万人次		3.93
		换乘量/万人次		2.37
		换乘量占客流量比例/%		60.31
		换出	换出量/万人次	2.33
			占客流量比例/%	59.29
		换入	换入量/万人次	4.00
			占客流量比例/%	1.02
	下行	客流量/万人次		2.54
		换乘量/万人次		1.19
		换乘量占客流量比例/%		46.85
		换出	换出量/万人次	3.00
			占客流量比例/%	1.18
		换入	换入量/万人次	1.16
			占客流量比例/%	45.67
	客流量/万人次			6.47
	换乘量/万人次			3.56
	换乘量占客流量比例/%			55.02
晚高峰小时	上行	客流量/万人次		3.93
		换乘量/万人次		2.37
		换乘量占客流量比例/%		60.31
		换出	换出量/万人次	2.33
			占客流量比例/%	59.29
		换入	换入量/万人次	4.00
			占客流量比例/%	1.02
	下行	客流量/万人次		2.54
		换乘量/万人次		1.19
		换乘量占客流量比例/%		46.85
		换出	换出量/万人次	3.00
			占客流量比例/%	1.18
		换入	换入量/万人次	1.16
			占客流量比例/%	45.67
	客流量/万人次			6.47
	换乘量/万人次			3.56
	换乘量占客流量比例/%			55.02

7.3.2　换乘指标

随着城市化水平的进程提高，我国各主要大城市的交通出行总量快速增加。为了满足城市交通出行，必须发展大容量的快速轨道交通系统。规划和建设一系列大型换乘枢纽，是保障轨道交通网高效运转的前提。轨道交通之间的协调性换乘则能保障轨道交通系统高效运行。本节将从人均换乘设施面积、换乘枢纽停车设施率、平均换乘时间、平均换乘距离、换乘服务舒适度和运能匹配度6个指标对城市轨道交通换乘效率进行评价。

1. 人均换乘设施面积指标

人均换乘设施面积指标用来衡量换乘衔接设施容纳乘客的能力，反映轨道交通换乘枢纽内换乘的拥挤程度、舒适程度及换乘环境的质量水平，是评价客运设备衔接适应性的量化指标。可用公式表示为：

$$y_1 = M_r / Q_r \tag{7-17}$$

式中：Q_r——枢纽站总的换乘客流量；

M_r——枢纽内换乘场站的总面积。

2. 换乘枢纽停车设施率

该指标反映轨道交通枢纽为机动车、非机动车提供驻留换乘条件的水平，用枢纽内机动车、非机动车驻留设施的面积占轨道交通换乘枢纽的总面积的比例来表示，即：

$$y_2 = f_p / f_t \tag{7-18}$$

式中：f_p——枢纽内机动车、非机动车驻车设施面积；

f_t——换乘枢纽的总面积。

在我国，自行车出行所占的比重很大，随着城市的发展，人们出行的距离必将增加，在出行过程中，通过私人交通换乘公交完成出行的比重也将加大，故应在轨道交通换乘枢纽中考虑设置非机动、私人小汽车停车场，以方便乘客换乘。

3. 平均换乘时间指标

平均换乘时间指标用来描述城市中不同交通方式间的衔接运行效率，是指乘客在两者之间搭乘转换过程占用换乘衔接设施的服务时间，它是衡量换乘衔接连续性、紧凑性、客运设备适应性、客流过程通畅性的一个重要定量指标。对于轨道交通换乘枢纽站等，客运平均换乘时间 y_3 可以分解为换乘步行时间 T_1、排队等候时间 T_2 和换乘候车时间 T_3 三部分，即

$$y_3 = T_1 + T_2 + T_3 \tag{7-19}$$

从换乘时间的组成可以看出，步行距离的长短、换乘客流量的大小、各交通方式运输能力的高低、检票口的通过能力及其服务水平等均是换乘时间的重要参变因数。因此，换乘时间是准确反映衔接协调性的综合性定量指标，它使不同的衔接换乘系统和不同的衔接换乘布局模式具有一定的可比性。

4. 平均换乘距离

换乘距离是指乘客完成换乘过程的步行距离，可用乘客从轨道交通车站步行到换乘车辆处的平均距离或从换乘车辆到轨道交通枢纽站的距离来表示。

5. 换乘服务舒适度

该指标是指在城市轨道交通枢纽内，乘客从枢纽所提供的服务项目中获得舒适、满意的程

度，反映了客运枢纽为乘客提供各项服务的水平。该指标属于定性指标，在评价过程中，其综合评价值为换乘枢纽在信息提供、候车环境、有无座位或自动传动设备 3 个方面的综合反映。

6. 运能匹配度指标

运能匹配度 y 用来衡量城市轨道交通换乘枢纽内不同交通方式运能的协调性，可以用来判别换乘基础设施配置的适应性。计算公式为：

$$y = \frac{E}{\sum_{k=1}^{n} p_k a_k} \tag{7-20}$$

式中：E——换乘枢纽高峰时间内需要集散的客流量；

n——交通方式的种类；

p_k——换乘枢纽第 k 种交通方式的客运能力；

a_k——换车枢纽内选择第 k 种交通方式所占的比例。

运能匹配度越小，反映枢纽越能满足换乘需要。

7.3.3　城市轨道交通常用的统计表格

（1）客运量日统计表

客运量日统计表如表 7-3 所示。

表 7-3　客运量日统计表

××××年××月××日　星期×　　　　××市轨道交通指挥中心

<table>
<tr><th rowspan="3">路线</th><th colspan="5">进线量</th><th colspan="5">换乘量</th><th colspan="5">出线量</th></tr>
<tr><th colspan="2">按付费性质</th><th colspan="2">按票种</th><th rowspan="2">小计</th><th colspan="2">按付费性质</th><th colspan="2">按票种</th><th rowspan="2">小计</th><th colspan="2">按付费性质</th><th colspan="2">按票种</th><th rowspan="2">小计</th></tr>
<tr><th>付费</th><th>非付费</th><th>一票通</th><th>一卡通</th><th>付费</th><th>非付费</th><th>一票通</th><th>一卡通</th><th>付费</th><th>非付费</th><th>一票通</th><th>一卡通</th></tr>
<tr><td>×号线</td><td></td><td></td><td></td><td></td><td></td><td></td><td></td><td></td><td></td><td></td><td></td><td></td><td></td><td></td><td></td></tr>
<tr><td>小计</td><td></td><td></td><td></td><td></td><td></td><td></td><td></td><td></td><td></td><td></td><td></td><td></td><td></td><td></td><td></td></tr>
</table>

（2）××线路各站分时进出站量日统计表（见表 7-4）

表 7-4　××线路各站分时进出站量日统计表

××××年××月××日　　星期×（工作日/节假日）

序号	车站	类型	02:00—02:30	02:30—03:00	…	05:00—05:30	…	23:00—23:30	23:30—24:00
1	站 1	进站	0	0		20	⋮	45	10
		出站	0	0		3	⋮	56	48
		进出站	0	0		23	⋮	101	58
2	站 2	进站	0	0		⋮	⋮	⋮	⋮
		出站	0	0		⋮	⋮	⋮	⋮
		进出站	0	0		⋮	⋮	⋮	⋮

续表

序号	车站	类型	02∶00—02∶30	02∶30—03∶00	…	05∶00—05∶30	…	23∶00—23∶30	23∶30—24∶00
3	站 3	进站	0	0		⋮	⋮	⋮	⋮
		出站	0	0		⋮	⋮	⋮	⋮
		进出站	0	0		⋮	⋮	⋮	⋮
4	站 4	进站	0	0		⋮	⋮	⋮	⋮
		出站	0	0		⋮	⋮	⋮	⋮
		进出站	0	0		⋮	⋮	⋮	⋮
⋮	⋮	进站	0	0		⋮	⋮	⋮	⋮
		出站	0	0		⋮	⋮	⋮	⋮
		进出站	0	0		⋮	⋮	⋮	⋮
n	站 *n*	进站	0	0		⋮	⋮	⋮	⋮
		出站	0	0		⋮	⋮	⋮	⋮
		进出站	0	0		⋮	⋮	⋮	⋮
×	日合计	进站	0	0		⋮	⋮	⋮	⋮
		出站	0	0		⋮	⋮	⋮	⋮
		进出站	0	0		⋮	⋮	⋮	⋮
×	月累计	进站	0	0		⋮	⋮	⋮	⋮
		出站	0	0		⋮	⋮	⋮	⋮
		进出站	0	0		⋮	⋮	⋮	⋮

（3） ×号线分票种进出站量日统计表

×号线分票种进出站量日统计表如表 7–5 所示。

表 7–5　×号线分票种进出站量日统计表

××××年××月××日　　星期×　　　　　　　　××市轨道交通指挥中心

序号	车站	类型	出站票	车站工作票	单程票	定值纪念票	福利票	一卡通员工卡	一卡通储值卡	合计	按计费性质		按票钟		月累计
											计费	非计费	一票通	一卡通	
1	站 1	进站													
		出站													
		进出站													
2	站 2	进站													
		出站													
		进出站													
3	站 3	进站													
		出站													
		进出站													
⋮	⋮							⋮							
n	站 *n*	进站													
		出站													
		进出站													

（4） ×号线客流信息汇总表

×号线客流信息汇总表如表 7–6 所示。

（5） ×号线分时断面客流量统计表（上行）

×号线分时断面客流量统计表（上行）如表 7–7 所示。

（6） ×号线分时断面客流量统计表（下行）

×号线分时断面客流量统计表（下行）如表 7–8 所示。

表 7-6　×号线客流信息汇总表

××××年××月××日　星期×　　　　××市轨道交通指挥中心

<table>
<tr><th rowspan="2">指标</th><th rowspan="2">运营企业</th><th rowspan="2">线路</th><th colspan="3">进线量</th><th colspan="3">换乘量</th><th colspan="2">日客运量</th><th rowspan="2">路网换乘系数</th><th colspan="2">月累计客运量</th><th colspan="2">年累计客运量</th></tr>
<tr><th>本线进出</th><th>本线进其他线出</th><th>小计</th><th>其他线进本线出</th><th>途经本线</th><th>小计</th><th>客运量</th><th>比上周（+%）</th><th>客运量</th><th>比去年（+%）</th><th>客运量</th><th>比去年（+%）</th></tr>
<tr><td rowspan="2">客运量/人次</td><td rowspan="2"></td><td>×号线</td><td>147 277</td><td>183 251</td><td>330 528</td><td>184 666</td><td>46 212</td><td>230 878</td><td>561 406</td><td>-6.19%</td><td rowspan="2">1.7</td><td>13 641 173</td><td>—</td><td>14 818 584</td><td>—</td></tr>
<tr><td>小计</td><td>147 277</td><td>183 251</td><td>330 528</td><td>184 666</td><td>46 212</td><td>230 878</td><td>561 406</td><td>-6.19%</td><td>13 641 173</td><td>—</td><td>14 818 584</td><td>—</td></tr>
<tr><td rowspan="3">换乘站换乘量/人次</td><td>排序</td><td>换乘站</td><td>日换乘总量</td><td colspan="2">小时最大换乘量</td><td>时间段</td><td>占全日比例</td><td>排序</td><td>换乘站</td><td>日换乘总量</td><td>小时最大换乘量</td><td colspan="2">时间段</td><td colspan="2">占全日比例</td></tr>
<tr><td>1</td><td>站 1</td><td>237 122</td><td colspan="2">22 756</td><td>16:40—17:40</td><td>9.60%</td><td>3</td><td>站 3</td><td>87 140</td><td>8 759</td><td colspan="2">16:40—17:40</td><td colspan="2">10.05%</td></tr>
<tr><td>2</td><td>站 2</td><td>105 846</td><td colspan="2">9 396</td><td>16:35—17:35</td><td>8.88%</td><td>4</td><td>站 4</td><td>79 288</td><td>7 040</td><td colspan="2">16:50—17:50</td><td colspan="2">8.88%</td></tr>
<tr><td rowspan="3">断面客流量/人次</td><td>运营企业</td><td>线路</td><td>上下行</td><td colspan="2">小时最大断面客流量</td><td>区间</td><td colspan="2">时间段</td><td colspan="2">满载率</td><td rowspan="3">乘客出行特征</td><td>线路</td><td>平均运距/km</td><td>平均乘车次数</td><td>平均乘车时间/min</td></tr>
<tr><td rowspan="2"></td><td rowspan="2">×号线</td><td>上行</td><td colspan="2">11 976</td><td>k→k+1 站</td><td colspan="2">9:25—10:25</td><td colspan="2">0.53</td><td rowspan="2">×号线</td><td rowspan="2">7.01</td><td rowspan="2">6</td><td rowspan="2">12.96</td></tr>
<tr><td>下行</td><td colspan="2">17 007</td><td>k+1→k 站</td><td colspan="2">16:20—17:20</td><td colspan="2">0.75</td></tr>
</table>

表 7-7　×号线分时断面客流量统计表（上行）

××××年××月××日　星期×　　　　××市轨道交通指挥中心

时间段	站 1—站 2	站 2—站 3	站 3—站 4	站 4—站 5	…	站 n—站 $n+1$	站 $n+1$—站 $n+2$
02:00—02:30							
02:30—03:00							
03:00—03:30							
03:30—04:00							

续表

时间段	站 1—站 2	站 2—站 3	站 3—站 4	站 4—站 5	…	站 n—站 $n+1$	站 $n+1$—站 $n+2$
04:00—04:30							
04:30—05:00							
…							
次日 01:00—01:30							
次日 01:30—02:00							

表 7-8　×号线分时断面客流量统计表(下行)

××××年××月××日　星期×　　　　××市轨道交通指挥中心

时间段	站 1—站 2	站 2—站 3	站 3—站 4	站 4—站 5	…	站 n—站 $n+1$	站 $n+1$—站 $n+2$
02:00—02:30							
02:30—03:00							
03:00—03:30							
03:30—04:00							
04:00—04:30							
04:30—05:00							
⋮							
次日 01:00—01:30							
次日 01:30—02:00							

（7）××换乘站 30 min 客流量统计表

××换乘站 30 min 客流量统计表如表 7-9 所示，假设该站为 1 号线和 4 号线的换乘站。

表 7-9　××换乘站 30 min 客流量统计表

××××年××月××日　星期四　　　　××市轨道交通指挥中心

本站	客流类型		10：00—10：30	10：30—11：00	11：00—11：30	…	22：30—23：00	23：00—23：30
车站名	进站量							
	出站量							
	换乘量	1 号线上行—4 号线上行						
		1 号线上行—4 号线下行						
		1 号线下行—4 号线下行						
		1 号线—4 号线						
		4 号线下行—1 号线上行						
		4 号线下行—1 号线下行						
		4 号线上行—1 号线下行						
		4 号线上行—1 号线上行						
		4 号线—1 号线						
		小计						
	合计							

本章练习题

1. 城市轨道交通能耗结构有几个主要构成部分？
2. 线路能耗中用什么指标来反映不同车型的能耗不同？
3. 提高机车车辆运用效率主要考虑哪些数量指标及相关活动中支出项目？
4. 试分析城市轨道交通换乘效率的主要因素。

8 第8章 轨道交通运营评价指标体系

本章概述

地铁由于主要建设于地下，且封闭性强、运行速度高、起停频繁、客流量大，以及乘客来源复杂、乘客自助乘车、应急疏散难度大、易于受到外界因素干扰，因此地铁作为一类特殊的人员密集公共场所，对安全可靠性的要求非常高。影响地铁安全的因素包括：人员因素、设备因素、管理因素、环境因素。通过对轨道交通运营的综合评价指标体系中目标层和多级指标层构成的理解，以及指标包括运营安全评价指标、换乘评价指标、运营绩效评价指标、乘客和员工满意度评价指标和服务质量评价指标选取的理解，掌握轨道交通综合评价指标体系结构和评价方法。

本章学习重点

本章重点介绍轨道交通运营安全评价、换乘评价、运营绩效评价、满意度评价、服务质量评价；通过对轨道交通运营状态和安全影响因素进行分析，给出轨道交通运营综合评价指标体系，为轨道交通的运营系统管理提供一个详细的评估分析。

8.1

轨道交通运营安全评价

8.1.1　轨道交通运营状态分析

地铁运营是轨道交通运营的重要组成部分，地铁运营系统是一个包含各种土建工程、车辆和各种机电设备的大系统，是集车、机、工、电、检、运、营等多学科、多专业、多工种于一体的复杂大系统。一般而言，地铁运营状态分为三种：正常运营状态、非正常运营状态、紧急运营状态，如图 8-1 所示。

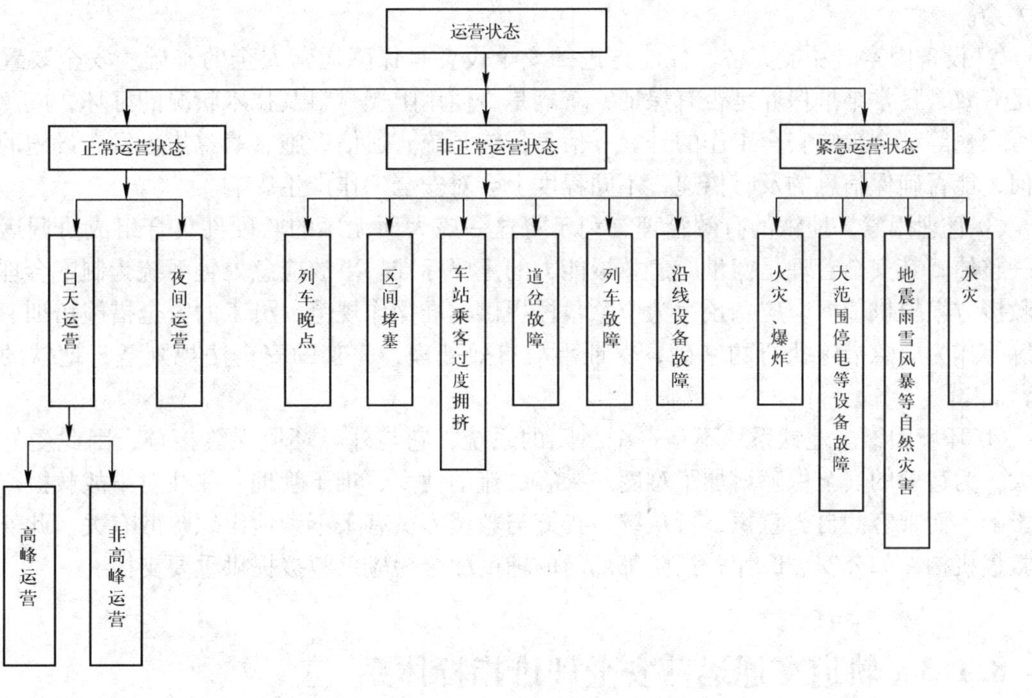

图 8-1　地铁运营状态图

正常运营状态指列车白天和夜间的运营状态与计划运行基本相符的状态。白天正常运营状态可分为高峰运营和非高峰运营。针对这两种运营状态，地铁又采取了不同的客运组织方案和运行管理模式。

非正常运营状态指因各种原因造成了列车晚点、区间堵塞、车站乘客过度拥挤、道岔故障、列车故障、沿线设备故障等影响正常运营秩序的情况。经行车指挥系统按照应对方案及时进行调整，可在较短时间内使运营恢复正常，避免对乘客的人身安全造成影响。

紧急运营状态指发生火灾、爆炸、地震及雨、雪、风暴等自然灾害或设备故障导致大范围停运时，部分区间或全线无法运营的情况。在这种状态下。有可能出现人员伤亡的严重后果，必须采取紧急事故抢险措施进行自救、减灾和抢险。

8.1.2　轨道交通运营安全影响因素

从地铁安全管理的现状和问题来看，影响地铁安全的因素有以下几个方面。

① 人员因素。包括地铁运营管理者和作业人员的素质和工作水平。乘客的素质对轨道交通安全有很大的影响，很多事故都是由于乘客没有遵守乘车规则造成的，所以应加强对乘客的交通安全意识的教育，减少乘客对地铁安全的威胁。另一方面，由于城市轨道交通工作人员疏忽引发事故的比例也较大，而且后果严重，几乎每一起重大事故都与工作人员的失职有关系。

② 设备因素。功能完备、性能先进的安全设备是保障运营安全的基础。安全装置是否充足有效，日常维护保养是否有保证，车辆是否使用阻燃材料及技术状况的好坏，应急通道是否顺畅等都会影响安全工作的开展；信息传输系统、通信设施、紧急指令发布设施的性能如何，能否确保信息的及时传递，不同程度上会对安全工作产生影响。

③ 管理因素。地铁的有效管理有利于将这一庞大而无序的软硬件集合组成协调运作的统一整体，其安全管理是衡量应急救援能力的重要标准。事故应急处置系统为制定合理的现场救援方案提供依据，应急预案为应急救援提供标准操作规范，员工的安全措施培训、模拟演练等作为应急措施执行的基础，保证事故有效处理，完善的安全法规则益于地铁的安全运营。

④ 环境因素。地铁系统不是一个封闭的系统，它与外界环境无缝接合，因此受外界影响大，为运营的安全保障增加了难度。乘客的流动性大、难于管理，往往对事故救援产生直接影响；而乘客的自救意识、听从统一指挥与救援人员有条不紊地组织疏散有关。此外，外部救援机构，如公安、医疗、消防等部门的辅助配合为应急救援提供重要支援。

8.1.3　轨道交通运营安全评价指标体系

地铁是一个复杂的巨型系统，影响其安全总体状况的因素和环节很多，要想科学地解决安全评价多因素的权重问题，必须构造一个合理的、科学的安全综合评价指标体系。

从总体上讲，地铁安全综合评价指标体系由基础设备设施体系和运营系统安全体系两部分组成。所谓基础设备设施体系是指对各种土建工程和设备系统的设计、施工的可靠性、安全性等方面构建完善的防护体系，这是安全的物质基础、物质保证。所谓运营系统安全体系是指对运营管理和正确使用物质基础的体系。随着时间的推移和设备的使用，基础设备设施体系可能出现一些欠缺，通过高效的运营管理和指挥，使其始终保持良好的安全状态，使各种运营设备的功能得到充分的发挥，从而实现体系的有效平衡。

结合实际情况，构造地铁安全综合评价指标体系如图 8-2 所示。通过对地铁运营系统具体情况进行全面了解，经地铁和安全方面的专家分析和打分，得到因素类权重集。在权值的分配上虽然存在人为主观因素的影响，同样的评判因素若取不同的权重集所得的结论可能不同。但是，采用多级评判可把人为的主观因素限制在单一的很小范围内，可使主、客观因素的差异大为减小，趋于一致，从而保证了评判结果的准确性与可靠性。

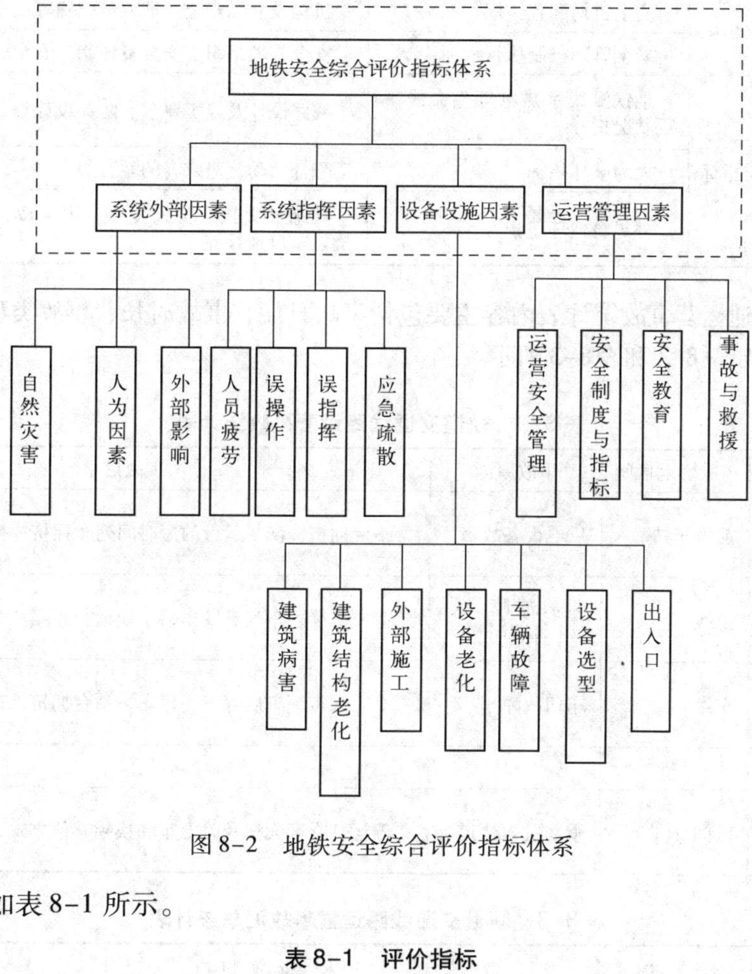

图 8-2　地铁安全综合评价指标体系

评价指标如表 8-1 所示。

表 8-1　评价指标

总体目标	一级保障指标（原则层指标）	二级保障指标	三级保障指标（原因层指标）
地铁系统安全	设备设施指标	车站客运设施指标	车辆建筑指标，如候车厅、电梯指示图、站台、集散厅、通道、出入口等
		安全控制设施指标	列车调度设备、通信设备、信号设备等
		运营基础设施指标	地铁线路、车辆、机车、供电等

续表

总体目标	一级保障指标（原则层指标）	二级保障指标	三级保障指标（原因层指标）
地铁系统安全	人员安全保障指标	调度员安全保障指标	从业人员基本技能考核、安全教育培训、安全考察、应急救援演练、事故处理等
		行车值班员安全保障指标	从业人员基本技能考核、安全教育培训、安全考察、应急救援演练、事故处理等
		车站客运服务人员安全保障指标	从业人员基本技能考核、安全教育培训、安全考察、应急救援演练、事故处理等
	管理水平指标	安全机构配置指标	机构设立、安全管理人员配置等
		安全管理机制执行指标	安全管理组织、安全责任制、安全法治执行情况等
	环境影响指标	地铁沿线水热电等生命线工程状况指标	线路设计及施工要求、防灾设计等
		人为破坏指标	恐怖活动、对乘客的教育等
		外界自然环境指标	灾难性天气、重大赛事、国家政治、经济、社会环境、人口增长等

城市轨道交通运营事故统计表内容主要包括事故日期、事故时长、事故类型统计、事故原因、事故后果，如表 8-2 和表 8-3 所示。

表 8-2　轨道交通线路运营事故统计表

事故日期及时长	事故影响区间	事故原因	事故后果
2008/08/25 晚高峰，25 分钟	前方车站	供电设备故障	站台拥挤，恢复运行的短时间列车拥挤；换乘采用限流
2008/03/21 早高峰，5 分钟	全线	车门故障，乘客执意不下车	造成后续列车晚点发车，全线运行间隔加大，恢复时间长
2006/03/18 早高峰，15 分钟	车站	车门故障	车上乘客下车后等下一班车，站台拥挤，车站限流
⋮	⋮	⋮	⋮
2005/03/10 早高峰，5 分钟	区间	乘客跳入轨道	停运，乘客无法及时上车和换乘其他方式，站台及站外拥挤

表 8-3　轨道交通线路运营事故汇总统计表

事 故 原 因	次　　数	事 故 归 口	比　　例
供电设备故障	10	运营管理	11.2%
有人跳入轨道	1	规划设计	1%
⋮	⋮	⋮	⋮
信号系统故障	6	运营管理	100%

8.2

轨道交通换乘评价

8.2.1　城市轨道交通换乘衔接评价分析

城市轨道交通系统作为城市交通骨干，其单独存在发展是不经济且低效的。它应该与地面公交、航空港、铁路车站、市郊铁路、自行车等交通方式密切配合。轨道交通车站应作为城市轨道交通与其他交通方式换乘的重要集散点。

1. 轨道交通换车衔接的影响因素分析

(1) 完善地面公交配套与换乘枢纽站建设

由于我国轨道交通晚于地面公交进入城市交通系统，这就需要地面公交线路根据轨道交通线的走向与相互位置关系重新整合。在城市交通建设与管理部门的统一协调下，要选定适合的地点（车站），将不同公交汽车线路、轨道交通线路和其他不同交通方式设施纳入一个综合体中，构成换乘枢纽站，一般轨道交通与公交汽车的换乘步距，应控制在 50 ～ 150 m 范围内为佳。轨道交通实现了点间的快速“直通”客运，而地面公交则将旅客送往四面八方。对既有进出客流量大的轨道交通站，应调整部分公交线路站位或起讫点，建立优化多式联运体系，吸引乘客，从而达到轨道交通与公交汽车“双赢”局面。

(2) 为自行车换乘提供方便

我国素有“自行车王国”之称，在 20 世纪 80 年代，即使像上海这样的大都市，自行车出行的比重也占到近 30%，这也是我国城市公交仅承担 6% ～ 40% 的城市客运量远低于国外一些城市 40% ～ 80% 的主要原因之一。所以，在发展城市公交系统为主的前提下，还应在轨道交通出入口设置自行车停车场或存车处，形成一种有中国特色的停（自行）车换乘（轨道交通）模式，真正实现“以人为本”地轨道交通与其他交通方式的换乘，大大减少轨道交通换乘步行距离（时间），提高轨道交通的吸引力。同时，还可避免因通勤市民自行车乱停乱放带来的交通管理和市容美观上的问题。此外，乘客自带可折叠的便携式自行车乘坐地铁，可以作为未来自行车与轨道换乘的升级模式。

(3) 改善换乘辅助条件

换乘引导和付费是除换乘距离以外非常重要的方面。完善的换乘引导系统，可节约旅客换乘时间。过去我国在这方面重视不够，如在上海火车站南、北广场，一位陌生旅客很难找到地铁 1 号线与明珠线连接通道的出入口。因此，需要完善电子引导系统的设计，并采用国际规范化的标志、符号，以满足中外乘客的需要。

方便乘客的换乘付费，有利于减少乘客换乘时间，节约换乘费用。“一卡通”（如上海公共交通卡）是当前城市交通推崇的电子付费方式，可大大减少二次付费的麻烦。另外，在站台层或通过专门设置的换乘站厅层，实现直接换乘（无需二次付费），还有利于进一步吸引不同轨道交通线的短途乘客。

城市轨道交通具有快速、大运量、方便、准时、舒适等特点，应纳入城市公共交通体系统一筹划，形成综合交通体系，给市民的出行提供最大限度地方便。随着城市轨道交通网络的完善，市民出行换乘量必定增大。城市轨道交通不仅要与城市常规交通配合，还需要与公路、铁路、民航等大交通相协调。换乘点是线网构架中各条线路之间或轨道交通线与其他交通方式的交织点，为乘客提供转线换乘的车站，乘客通过换乘站及其专用通道设施，实现人流畅通，达到换乘的目的。城市轨道交通的换乘节点作为城市的重要客运枢纽，通过互相接运，充分发挥城市轨道交通强大的优势，成为城市客运的大动脉。

轨道交通线网各换乘点换乘方式的选择，应满足以人为本、方便乘客、便于管理、工程简单等前提，根据两线交汇形式，结合线网规划的线路敷设方式、联络线布置、线路修建顺序等进行布置。

通过以上各种换乘方式的分析，可以看出，任何换乘点的换乘方式都是把满足换乘客流功能需要放在第一位，同时还要考虑一系列的相关因素：换乘点上两条线路的修建顺序；换乘点上两条线路的交织形式和车站位置；换乘点的换乘客流量和组织形式；换乘点线路和车站的结构形式和施工方法；换乘点的周围地形、地质条件及城市规划的地面和地下空间开发要求等。此外，轨道交通换乘效率与通道换乘、垂直换乘、层间换乘等方式有关。

2. 建立评价指标体系

轨道交通之间的换乘效率指标主要从换乘通畅性、运能协调性和换乘舒适性等 3 个制约因素考虑，轨道交通与市外、市内交通换乘效率主要选取换乘时间 y_1、换乘距离 y_2、运能协调性 y_3、换乘舒适度 y_4 和安全性 y_5，共 5 个具体量化指标，换乘衔接评价指标体系如图 8-3 所示。

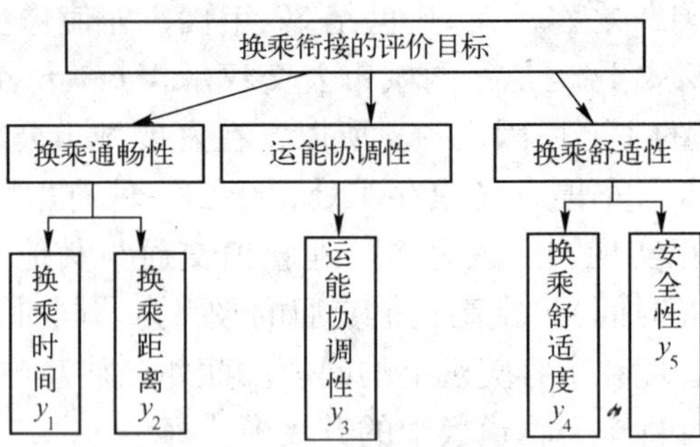

图 8-3　换乘衔接评价指标体系

① 通畅性指标指客流衔接换乘的连续性，用于衡量轨道交通枢纽客流衔接的换乘效率。通过换乘时间和换乘距离加以量化。

② 协调性指标是指衡量轨道交通之间集散客流能力的指标。

③ 舒适性指标指换乘服务和换乘设施给乘客带来的舒适、满意及安全程度，反映枢纽

站的各项服务水平。

3. 评价指标的量化

评价指标主要包括换乘时间、换乘距离、运能协调性、换乘舒适性、安全性 5 方面。

（1）换乘时间

换乘时间是指乘客在轨道交通之间换乘所消耗的时间，是衡量连续性、畅通性的重要指标之一。两条线路交叉形成 8 个换乘方向，再加上每条线路可产生 2 个调头方向，因此，换乘时间是由 12 个换乘方向的乘客换乘消耗时间来考虑，其计算公式如下：

$$y_1 = \sum_{i=1}^{12} \delta_i T_i \tag{8-1}$$

$$\text{其中，}\delta_i = \frac{m_i}{M},\ \sum_{i=1}^{12}\delta_i = 1,\ T_i = T_{ia} + T_{ib} + T_{ic}$$

式中：y_1——换乘时间，min；

δ_i——第 i 个方向的换乘系数，随换乘方向客流量的大小而异；

m_i——枢纽内第 i 个方向在轨道交通之间换乘的客流量，人次/h；

M——需要在轨道交通之间换乘的客流量，人次/h；

T_i——乘客在第 i 个方向换乘需要的时间，min；

T_{ia}——乘客从轨道交通下车的时间，min；

T_{ib}——乘客从下车的站台到换乘的另一站台所需要的时间，min；

T_{ic}——乘客在需要换乘的站台候车和上车的时间，min。

（2）换乘距离

换乘距离是指乘客在轨道交通之间完成整个换乘过程的步行距离，可用乘客从轨道交通车站步行到另一轨道交通换乘车站的平均距离来表示，其计算公式为：

$$y_2 = \sum_{i=1}^{12} \delta_i L_i \tag{8-2}$$

式中：y_2——换乘距离，km；

L_i——乘客在第 i 个方向换乘需要步行的距离，km；

δ_i——含义同式（8-1）。

（3）运能协调性

运能协调性是指轨道交通之间客运设备的适应性情况，用于衡量轨道交通之间集散客流的能力，可以用高峰小时需要换乘轨道交通的人数与轨道交通运送客流量的比值来计算，其计算公式为：

$$y_3 = \frac{P_H \gamma}{P_L} \tag{8-3}$$

式中：y_3——运能协调性；

P_H——轨道交通枢纽内需要换乘的客流量，人次/h；

γ——需要在轨道交通之间换乘的乘客所占的比例；

P_L——客运高峰期轨道交通运送的客流量，人次/h。

（4）换乘舒适性

换乘舒适性是指乘客对枢纽所提供的服务的满意程度及枢纽的安全程度，反映了换乘枢纽各项服务水平，其计算公式如下：

$$y_3 = \sum_{i=1}^{12} \delta_i \ (\beta_{i1} k_{i1} + \beta_{i2} k_{i2} + \beta_{i3} k_{i3}) \tag{8-4}$$

式中：β_{i1}、β_{i2}、β_{i3}——换乘枢纽服务水平系数，且 $\beta_{i1} + \beta_{i2} + \beta_{i3} = 1.0$；

k_{i1}、k_{i2}、k_{i3}——反映枢纽在标志、遮掩设施、换乘通道或站台设备 3 个方面状况的定量值，k_{i1}、k_{i2}、k_{i3}的取值如表 8-4 所示。

表 8-4　k_{i1}、k_{i2}、k_{i3}取值表

枢纽提供各类数据的比例/%	标志完善状况 k_{i1}	遮掩设施状况 k_{i2}	换乘通道或站台设备状况 k_{i3}
小于 30	0～0.20	0～0.30	0～0.40
30～50	0.21～0.40	0.31～0.50	0.41～0.60
50～70	0.41～0.60	0.51～0.70	0.61～0.70
70～90	0.61～0.80	0.71～0.90	0.71～0.90
90 以上	0.81～1.00	0.91～1.00	0.91～1.00

（5）安全性

安全性用于衡量换乘枢纽内的环境质量水平，反映枢纽内通风、照明、温度、湿度等是否达标，站台楼梯的设计是否考虑乘降的安全和方便，以及枢纽内发生紧急事故时乘客的疏散措施是否有效等，该指标难以量化，可根据经验取值。

8.2.2　轨道交通换乘站布局评价

当前，我国城市轨道交通正从单线规划建设进入到网络化整体规划建设，从整个线网协调统一、整体优化的角度考虑，在线网的交会或交叉地段处理好线路间的换乘和相互联络等问题必将带来极大的经济效益和社会效益。

换乘站是线网构架中各条线路的交叉点，乘客通过换乘站及其专用（或兼用）通道设施，达到换乘的目的，换乘的便捷性直接影响整个线网的效率。换乘站分布和换乘形式的灵活性，对轨道交通线网的整体功能和线网构架的稳定性有着较大影响。

在这些要求中，除旅行时间、准时性、减少事故以外，其他大部分要在一体化运营及交通方式之间换乘的方便、舒适和快捷的基础上才能达到。可以说，换乘布局方案的好坏，决定着线网规划的成功与否。如果轨道交通线路在一个城市中只有一条或两条，线路的交叉点也只有一个或两个，从连通轨道交通线路的角度考虑，所有交叉点均应设置为换乘站。但随着轨道交通线网逐渐形成规模，线网将由十几条线路构成，交会点也从最初的一两个上升为几十个。由于轨道交通建设周期长、各条线路不能同时修建，且建成后不易改动，因此在线网规划阶段，就应对换乘布局方案进行详细研究，以避免在实施阶段出现难以克服的问题，引起大的调整或工程的废弃。

1. 换乘站布局评价指标体系

从宏观层面（即提高线网效率）研究换乘站布局，并对换乘站布局方案进行评价。轨道交通换乘站布局评价指标体系如图 8-4 所示，具体指标说明如下。

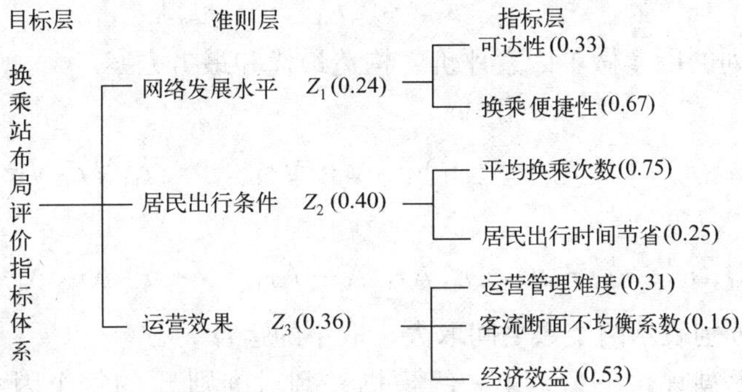

图 8-4　轨道交通换乘站布局评价指标体系

（1）网络发展水平

① 可达性：可达性是指从城市一点、一区到城市其他地方的方便性，它反映某一节点在路网中的地位，以及节点对外交通联系的便捷程度。

② 换乘便捷性：轨道出行可直达目的地的人次和在轨道线网中需中转换乘一次方能到达目的地的人次占轨道线网总出行人次的比例，它可以衡量乘客直达程度、轨道线网布局和车站布局合理程度。

（2）居民出行条件

① 平均换乘次数：乘坐轨道交通到达目的地所需的平均换乘次数，它反映网络换乘条件对乘客出行便捷性的影响。

② 居民出行时间节省：设置换乘站后居民出行的平均节省时间，它反映换乘站的设立为居民提供的方便性。

（3）运营效果

① 运营管理难度：对于规划好的不同数量的换乘站，管理中心的管理难度对比，它反映换乘站规划对运营管理的影响。

② 客流断面不均衡系数：轨道交通线网各线客流断面最大值与平均值之比，它反映轨道交通线网所承担客流的均衡程度，以评价线网的客运效率。

③ 经济效益：不同换乘站规划下资本的投入及对周边土地价值的影响，它评价网络的经济效益。

2. 换乘站布局多目标模糊综合评价方法

（1）模糊评价模型

假设决策论域是布局方案集，$U=\{u_1, u_2, \cdots, u_m\}$，$m$ 为待评价方案个数。目标集为 $V=\{v_1, v_2, \cdots, v_n\}$，$n$ 为目标个数，方案 U_i 对指标 G_j 的属性值为 p_{ij}（$i=1, 2, \cdots, m$；j

$=1, 2, \cdots, n$)，矩阵 $\boldsymbol{P}=(p_{ij})_{n\times m}$ 表示 m 个目标对 n 个方案的目标特征值矩阵。将矩阵 $\boldsymbol{P}$ 中的特征值转换为相对隶属度，构造新的指标隶属度矩阵为：

$$\boldsymbol{R}=(r_{ij})_{n\times m}=\begin{bmatrix} r_{11} & \cdots & r_{1m} \\ \vdots & & \vdots \\ r_{n1} & \cdots & r_{nm} \end{bmatrix}$$

将矩阵 $\boldsymbol{R}$ 中每列的因素做单因素评价，构造最优和最劣方案。

最优方案为

$$r_g=\{r_{g1}, r_{g2}, \cdots, r_{gm}\}=\{r_{11}\vee r_{12}\vee\cdots\vee r_{1m}, \cdots, r_{n1}\vee r_{n2}\vee\cdots\vee r_{nm}\} \tag{8-5}$$

最劣方案为

$$r_h=\{r_{h1}, r_{h2}, \cdots, r_{hm}\}=\{r_{11}\wedge r_{12}\wedge\cdots\wedge r_{1m}, \cdots, r_{n1}\wedge r_{n2}\wedge\cdots\wedge r_{nm}\} \tag{8-6}$$

式中：$\wedge$、$\vee$——分别表示两个数之间取大、取小的运算。

本书采用多级模糊评价模型，第一级模糊评判对准则 z_i 的每个因素进行单因素评价，其中 z_i 包括 m 个指标，即 $z_i=\{x_{i1}, x_{i2}, \cdots, x_{im}\}$，

第二级模糊评判在对 Z 的 m 个指标均作出单因素评价后，对上一级因素进行综合评价，最后得出方案的优属度向量 $\boldsymbol{u}_j=(u_1, u_2, \cdots, u_n)$。

（2）指标特征值的量化

多目标决策的显著特点之一是目标间的不可公度性，即各个目标之间没有统一的度量标准（价值体系、评价尺度），因而难以比较；而且指标来自不同方面、不同层次，不能将它们放在同一层面上考虑。所以，在进行综合评价前，应先将评价指标的特征值无量纲化，统一变换到［0，1］范围内，计算其隶属度。

布局方案评价体系中的定量指标有效益型指标（越大越好型，如居民出行时间节省等）、成本型指标（越小越好型，如平均换乘次数等）和固定型指标（越接近某一数值越优型，如可达性），相应的指标集分别为 V_1、V_2、V_3。根据指标的不同特点，采用以下方法进行处理。

① 效益型指标

$$r_{ij}=\frac{r_{ij}-r_{j,\min}}{r_{j,\max}-r_{j,\min}} \quad i=1, 2, \cdots, n;\ j\in V_1 \tag{8-8}$$

② 成本型指标

$$r_{ij}=\frac{r_{j,\max}-r_{ij}}{r_{j,\max}-r_{j,\min}} \quad i=1, 2, \cdots, n;\ j\in V_2 \tag{8-9}$$

③ 固定型指标

$$r_{ij}=1-\frac{|r_{ij}-r_i^*|}{\max|r_{ij}-r_i^*|} \quad i=1, 2, \cdots, n;\ j\in V_3 \tag{8-10}$$

对于定性指标评定值的模糊矩阵由专家评判确定。对于目标下准则的第 s 个指标，请 h 个专家依次给出评价值 J_{s1}，J_{s2}，$\cdots$，J_{sh}，得到 h 个评价值，并取其平均数，则得到目标下的第 s 个指标的隶属度 r 为

$$r = (J_{s1} + J_{s2} + \cdots + J_{sh})/h \tag{8-11}$$

将定量和定性的特征值合并在一起，m 个方案的 n 个评价指标值组成一个模糊矩阵。

（3）指标评价体系权重的确定

方案的优劣是由各评价指标反映出来的，但是每个指标对总体方案的影响程度各不相同，所以需要根据各指标对总体方案评价的重要程度确定其权重。在实际应用中，确定权重的主要方法包括 Delphi 法、专家调查法、频数统计法和层次分析法（AHP），本文采用比较成熟的 AHP 方法确定各指标的权重。AHP 方法的信息基础是判断矩阵，利用排序原理，求得矩阵排序矢量，可计算各指标权重系数，计算步骤如下。

① 计算判断矩阵 $\boldsymbol{B}$ 的每一行元素的积 M_i：

$$M_i = \prod_{j=1}^{n} b_{ij} \quad i = 1, 2, \cdots, n \tag{8-12}$$

② 计算各行 M_i 的 n 次方根值：

$$\overline{W_i} = \sqrt[n]{M_i} \quad i = 1, 2, \cdots, n \tag{8-13}$$

式中：n——矩阵阶数。

将向量 $\boldsymbol{t} = (\overline{W_1}, \overline{W_2}, \cdots, \overline{W_n})^{\mathrm{T}}$ 归一化得到最终的权重值。

（4）实例分析

以我国某市轨道交通线网建设规划为例，利用上述方法对其换乘站布局进行综合评价和分析。该市轨道交通线网建设规划为 9 条城市轨道交通线的全线或部分路段开通运营，总线网长度 255 km，车站 164 个，其中城际轨道交通线 1 条，长度 17.4 km，车站 10 个。针对近期规划开通和在建的 10 条城市轨道交通线路进行分析，即 272.4 km 线网，174 个车站，其中 30 个车站为线网交汇点。根据各交汇点车站在整个线网中的重要程度，通过聚类分析方法，首先确定了 4 个换乘布局方案进行评价。

由于换乘站布局评价指标系统分为两个层次，计算首先从第一层（最底层）开始。利用前面求出的权重，结合多目标模糊优选模型，计算单因素的评价优属度向量，再利用多层次多目标系统模糊优选方法，计算高层次的评价优属度。

从网络发展水平对应的指标计算隶属度矩阵，得

$$\boldsymbol{R}(1) = \begin{bmatrix} 0.635 & 0.622 & 0.624 & 0.610 \\ 1.000 & 0.660 & 0.660 & 0.000 \\ 1.000 & 0.613 & 0.892 & 0.532 \end{bmatrix}$$

其中，最优方案 R_{g1} = (0.635, 1, 1)，最劣方案 R_{g1} = (0.610, 0, 0.532)，u_1 = (1, 0.52, 0.83, 0)。同理，从居民出行条件改善和运营效果两个准则出发，由图 8-4 得指标权值为 0.24、0.40、0.36，得到优属度向量为

$$\boldsymbol{R}(2) = \begin{bmatrix} 0.775 & 0.437 & 0.622 & 0.175 \\ 0.862 & 0.855 & 0.864 & 0.850 \\ 1.000 & 0.917 & 0.775 & 0.648 \end{bmatrix}$$

$$\boldsymbol{R}(3)=\begin{bmatrix}0.473 & 0.252 & 0.252 & 1.000\\ 0.225 & 0.123 & 0.213 & 0.375\\ 0.640 & 0.480 & 0.550 & 0.370\end{bmatrix}$$

$$u_3=(0.41,\ 0.05,\ 0.13,\ 0.75)$$

根据三个准则层优属度的计算结果，求得最终方案的优属度向量为 $\boldsymbol{u}=(0.96,\ 0.31,\ 0.83,\ 0.16)$。由公式得出方案综合评价的最终排序，方案 1 最优，方案 3 次之，方案 4 最差。

8.3 轨道交通运营绩效评价

8.3.1 运营绩效影响因素

近年来，轨道交通运营绩效不断提高，但影响运营绩效的事件经常发生。例如，某城市 2005 年和 2006 年地铁晚点 5 分钟发生数每日平均为 0.81 次和 0.78 次，有时因处理不当，会造成更长时间的晚点，给有效运营和乘客出行都带来较大的影响。

城市轨道交通运营绩效领域具有四个构成要素，分别是运营有效性、运营安全性、服务可得性和设施设备保障性。

① 运营有效性。有效性反映运营计划执行和运行水平的综合性指标。任何非正常原因导致正常运营中断，都会影响运营秩序，造成系统运能浪费、成本增加、社会效益损失。

② 运营安全性。安全性是指因为设施设备不安全状态、员工不安全行为、管理行为失当所引起的事件，不仅影响运营有效性，还可能引起人员伤亡、设备损坏、财产损失等多种较为严重后果。

③ 服务可得性。可得性指乘客从进站到出站过程中所得到的全部服务，包括服务态度、服务设施效度、环境卫生，投诉处理效度等。乘客对服务认可程度，反映服务产品的合格程度。

④ 设施设备保障性。轨道交通是包括调度、列车、机电、通信、信号、轨道、环控、防灾报警等设施设备系统的集成，其运作效度，直接或间接影响乘客满意位移实现效度。四大领域要素构成了运营绩效实现的互为依存结构关系，任何系统的运作效度，都对整体运营绩效产生影响。

轨道交通运营绩效的主要影响因素有两个方面：一是设计建设遗留问题，影响运营绩效实现。在超常规发展中，轨道交通在设计和建设中遗留着“功能设计不够完善、设施设备配置不同步、技术功能不够稳定”等问题，且因试运营时间过短而不及整改，导致影响正常运营的事件时有发生。二是人力资源需求扩大，员工素质亟待提高。快速扩张的运营规模，激发人员配置大量需求，预计未来两年新增员工 10 000 多人。在一定时间段内，受员工职业经验、技能、素质的局限，也会对有效运营产生一定影响。实施绩效管理，针对有效运营影响因素，确立运营绩效实现方向，层层分解并建立组织、部门、个人相一致的绩效目标，导向各层次绩效行为，发现绩效管理缺陷，优化资源配置和管理措施，化解影响和制约因素，为提升绩效提供有力支撑。

8.3.2　运营绩效评价指标体系

以“乘客满意位移”为导向，解析运营绩效构成和实现领域，依据运营绩效领域属性，解析运营绩效指标构成，确立运营绩效实现关键要点，进而建立主要由 19 个指标构成的运营绩效评价指标体系，如表 8-5 所示。

表 8-5　运营绩效评价指标体系

制定依据	运营绩效领域	运营绩效指标	
乘客满意位移	运力利用率	A1	运营正点率
		A2	运营列车满载率
		A3	5 分钟晚点
		A4	15 分钟晚点
		A5	30 分钟晚点
	乘客服务性	B1	乘车环境
		B2	乘务配套措施
		B3	人工服务水平与有责任投诉发生率
	运营服务性	C1	售票机服务
		C2	检票机服务
		C3	屏蔽门服务
	设施设备保障性	D1	运营列车完好率
		D2	主变、降变、牵引变电站故障
		D3	供电接触网故障率
		D4	电扶梯服务
		D5	中央 ATS 故障率
		D6	通信、信号设备故障率
		D7	轨道、道岔故障率
		D8	储值机服务

8.4 轨道交通满意度评价

8.4.1 乘客满意度

轨道交通乘客满意度（Passenger Satisfaction Degree，PSD），是指乘客通过对服务的感知效果与其期望值相比较后，所形成的愉悦或失望的感觉状态。乘客满意度指标不仅可以衡量轨道交通的服务质量，提供横向比较和时间序列比较的可能，而且能为服务的评价与预测拓宽视角，为运营公司进行诊断指导。乘客满意度评价是不断提高城市轨道交通服务水平的必要手段。

8.4.2 轨道交通乘客满意度影响因素

通过了解乘客满意度，可以对乘客满意度影响因素进行分析，乘客期望、感知质量和感知价值三个因素对乘客满意度影响重大，决定着乘客的满意程度，是前提变量。而乘客满意度、乘客抱怨和乘客忠诚都是结果变量。

① 乘客期望。期望是乘客在整个自我评价过程中的依据，因此对乘客满意程度有直接的、较大的影响；而且乘客的期望来自于乘客的需求、乘客自己在过去的地铁服务经历，以及包括他人的经历、当前服务的质量与价格水平等多方面的信息。乘客期望的水平高或低还与自己收入水平、价值观念和对事物的分析判断能力有关。乘客期望的水平是不断变化和更新的，这就使地铁公司提高乘客满意程度面临更大的挑战。一般来说，乘客期望越高，乘客满意度越低。

② 乘客对质量的感知。它对乘客满意度有直接的影响和作用。作为一种普遍的心理现象，乘客满意程度的高或低首先是由乘客对地铁服务感知到的质量决定的，这种对质量的感知取决于地铁服务满足顾客要求的程度及满足这些要求的可靠性。总体而言，乘客感知到的质量越好其满意程度就越高。

③ 乘客对价值的感知。在乘客对价值的感知中，服务的一定价格水平对应于一定的质量水平。所以，乘客对价值感知中不仅仅是指所支付的服务的价格，还和他对服务质量的感知紧紧联系在一起的。

此外，乘客还会从自己的角度出发，在对自己付出的总成本和得到的总价值进行分析和比较后作出判断。同时，乘客从对质量的感知出发，当感知到的价值增加时，顾客满意度也会随之提高。

8.4.3　轨道交通乘客满意度评价指标

轨道交通乘客满意度评价指标体系主要是从乘车前后和乘车过程两个方面考虑，从安全、快速、方便、准时、舒适性等方面进行分析，通过分析各方面的构成要素，来评价乘客满意度。安全效用、快速效用、方便效用、准时效用、舒适性效用以及衍生效用构成要素如表 8-6 至表 8-11 所示。

表 8-6　安全效用构成要素

主要环节		构成要素
乘车前后	站厅	人多时进出站管理；站厅稳固性；各种设备的定期检测；安检设备
	站台	乘客数量控制；人多时的站台管理；站台的稳固性
	换乘通道	换乘秩序维护；换乘乘客数量控制；换乘通道稳固性；换乘扶梯的安全性
	电梯升降机	供电稳定性；乘客数量控制；故障检测
	安全通道	位置合理性；标识的清晰性、可读性
	自然灾害及突发事故	地震、火灾、强风、灌水、沙尘暴、等自然灾害及停电等突发事故的处理
	人为事件	危险品、爆炸物、刑事犯罪（如偷窃等）及恐怖袭击等的处理
乘车过程	车辆	车辆运行前的质量测试；车体的稳固性；车体材料安全；车辆的定期检测与维修
	轨道	轨道质量安全；轨道检测与维护
	供电	电力供应安全；供电系统的检测与维护
	通信与信号	列车与车站之间各种信息传递安全；列车与列车之间的各种信息传递安全；车站与车站之间各种信息传递安全；列车及车站与总控室之间的信息传递安全
	各种车载设备	车载设备使用前的质量测试；车载设备运营期的定期检测与维修
	自然灾害及突发事故	地震、火灾、强风、灌水、沙尘暴、停电等自然灾害及突发事故的处理
	人为事件	危险品、爆炸物、恐怖袭击等预防、控制与事件发生时的乘客疏散； 防止其他犯罪或不道德行为（如偷窃、打架、性骚扰等）的发生；不慎掉入（含被推入）轨道

表 8-7　快速效用构成要素

主要环节		构成要素
乘车前后	公交车接驳	接驳时间（受公交车与轨道车站的距离、通道及行走的方便性等影响）
	进出站	进出站时间（受电梯及升降机系统的运行状况进出站的秩序等影响）；车站上、下车时间（受候车秩序，如排队候车、上下车门分开、打铃后禁止上车等影响）；候车时间（取决于发车间隔及候车人数）；是否有封站或限流现象；是否有列车停运现象
	换乘通道	换乘时间（受换乘通道的距离、换乘秩序等的影响）

续表

<table>
<tr><th colspan="2">主要环节</th><th>快速效用构成要素</th></tr>
<tr><td rowspan="3">乘车过程</td><td>通信与信号</td><td>加快信息传递速度，提高信息传递质量，提高乘客流动速度；发车间隔控制；运行速度控制；故障处理</td></tr>
<tr><td>各种设备</td><td>设备运行及管理</td></tr>
<tr><td>列车</td><td>列车是否停运</td></tr>
</table>

表 8–8　方便效用构成要素

<table>
<tr><th colspan="2">主要环节</th><th>构成要素</th></tr>
<tr><td rowspan="4">乘车前后</td><td>车站外</td><td>自行车寄放点</td></tr>
<tr><td>站厅与车站</td><td>票务管理（自动售检票系统、人工售检票系统）；进出站管理；与公交车的接驳；各种通道位置；乘客信息系统管理；站厅、站台人工乘客服务系统；车站及站厅内各种标识、导向系统管理是否有封站或限流现象</td></tr>
<tr><td>换乘通道</td><td>换乘便利性</td></tr>
<tr><td>老弱病残孕等特殊群体进出站管理</td><td>特殊人群进出站的方便性（如设置无障碍通道升降机等）</td></tr>
<tr><td rowspan="3">乘车过程</td><td>通信与信号</td><td>列车广播等及时通报各站信息（包括所在站的商业、景点、公交换乘等介绍）；车载通信装置</td></tr>
<tr><td>车辆</td><td>车内标识管理（如车内轨道交通线路图、换乘车站标识、列车到站标识等）</td></tr>
<tr><td>老弱病残孕等特殊群体进出站管理</td><td>特殊人群乘车过程的方便性（如为其设置专门车区域、对轮椅进行固定等）</td></tr>
</table>

表 8–9　准时效用构成要素

<table>
<tr><th colspan="2">主要环节</th><th>构成要素</th></tr>
<tr><td>乘车前后</td><td>车站</td><td>设备管理；列车进出站管理；人多时进出站秩序与管理；换乘通道秩序与管理；是否有封站或限流现象；是否有列车停运现象</td></tr>
<tr><td rowspan="4">乘车过程</td><td>轨道</td><td>轨道状态监测与轨道维护</td></tr>
<tr><td>通信与信号</td><td>信息传递及处理</td></tr>
<tr><td>其他设备</td><td>设备运行管理</td></tr>
<tr><td>列车</td><td>列车运行控制；车内秩序管理；列车是否停运</td></tr>
</table>

表 8–10　舒适性效用构成要素

<table>
<tr><th colspan="2">主要环节</th><th>构成要素</th></tr>
<tr><td rowspan="3">乘车前后</td><td>车站</td><td>站厅、站台环境；站台、站厅的拥挤程度；进出站管理；站内标识管理</td></tr>
<tr><td>换乘通道</td><td>换乘环境管理</td></tr>
<tr><td>老弱病残孕等特殊群体进出站管理</td><td>特殊群体进出站、候车、换乘等的舒适性</td></tr>
</table>

续表

主要环节		构成要素
乘车过程	车辆	车内温度、通风状况；车内拥挤程度；座位及扶手设置；行车平稳性
	老弱病残孕等特殊群体进出站管理	特殊群体乘车过程的舒适性

表 8-11　衍生效用构成要素

主要环节		构成要素
乘车前后	车站或车站附近	便利店、书报摊、饮食店或摊位、小型修理及服务、ATM 机、手机加油站、演出票销售及短时上网等
	进出站	与大型超市、商场、医院、餐馆、体育场馆等公共场所的接驳性
乘车过程	列车	移动通信服务、网络服务、广播或车载电视等的新闻及信息提供服务

8.4.4　员工满意度评价指标

对于地铁运营公司来说，乘客作为公司的利润源泉，只有让乘客感到满意，地铁才能长久获得乘客的青睐，以保证公司的持续发展。但是，乘客的满意来源于地铁运营公司为乘客提供的高质量服务，来源于地铁运营公司的员工。

1. 员工满意度的含义

员工满意（Employee Satisfaction，ES）是在顾客满意（Consumer Satisfaction，CS）基础上发展起来的。员工满意是指一个员工通过对企业的感知效果与其期望值比较后，形成的愉悦或失望的感知状态。员工满意或不满意是一种情绪反映，也是一种比较指数，具有程度区分，员工满意水平的量化就是员工满意度。

员工满意度（Employee Satisfaction Degree，ESD）的内涵相当丰富，其一般性解释认为员工满意是单一的概念，是员工对工作本身及工作环境因素所感受到的一种态度，即员工对其全部工作的整体反应。另一种解释是相对于个体生活满意度和总体满意度而言，特指个体作为职业人的满意程度。

2. 员工满意度的影响因素

影响员工满意度的因素很多，影响工作满意度的主要因素包括工作本身、工作待遇、工作环境、工作团队、对企业的满意度、影响员工满意度的个体因素等。

（1）工作本身

工作本身的内容在决定员工的员工满意度中起着重要的作用。工作本身主要是指企业能够为员工提供机会，充分利用自己的技术和能力，在工作中获得成功，带来自信和成就感。

还为员工提供各种工作岗位和一定的空间进行发挥创造。此外，还为员工的业绩好坏提供信息反馈。

（2）工作待遇

企业的薪酬、福利、业绩与考核制度、奖励制度、晋升制度及政策是对员工工作最直接最明确的物质肯定方式。这些制度政策是否公平直接影响到员工满意度，其中薪酬是影响员工满意度的非常重要的因素，它不仅能满足员工生活和工作的基本需求，而且还是企业对员工所作贡献的肯定和尊重。

（3）工作环境

工作环境对任何一个人来说都是衡量工作舒适度的重要指标之一。工作环境主要包括：

① 工作场所环境的舒适度（物理安全性，适宜的温湿度、亮度，低噪声，洁净等）以及企业所处地区环境的满意程度；

② 工作设施配备齐全性，主要是指工作必需的条件、设备及其他资源是否配备齐全、够用，以及可取得程度；

③ 作息制度，主要包括合理的上、下班时间，加班制度等；

④ 从事工作的便利性，主要指易操作的现代化工具，不太遥远的工作地点。

（4）工作团体

人际关系是决定员工满意度的重要影响因素。在团队层面上，群体成员相互之间受到社会情感的影响，这些都影响到员工个人的满意度，同时也作用于群体的满意度。融洽的工作团体是保证和谐工作氛围的重要条件之一。这主要是指员工与其同事之间有相互的了解，有良好的合作、支持和人际关系，团队具有良好的员工士气和团队精神，信息的开放程度，上下级之间的相互尊重、信任、支持等。

（5）对企业的满意度

员工对企业的满意度主要是指员工对企业的管理机制、管理制度和业务运作流程的接受程度；对企业的历史背景、远景规划、经营战略和文化建设的认同程度；对企业经营管理的参与程度；对企业的顾客满意度和社会形象的自豪感等。

（6）影响员工满意度的个体因素

影响员工满意度的个体因素有很多，比如性别、年龄、教育程度、婚姻状况、工作年限、职务、价值观、性格等。

3. 员工满意度评价指标体系

根据地铁运营分公司自身的特性和管理需要，员工满意度评价指标体系如表 8-12 所示。在实际应用时，地铁运营公司也可结合自身的实际情况进行修改调整。

表 8-12 员工满意度评价指标体系

目标层	指标层		
	Ⅰ级指标（6 个维度）	Ⅱ级指标（18 个维度）	Ⅲ级指标（89 个维度）
员工满意度	对工作回报的满意度	物质回报	1. 工资收入
			2. 加班工资

续表

目标层	指 标 层		
	Ⅰ级指标（6个维度）	Ⅱ级指标（18个维度）	Ⅲ级指标（89个维度）
员工满意度	对工作回报的满意度	物质回报	3. 奖金
			4. 福利
			5. 社会保险
			6. 薪资系统
			7. 假期
		精神回报	8. 工作乐趣
			9. 成就感
			10. 尊重与关怀
			11. 友谊与朋友
			12. 个人能力及特长的发挥
			13. 职位与权利
			14. 威信与影响力
			15. 表扬与鼓励
		奖惩管理	16. 物质或金钱奖励
			17. 评比优秀
			18. 罚款
			19. 记过或降级、降职处罚
	对个人成长的满意度	个人成长与发展	20. 培训
			21. 机遇
			22. 晋升
			23. 知识的进步
			24. 社会地位
			25. 能力的提升
	工作背景的满意度	后勤保障及支持	26. 劳动合同
			27. 公司食堂
			28. 公司宿舍
			29. 休息场所
			30. 医疗保障
			31. 劳保
		工作休息制度	32. 上下班时间
			33. 休息
			34. 加班制度
			35. 请假制度

续表

目标层	指标层		
	Ⅰ级指标（6个维度）	Ⅱ级指标（18个维度）	Ⅲ级指标（89个维度）
员工满意度	工作背景的满意度	工作配备	36. 资源充裕性
			37. 设备（办公设备）的维护及保养
			38. 资源（办公资源）配备的效率
			39. 固定资产管理
			40. 新设备（新办公设备）的配置
			41. 新技术的运用
		工作环境	42. 上下班交通便利程度
			43. 舒适感
			44. 安全感
			45. 美观
	对工作群体的满意度	内部和谐度	46. 行为、礼节和礼仪
			47. 沟通与交流人际关系
			48. 工作配合
			49. 信息与经验
			50. 员工士气及心态
			51. 舆论控制
			52. 团队精神
		工作方法和作风	53. 工作质量
			54. 工作效率
			55. 工作成本
			56. 工作计划
			57. 责任感及能动性
			58. 灵活性与技巧
			59. 会议效率
		人员素质	60. 品格、修养
			61. 观念
			62. 知识水平及经验
			63. 体质与健康
			64. 能力表现
	对企业管理的满意度	管理机制	65. 管理创新和改进
			66. 管理的连续性和稳定性
			67. 组织机构
			68. 用人机制
			69. 监察机制

续表

<table>
<tr><td rowspan="2">目标层</td><td colspan="3">指　标　层</td></tr>
<tr><td>Ⅰ级指标（6 个维度）</td><td>Ⅱ级指标（18 个维度）</td><td>Ⅲ级指标（89 个维度）</td></tr>
<tr><td rowspan="20">员工满意度</td><td rowspan="13">对企业管理的满意度</td><td rowspan="3">管理风格</td><td>70. 管理才能</td></tr>
<tr><td>71. 情感管理</td></tr>
<tr><td>72. 管理的有效性</td></tr>
<tr><td rowspan="4">公司制度</td><td>73. 内部投诉</td></tr>
<tr><td>74. 制度建设</td></tr>
<tr><td>75. 认可程度</td></tr>
<tr><td>76. 实施效果</td></tr>
<tr><td rowspan="6">企业文化</td><td>77. 对企业的认同感及归属感</td></tr>
<tr><td>78. 企业形象</td></tr>
<tr><td>79. 文体、娱乐活动</td></tr>
<tr><td>80. 生日及节假日问候</td></tr>
<tr><td>81. 报纸、图书杂志</td></tr>
<tr><td>82. 内部刊物</td></tr>
<tr><td rowspan="7">对企业经营的满意度</td><td rowspan="2">服务质量</td><td>83. 乘客投诉</td></tr>
<tr><td>84. 乘客信心及满意度</td></tr>
<tr><td rowspan="3">社会形象</td><td>85. 对本地公共交通的贡献</td></tr>
<tr><td>86. 与本地政府的关系</td></tr>
<tr><td>87. 就业解决</td></tr>
<tr><td rowspan="2">发展远景</td><td>88. 企业远景及规划</td></tr>
<tr><td>89. 企业经济指标</td></tr>
</table>

8.5 轨道交通服务质量评价

8.5.1　客运服务质量

什么是服务质量？研究质量管理的学者对服务质量有不同的定义。比较有代表性的是早期的符合性定义与后来的满足性定义。

早期的符合性定义认为服务质量是以提供的服务是否符合设定标准为衡量依据，符合设定标准的程度反映了服务质量的水平。

后来的满足性定义认为服务质量是以提供的服务是否满足顾客期望为衡量依据，满足顾客期望的程度反映了服务质量的水平。

上述两个定义均反映了服务质量概念的某一方面，存在一定的片面性。但满足性定义强调服务应以顾客为中心，顾客对服务的期望和体验是评价服务质量的基本依据，显然是一个进步。

8.5.2 服务质量评价

进行车站客运服务质量评价，首先应构建一组评价指标。构建评价指标应符合全面性、针对性、独立性和可操作性等原则。

全面性是指评价指标应能系统地评价客运服务质量。针对性是指评价指标应能反映客运服务质量的主要方面。独立性是指各个评价指标的内涵不能相互替代。可操作性是指评价指标不宜太多，乘客评价意见易于采集与处理。

在构建评价指标时，应在分析车站客运服务内容的同时，重点分析乘客从进站到上车（或从下车到出站）过程中对车站客运服务的期望。根据分析，乘客对车站客运服务的期望主要是便捷、舒适与安全，而车站客运服务的内容主要是乘客导向、售检票、乘降组织、车站环境、对老弱病残孕乘客的特殊服务等。因此，车站客运服务质量可用便捷性、舒适性和安全性等方面指标来评价。

① 便捷性：便捷性主要是反映乘客在车站内所需时间和方便程度。对便捷性的评价可以考虑采用导向标志设置、售检票作业、列车信息提供、换乘时间等指标。

② 舒适性：舒适性主要是反映乘客对车站及候车环境的总体感知。对舒适性的评价可以考虑采用卫生、温度、湿度、进风量、照明、自动扶梯使用、高峰小时拥挤程度、无障碍化、服务态度、有责投诉及其处理等指标。

③ 安全性：安全性主要是反映乘客在车站内免除危险的程度。对安全性的评价可以考虑采用候车秩序、站台安全、乘客疏导、应急救援措施等指标。

8.5.3 服务质量评价方法

车站客运服务质量涉及多方面属性，因此评价指标体系具有多层次结构。第一层次是综合指标，即乘客满意度；第二层次是要素指标，即便捷性、舒适性和安全性；第三层次是各个特征指标。此外，乘客的评价意见是一种定性评价，具有一定的模糊性。因此，车站客运服务质量评价是典型的多因素、多指标综合评价问题。可以采用模糊综合评价方法来对服务质量进行评价。该评价方法具有数学模型简单、综合评价效果较好等特点。

根据运营统计数据，可以通过以下 6 个指标对车站客运作业的效率和客运服务水平进行考核。

① 车站客运量。报告期内车站运送（包括换乘）的乘客人数。

② 人均客运量。报告期内客运人员人均完成的客运量。

③ 售票差错率。报告期内票款差错额与票款总额之比。

④ 乘客投诉表扬率。报告期内乘客表扬件数与有责乘客投诉件数之比。

⑤ 乘客投诉处理率。报告期内已处理的有责乘客投诉件数与有责乘客投诉件数之比。

⑥ 自动扶梯停用率。报告期内自动扶梯停用时间与营业时间总和之比。

8.6 轨道交通运营综合评价指标体系

轨道交通运营综合评价指标体系是由目标层和多级指标层构成，指标包含定性和定量两部分。指标主要有运营安全评价指标、换乘评价指标、运营绩效评价指标、乘客和员工满意度评价指标及服务质量评价指标，综合评价指标体系见表 8-13，轨道交通综合评价等级表如表 8-14 所示。

表 8-13　轨道交通综合评价指标体系一览表

目　标　层	Ⅰ级指标层	Ⅱ级指标层
轨道交通运营综合评价	运营安全评价指标	⋮
	换乘评价指标	⋮
	运营绩效评价指标	⋮
	乘客和员工满意度评价指标	⋮
	服务质量评价指标	⋮

表 8-14　轨道交通综合评价等级表

评价等级	对应分值	定性描述
A	85 分～100 分	优
B	71 分～84 分	良
C	60 分～70 分	中
D	<60 分	差

本章练习题

1. 试说明轨道交通的运营模式分为几种及其定义。
2. 轨道交通运营评价指标评价包括哪几部分？
3. 地铁乘客满意度的定义是什么？
4. 简述轨道交通乘客满意度的影响因素。
5. 什么是客运服务质量？
6. 多目标决策为什么要进行指标特征值的量化？

9 第9章 统计法规及轨道交通运营管理规范

本章概述

本章重点介绍统计法的界定，以及统计法规定统计部门与其他国家机关、社会团体、企事业单位、个体工商户及公民在统计活动、统计管理工作中形成的社会关系，包括统计行政机关的职权、职责、义务应承担的法律责任等，并从广义和狭义两方面规范了统计活动的统计法律、行政法规、地方性法规及轨道交通运营规范等内容。

本章学习重点

1. 了解统计法研究的内容和范畴：①管理者和被管理者之间的关系；②政府统计机构内部关系；③调查者与被调查者之间的关系；④利用统计资料使用中形成的各种关系理解和体会统计法的特点。

2. 掌握统计违法行为的种类、统计违法行为的法律责任。

9.1 统计法概述

9.1.1 统计法的概念和特点

1. 统计法的概念

统计法是调整统计部门在组织、管理统计工作和进行统计活动过程中与其他相关方面发生的社会关系的行为规范的总称，它是人们进行统计活动的行为准则。具体地说，统计法律规定了统计部门与其他国家机关、社会团体、企业事业组织、个体工商户及公民在统计活动、统计管理工作中形成的社会关系。包括统计行政机关的职权、职责；统计调查者与被调查对象的权利、义务；违反统计法的规定或不履行职责、义务应承担的法律责任等。统计法具有两个特点：一是统计法的调整对象具有特殊性。它涉及社会生活的各个领域、国家机关、社会团体、企业事业组织、个体工商户、公民等。二是统计法的规范内容具有较强的专业性。如统计调查制度、方法、标准等。统计法作为调整统计活动中各种社会关系的行为规范的总和，包括统计法律如《中华人民共和国统计法》（下文简称《统计法》），统计行政法规如《中华人民共和国统计实施细则》（下文简称《统计实施细则》）等；地方性统计法规如《山东省统计管理条例》；统计行政部门统计行政规章；地方统计行政规章等规范性文件等。

统计法有广义和狭义之分，狭义的统计法仅指《中华人民共和国统计法》；广义的统计法则规范了统计活动的统计法律、行政法规、地方性法规、规章等内容，是一个有机的体系。统计法作为我国行政法的一个组成部分，有自己特定的调整对象、原则、特点和作用，是一门独立的分支学科。

2. 统计法的特点

统计法作为规范统计活动的法律规范，与其他类别的法律规范相比其有以下两个特点。

（1）统计法的调整对象具有特殊性和复杂性

统计法调整对象的特殊性是与其他部门相比而言的，这也是统计法区别于其他部门法的根本所在。例如，会计法以人们在财务会计活动中所形成的社会关系为调整对象；金融法以人们在货币流通和使用活动中所发生的社会关系为调整对象；而统计法则是以统计部门在管理统计工作、进行统计活动的过程中形成的社会关系为调整对象。统计法调整对象的复杂性是指统计法所调整的社会关系既有统计机构内部的管理关系，也有管理民间调查的外部管理关系。因为统计工作覆盖面广，涉及社会生活的各个领域，从而使统计活动中产生的社会关系也十分复杂。国家机关、社会团体、企事业组织、个体工商户、公民，都是统计活动的参加者，都可能成为统计法律关系的主体。归纳起来，我国现行统计法主要调整以下几种社会关系。

① 管理者和被管理者之间的关系。县级以上人民政府统计机构是统计活动的管理者，即统计行政管理机关。统计行政管理机关在管理统计活动过程中与其他单位、个人之间形成的关系即为管理者与被管理者之间的关系。这种关系具体包括在调查项目中的审批、备案、资料管理、数据质量检查及执法检查中形成的关系，以及在涉外调查管理、民间调查管理中形成的关系等。

② 政府统计机构内部关系。政府统计机构内部关系指政府统计机构上下级之间及政府统计机构与其工作人员之间，受层级管理体制决定的领导与服从关系。

③ 调查者与被调查者之间的关系。调查者是指国家统计调查、部门统计调查及地方统计调查的实施者，被调查者是指统计调查对象。调查者在调查活动中可依法要求被调查者提供一定的统计资料，被调查者应当依法向调查者报送。在这一过程中必然在调查者与被调查者之间形成一定的关系。

④ 统计资料使用中形成的各种关系。统计资料是在统计活动中产生的反映社会、经济、科技等发展情况的各种资料的总称，具有十分重要的价值，是进行管理决策和科学研究的重要依据。使用统计资料的过程中，必然在资料的所有者和使用者之间形成一定的社会关系。

（2）统计法规范的内容具有专业性

统计法的专业性是指统计法体系中包含着大量关于统计工作的技术性规范，包括调查制度、统计指标、统计标准等。这些规范由有关机构以办法、规定等形式发布实施，是统计法体系的重要组成部分。

9.1.2　统计法的作用

统计法的作用，就是指统计法对人们行为和社会生活产生的影响。统计法的作用归纳为两点：① 有效地、科学地组织统计工作，推进统计工作的现代化进程；② 保证统计资料的准确性、及时性和全面性。

有效地、科学地组织统计工作，推进统计工作的现代化进程。统计法的这一作用具体体现在以下几个方面。

① 统计法确定了国家建立集中统一的统计系统，实行统一领导、分级负责的统计管理体制；确定了各级统计机构及企业事业组织统计机构的设置及人员配置。以法律的形式从体制上、组织上为统计工作的现代化作出保证。

② 统计法为统计标准的科学化提供了法律依据，为提高统计数据的统一性和可比性创造了条件。根据统计法的有关规定，国家制定统一的统计标准，国家统计标准由国家统计局制定，或者由国家统计局和国务院标准化管理部门共同制定。这样保证了统计调查中采用的指标含义、计算方法、分类目录、调查表式和统计编码等方面的标准化。

③ 统计法为统计计算和传输手段的现代化提供了保障。统计法明确规定，国家有计划地加强统计计算和数据传输技术的现代化建设。国家统计信息工程的实施，对于加速我国统计现代化的进程，全面实现统计信息处理和管理的现代化，进一步提高统计信息的科学性、准确性、及时性、全面性和使用的方便性，提高统计对国民经济宏观决策的快速支持能力、

实现统计信息的全社会共享，促进统计信息的国际交流具有十分重要的意义。

④ 为建设一支具备现代化统计专业知识的人才队伍提出了明确要求。现代化统计工作，没有渊博的学识和多方面的业务技能是不能胜任的，每一个统计工作人员都要有真才实学。为适应这一需要，《统计法》明确要求统计人员应当具有执行统计任务所需要的专业知识，要持证上岗。有关部门和单位应当依照国家规定，评定统计人员的技术职称，保证有技术职称的统计人员的稳定性。对不具备专业知识的统计人员，要加以系统培训。

统计数据的准确性和及时性是整个统计工作的灵魂。所谓统计数据的准确性是指统计数据要能够反映社会经济现象的客观实际情况。所谓统计数据的及时性，是指要按统计法律、法规规定时间，及时地上报或取得统计数据，不得拒报、迟报。为了保证统计数据的准确性、及时性和全面性，统计法对统计调整对象、统计机构和统计人员的权利和义务等方面作出了规范如下。

① 明确要求统计调查对象要依法申报统计资料。所谓依法申报统计资料是指一切统计调查对象都必须依法如实、按时向统计机构、统计人员提供统计资料。统计调查对象依法申报统计资料是统计机构、统计人员准确、及时、全面获得统计资料的前提。统计法明确要求国家机关、社会团体、各种经济组织及公民等统计调查对象必须依法如实提供统计资料，不得虚报、瞒报、拒报、迟报，不得伪造、篡改。

② 明确要求统计机构、统计人员要准确及时完成统计工作任务，保证数据质量。统计法规定统计机构和统计人员实行工作责任制，依法如实提供统计资料，准确及时完成统计工作任务。对于领导人强令或者授意篡改统计资料或者编造虚假数据的行为，统计机构、统计人员应当拒绝、抵制，依法如实报送统计资料，并对所报送的统计资料的真实性负责。

③ 赋予统计机构、统计人员一定的职权，以保证统计资料的提供能够准确、及时和全面。统计法明确规定统计机构、统计人员依法行使以下职权：有权要求有关单位和人员依照国家规定，如实提供统计资料；检查统计资料的准确性，要求改正不确实的统计资料；揭发检举统计调查工作中的违法行为。

④ 明确要求统计人员应当坚持实事求是，恪守职业道德，具备执行统计任务所需要的专业知识。

9.2

统计违法行为和法律责任

9.2.1　统计违法行为的种类及表现

1. 统计违法行为的种类

统计违法行为，是指行为人（包括公民、法人和其他组织）在统计活动中违反统计法律及统计制度，对统计法所保护的社会关系形成侵害的行为。

构成统计违法行为，必须同时具备以下四个条件：统计违法行为是具有社会危害性的行为；统计违法行为是行为人有过错的行为；统计违法行为是违反统计法规定的行为；统计违法行为的主体必须具有法定责任能力。

按照《统计法》第五章第二十六条到第三十一条的规定，统计违法行为主要有以下几种。

① 统计调查对象的统计违法行为，包括虚报、瞒报、伪造、篡改、拒报、屡次迟报统计资料的行为及拒不接受统计调查的行为。

② 地方、部门、单位的领导人的统计违法行为，包括强令、授意统计机构、统计人员篡改统计资料或者编造虚假数据的行为及打击报复统计人员的行为。

③ 调查者的统计违法行为，包括违反统计法有关保密规定的行为，国家机关擅自制发统计调查表的行为，利用统计调查窃取国家秘密、损害社会公共利益和进行欺诈活动的行为，不依法使用国家统计调查证的行为及违法进行涉外社会调查活动的行为。

2. 统计违法行为的表现

（1）虚报、瞒报统计资料的行为

虚报统计资料，是指行为人（具有报送统计资料义务的公民、法人和其他组织）违反统计法律和统计制度的规定，高于实际统计数据报送统计资料的行为。

瞒报统计资料，是指行为人违反统计法律和统计制度的规定，低于实际统计数据报送统计资料的行为。

虚报统计资料和瞒报统计资料的主要区别在于：一个是加码多报，而另一个则是压低实际统计数据，进行少报，即通常说的“以少报多”和“以多报少”。

（2）伪造、篡改统计资料的行为

伪造统计资料，是指行为人没有任何客观事实根据，主观地编造虚假统计数据或者统计资料并报送的行为。伪造统计资料的行为，其最基本的特征是凭空捏造，无中生有。

篡改统计资料，是指行为人利用某种职务上或工作上的便利条件，擅自修改真实的统计资料并报送的行为。篡改统计资料行为的基本特征是在现有的统计资料的基础上进行非法修改，它与主观编造虚假统计数据或者统计资料为基本特征的伪造统计资料行为有明显区别。

（3）拒报统计资料的行为

拒报统计资料，是指行为人违反统计法律法规和统计制度的规定，明确表示不履行提供统计资料义务的行为。在实践中，拒报统计资料的行为。主要包括以下几种情况。

① 明确表示不履行提供统计资料的义务并拒绝报送统计资料的。

② 被检查单位的领导人及有关责任人员不按期据实答复《统计检查查询书》的。

③ 经《统计报表催报通知单》催报，仍然不在限定期限内报送统计资料的。

（4）屡次迟报统计资料的行为

迟报统计资料，是指行为人违反统计法律法规和统计制度的规定，超过法定的报送统计资料的期限报送统计资料的行为。

所谓屡次迟报统计资料，是指行为人违反统计法律法规和统计制度的规定，在一个统计年度内累计三次迟报统计资料的行为。

（5）打击报复统计人员的行为

打击报复统计人员的行为，主要是指领导人滥用职权，对拒绝、抵制篡改统计资料或者对拒绝、抵制编造虚假数据行为的统计人员进行侮辱、诽谤或人身伤害的行为。

在统计工作中，地方、部门、单位的领导人对统计人员进行打击报复的行为主要包括以下几种情况。

① 故意进行人身伤害的。

② 滥用职权，假公济私，侵犯统计人员的合法权益的。

③ 侮辱、诽谤统计人员的。

（6）违反统计法有关保密规定的行为

违反统计法有关保密规定的行为，是指违反《统计法》第十五条的有关规定，对在统计活动中知悉的国家秘密、私人和家庭的单项调查资料及统计调查对象的商业秘密予以公开、公布或非法提供的行为。

9.2.2　统计行政处罚

1. 统计行政处罚的特点

统计行政处罚指各级统计行政机关依法对违反统计法律规范的行为给予的行政处罚。具有以下特点。

① 实施统计行政处罚的主体只能是各级统计行政机关。

② 被处罚的行为是违反统计法律规范的行为。

③ 统计行政处罚属于行政制裁范畴，只适用于统计行政违法，不适用于民事违法和统计犯罪，不同于民事处罚和刑事处罚。

④ 被处罚对象是实施了虚报、瞒报统计资料等统计违法行为的统计违法行为人。

2. 统计行政处罚的原则

统计行政处罚的原则指由统计法和行政处罚法规定的，设定和实施统计行政处罚时必须遵守的准则和主要原则。

① 统计行政处罚法定原则。

② 公正、公开的原则。

③ 统计行政处罚与统计违法行为相适应的原则。

3. 统计行政处罚的种类

（1）警告（属告诫处罚）

是指行政机关对公民、法人或者其他组织违反行政管理法律规范的行为的谴责和警示，其目的是通过对违反行为人一种精神上的惩戒，以申明其有违法行为，并使其以后不再违法，否则就要受到更严厉的处罚。警告既适用于公民，也适用于法人和其他组织。

《统计法》第二十七条规定，企业事业组织、个体工商户有虚报、瞒报、伪造、篡改、拒报、屡次迟报的统计违法行为之一的，可以由县级以上人民政府统计机构予以警告。

（2）罚款（属于财产处罚的一种）

是指行政机关强迫违法行为人缴纳一定数额的货币，从而依法损害或者剥夺行为人财产权的一种处罚。

作为行政处罚的罚款，不同于罚金。罚金是刑罚中的一种附加刑，适用的对象只能是触犯刑律构成犯罪的个人或者组织，适用罚金的机关只能是人民法院。

《统计法》第二十七条第二款规定，对有虚报、瞒报、伪造、篡改、拒报、屡次迟报统计资料行为之一的企业事业组织或者个体工商户，由县级以上人民政府统计机构予以警告，并可以处以罚款。但对同一当事人的同一违法行为，已按照其他法律处以罚款的，不再处以罚款。《统计法》第二十九条第二款规定，对利用统计调查损害社会公共利益或者进行欺诈活动的任何组织和个人，由县级以上人民政府统计机构责令改正，没收违法所得，可以处以罚款；构成犯罪的，依法追究刑事责任。

（3）没收违法所得（属于财产处罚的一种）

是指行政机关依法将行为人通过违法行为获取的财产收归国有的处罚形式。没收违法所得不同于刑罚中的没收财产，后者是刑罚中的一种附加刑，是对犯罪分子个人所有财产的一部或者全部实行剥夺，收归国家所有。

《统计法》第二十九条第二款规定，对利用统计调查损害社会公共利益或者进行欺诈活动的，可以由县级以上人民政府统计机构依法给予没收违法所得的处罚。

9.2.3　法律责任

1. 民事法律责任

民事法律责任是指民事违法者对其违法行为依法所应承担的法律后果。

《统计法》第三十条规定："统计机构、统计人员违反本法规定，泄露私人、家庭的单项调查资料或者统计调查对象的商业秘密，造成损害的，依法承担民事责任……"。一般来讲，对统计机构、统计人员的这类统计违法行为，应该依法承担停止侵害、赔偿损失、消除影响、恢复名誉、赔礼道歉的民事责任。

2. 刑事法律责任

刑事责任是指依照刑事法律规定，行为人实施刑事法律规范所禁止的行为必须承担的法律后果。

根据《统计法》第二十六条第二款、第二十九条的规定，违反《统计法》，构成犯罪，必须追究刑事责任的有下列几种情况。

① 地方、部门、单位的领导人对拒绝、抵制篡改统计资料或者对拒绝、抵制编造虚假数据行为的统计人员进行打击报复构成犯罪的，依照《刑法》第二百五十五条的规定，追

究刑事责任。

② 利用统计调查为境外的机构、组织人员窃取、刺探、收买或者非法提供国家秘密的，应当依照《刑法》第一百一十一条的规定，追究刑事责任。

③ 知悉国家秘密的统计机构、统计人员或其他国家机关的工作人员，故意或过失泄露国家秘密，情节严重的，依照《刑法》第三百九十八条的规定，追究刑事责任。

④ 利用统计调查欺骗统计调查对象或者统计资料使用者，构成诈骗罪的，可以依照《刑法》第二百六十六条的规定，追究刑事责任。

9.3 统计机构和统计人员

9.3.1 统计机构

统计机构是指从事统计调查、统计数据加工整理、统计分析预测、统计信息咨询和统计协调管理等活动的组织。

根据设立主体的不同，统计机构划分为两类：第一类是国家统计机构（又称官方统计机构），由国家设立，包括从中央到地方各级政府及其各部门设立的统计机构。一般来说，还应包括国家权力机关、审判及检察机关所设立的统计机构，有些国家在议会设立的统计委员会即属这一类。第二类是民间统计机构（又称非官方统计机构），由民间组织或个人设立的统计机构，包括各种调查公司（中心、事务所）和从事统计调查的信息咨询公司（中心）、行业协会及其他一些社团组织等。

我国统计法规定设立的统计机构分为三种：政府综合统计机构、部门统计机构和企业事业组织统计机构。政府综合统计机构和部门统计机构都属于政府统计机构，构成政府统计系统的两大支柱，是完成国家、部门、地方统计任务最为重要的两支力量。

1. 政府综合统计机构

政府综合统计机构是指国务院设立的政府统计职能部门和地方各级人民政府统计机构，包括国务院设立的国家统计局和县以上地方各级人民政府设立的统计局、统计委员会或统计处、统计科、统计股等，这些机构都是政府组成部门。统计法规定，县以上地方各级人民政府设立独立的统计机构，其主要标志如下。

① 在人民政府的组织系统中，政府综合统计机构是单设职能机构。

② 政府综合统计机构独立行使统计工作职权，独立履行统计工作职责。

③ 在国家法律法规和政策规定的范围内，政府综合统计机构独立支配、使用和管理人财物。

2. 部门统计机构

部门统计机构是指国务院和地方各级人民政府各业务主管部门，根据国家和部门统计任务的需要而专门设置的统计职能机构。不设统计机构的部门在有关机构中设置统计人员，并指定统计负责人。部门统计负责人是指代表本部门履行统计法规定职责的主要负责人。

3. 企业事业组织统计机构

企业事业组织统计机构是指各企业事业组织根据国家、部门、地方、企业事业组织的统计任务的需要而专门设置的统计职能机构。其统计任务既包括企业事业单位自身的统计任务，也包括国家、地方、部门统计任务延伸到企业事业单位，需要该单位完成的统计任务。

9.3.2 统计人员

统计人员是指从事统计活动的专职或兼职工作人员，包括各级政府综合统计机构、部门统计机构、乡镇（街道办事处）统计机构和企业事业组织统计机构的领导人和一般工作人员以及不设统计机构的部门、企业事业单位、乡镇（街道办事处）、行政村或其他组织单独或在有关机构中设置的从事统计工作的人员和指定的统计负责人。

这是按照我国统一领导、分级负责的统计管理体制组织起来的一支基本队伍，是完成国家、地方、部门、企业事业组织的统计工作任务的主要力量。

1. 统计人员的设置

关于统计人员的设置，《统计法》及其他规范性文件作了如下规定。

① 应当按照统计工作任务的需要，本着精简、效能的原则，设置统计人员。

② 各级政府综合统计机构的人员编制由国家统一规定，统计人员在国家规定的编制内设置。

③ 各地方、各部门、各企业事业组织，应当根据国家规定和工作需要设置统计专业职务。

2. 对统计人员的基本要求

根据《统计法》第二十四条的规定，统计人员必须符合以下三项要求。

① 坚持实事求是，恪守职业道德。职业道德是指人们的道德标准和要求在社会各个职业领域的体现及具体化，是从事一定职业的人在自己特定工作中行为规范的总和。统计职业道德是统计工作领域中的道德标准和要求。实事求是是统计人员最重要、最基本的品质，是统计职业道德的核心内容。恪守统计职业道德最重要的就是要在统计工作中坚持实事求是。

② 具备执行统计任务所需要的专业知识。统计人员要不断提高自己的专业素养。使自己的专业知识水平与所执行统计任务的需要相适应。一般说来，统计人员执行统计任务所需要的专业知识，根据各自工作性质的不同，主要涉及经济、统计、计算机、法律、外语等方面。每个统计人员都应努力成为自己所从事专业领域的专家。

③ 不断接受专业培训。统计人员要不断提高自己的职业道德水平以及政治和业务素质，

为此，除了自身努力学习之外，还要积极参加上级部门及各级机构举办的专业培训，以便在今后的工作中更加规范。

3. 统计人员的职权

统计人员的职权是指统计人员在一定的机构担负统计工作，为了完成统计任务而由统计法律规定拥有的权力。根据统计法的规定，统计人员的职权有以下六个方面。

① 统计人员具有依照统计法规定独立行使统计调查、统计报告、统计监督的职权，这是《统计法》第八条赋予统计人员的重要职权。

统计调查权是指统计人员有权调查、搜集有关资料，召开有关调查会议，检查与统计资料有关的各种原始记录和凭证。统计调查对象必须如实提供统计资料和情况，不得虚报、瞒报、拒绝、迟报，不得伪造、篡改。

统计报告权是指统计人员有权将统计调查取得的统计资料和情况加以整理、分析，向上级领导机关和有关部门提出统计报告。任何单位或者个人不得阻挠和扣压统计报告，不得篡改统计资料。

统计监督权是指统计人员有权根据统计调查和统计分析，对国民经济和社会发展情况进行统计监督，检查国家政策和计划的实施，考核经济效益、社会效益和工作成绩，检查和揭露存在的问题，检查虚报、瞒报、伪造、篡改统计资料的行为，提出改进工作的建议。有关部门和单位对统计机构和统计人员所反映、揭露的问题和提出的建议应当及时处置，做出答复。统计人员行使这三项职权，不受任何其他国家机关、社会团体、企业事业组织和个体工商户及其他组织和公民个人的侵犯。

② 统计人员有权要求有关单位和人员依照国家规定，如实提供统计资料，这是《统计法》第二十三条第一款的规定。

《统计法》第三条规定，有关单位和人员是指具有上报统计资料义务的有关统计调查对象，包括国家机关、社会团体、企业事业组织、个体工商户、基层群众性自治组织及公民个人。如实提供资料是指具有填报义务的统计调查对象在报送统计资料时，不得虚报、瞒报、伪造、篡改统计资料或者编造虚假统计数据，要根据实际情况，实事求是地进行填报。

③ 统计人员有权检查统计资料的准确性，要求改正不确实的统计资料，这是《统计法》第二十三条第二款的规定。

是指统计人员有权对统计资料的准确性进行检查。经检查，对不准确的统计资料，可要求提供该资料的统计调查对象进行改正。

④ 统计人员有权揭发、检举统计调查工作中的违法行为，这是《统计法》第二十三条第三款的规定。

统计法律赋予统计人员对违法行为的揭发、检举，其根本目的在于保障其更好地行使统计调查、统计报告和统计监督职权。统计人员作为调查活动实施者，比一般公众更有机会和条件发现统计工作中的违法行为。以法律形式赋予他们对统计工作中的违法行为的揭发、检举权，这对遏制统计违法行为的发生，及时发现、尽快处理统计违法案件，将危害和损失降到最低限度，具有积极意义。

⑤ 有学习统计专业知识的权力，这是《统计法》第二十四条的规定。

统计人员应当坚持实事求是，恪守职业道德，具备执行统计任务所需要的专业知识。统计机构应当加强对统计人员的专业培训，组织专业学习。这样可保证统计人员具备完成工作所必需的基本知识和技能，也可以促使统计人员不断更新知识，提高技能，以适应社会发展和统计工作现代化的需要。

⑥ 有要求评定专业技术职称的权力，这是《统计法》第二十五条的规定。

国务院和地方各级人民政府的统计机构、各部门和企业事业组织应当依照国家规定评定统计人员的技术职称，保障有技术职称的统计人员的稳定性。

4. 统计人员的职责

统计人员的职责是指统计人员在一定的机构担负统计工作，为了完成统计任务而由统计法规定所应承担的义务。根据统计法，统计人员主要有以下职责。

① 统计人员应当如实报送统计资料，准确及时完成统计工作任务，并对所报送的统计资料的真实性负责；对领导人强令或者授意篡改统计资料或者编造虚假数据的行为，应当拒绝、抵制。

② 统计人员应当对属于国家秘密的统计资料负责保密，并对统计调查对象的商业秘密和私人、家庭的单项调查资料，负有保密义务。统计人员进行统计调查时必须出示工作证件。

5. 统计人员的调动

关于统计人员的调动，统计法对保持统计领导干部的稳定、保持具有统计专业职务的统计人员稳定、保持一般统计人员的稳定，作了如下规定。

① 国务院和地方各级人民政府的统计机构、各部门和企业事业组织，应当依照国家规定，评定统计人员的技术职称，保障有技术职称的统计人员的稳定性。

② 对具有统计专业职务人员的调动，应当分别征求本地区、本单位统计机构或者统计负责人的意见；对其中具有中级以上专业职务人员的调动应当征得上级统计机构的同意，以保持具有专业技术职务的统计人员的稳定。

③ 为保持一般统计人员的稳定，在有关的统计法规中明确规定，统计人员调动工作或者离职，应当有能够担当规定职责的人员接管，并办理交接手续；乡镇统计员的调动，应当得到县级人民政府统计机构的同意。

④ 统计人员调动工作时必须认真办妥交接手续，在未办妥以前，原任统计人员不得擅离工作岗位，更不得因工作调动而影响统计工作的正常进行。

9.4 轨道交通运营管理规范

《城市轨道交通运营管理办法》经第53次建设部部常务会议讨论通过，自2005年8月1日起施行。该办法旨在加强城市轨道交通运营管理，保证城市轨道交通正常、安全运营，维护城市轨道交通运营秩序，保障乘客和城市轨道交通运营者的合法权益。适用于城市轨道交通运营及相关的管理活动。由国务院建设主管部门负责全国城市轨道交通的监督管理工作，各省、自治区人民政府建设主管部门负责本行政区域内城市轨道交通的监督管理工作。其中，有关运营管理的规定有如下几条。

第四条　城市人民政府城市轨道交通主管部门应当按照《行政许可法》以及市政公用事业特许经营的有关规定，依法确定城市轨道交通运营单位。

第五条　新建城市轨道交通工程竣工后，应当进行工程初验；初验合格的，可以进行试运行；试运行合格，并具备基本运营条件的，可以进行试运营。城市轨道交通工程竣工，按照国家有关规定验收，并报有关部门备案。经验收合格后，方可交付正式运营。安全设施不符合有关国家标准的新建、改建、扩建城市轨道交通工程项目，不得投入运营。

第六条　城市轨道交通运营单位应当按照国家有关规定和特许经营协议，制定城市轨道交通运营服务规则和设施保养维护办法，保证城市轨道交通的正常、安全运营。

第七条　城市轨道交通运营单位应当执行价格主管部门依法确定的票价，不得擅自调整。

第八条　城市轨道交通运营单位应当为乘客提供安全便捷的客运服务，保证车站、车厢整洁，出入口、通道畅通，保持安全、消防、疏散导向等标志醒目。

第九条　城市轨道交通运营单位工作人员应当佩戴标志、态度文明、服务规范。驾驶员、调度员、行车值班员等岗位的工作人员应当经培训合格后，持证上岗。城市轨道交通运营单位应当在车站配备急救箱，车站工作人员应当掌握必要的急救知识和技能。

第十条　城市轨道交通运营过程中发生故障而影响运行的，城市轨道交通运营单位应当及时组织乘客疏散，并尽快排除故障，恢复运行。一时无法恢复运行的，城市轨道交通运营单位应当及时报告城市人民政府城市轨道交通主管部门。

第十一条　城市轨道交通因故不能正常运行的，乘客有权持有效车票要求城市轨道交通运营单位按照单程票价退还票款。

第十二条　禁止下列危害城市轨道交通正常运营的行为：

（一）在车厢内吸烟、随地吐痰、便溺、吐口香糖、乱扔果皮、纸屑等废弃物；

（二）在车站、站台、站厅、出入口、通道停放车辆、堆放杂物或者擅自摆摊设点堵塞通道的；

（三）擅自进入轨道、隧道等禁止进入的区域；

（四）攀爬、跨越围墙、护栏、护网、门闸；

（五）强行上下列车；

（六）在车厢或者城市轨道交通设施上乱写、乱画、乱张贴；

（七）携带宠物乘车；

（八）危害城市轨道交通运营和乘客安全的其他行为。

第十三条　禁止乘客携带易燃、易爆、有毒和放射性、腐蚀性的危险品乘车。城市轨道交通运营单位可以对乘客携带的物品进行安全检查，对携带危害公共安全的危险品的乘客，应当责令出站；拒不出站的，移送公安部门依法处理。

第十四条　城市人民政府城市轨道交通主管部门和城市轨道交通运营单位应当建立投诉受理制度，接受乘客对违反运营规定和服务规则的行为的投诉。城市轨道交通运营单位应当自受理投诉之日起十个工作日内做出答复。乘客对答复有异议的，可以向城市人民政府城市轨道交通主管部门投诉，城市人民政府城市轨道交通主管部门应当自受理乘客投诉之日起，十个工作日内做出答复。

本章练习题

1. 统计法是什么？
2. 统计法具有什么特点？
3. 统计法的作用是什么？
4. 统计违法的种类有哪些？
5. 统计违法是否需要承担法律责任，主要是哪些责任？
6. 统计机构是指什么？

附录 A　城市轨道交通客流统计分析模拟试题

A1　模拟试题 1

一、填空题

1. ______是指统计汇总后得到的具有计算单位的总和指标，反映被研究对象在一定时期或时点的规模、水平或性质相同总体规模的数量差异，一般用绝对数表示，又称______。

2. 增长速度由于采用的基期不同，分为________和环比增长速度。前者表示某种社会现象在较长时期内总的增长速度，后者表示某种社会现象的________。

3. 统计分组按某一分组标志的多少和组合情况分为________和________。

4. 统计工作的整个过程，大致可以分为三个不相同而又相互联系的阶段，即________、________和分析。

5. 城市公共交通统计应利用计算机技术转变统计手段，首要任务是要解决统计的“四化”—— 采集________、上报________、数据________、发布________。

6. 企业职能主要有________、________、________、________、________以及________六个方面。

7. 统计工作的整个过程，大致可以分为三个不相同的而又相互联系的阶段，即统________、________和分析。

8. 滚动计划法就是在制订计划或调整计划时，根据本期计划的执行情况和客观环境的变化情况，________，连续滚动编制计划的方法。

9. 为达到运输组织合理性和运营经济性的目的，运营部门可参照采用________、________、________的行车组织方案，即在客流高峰时间段________以满足运输需求。

10. 城市轨道交通承担的客流主要由________、________和________三部分构成。

二、选择题

1. 下面叙述有误的是（　　）。

A. 乘客人数：包括分时与全日各站上下车人数，分时与全日各站换乘人数等

B. 断面客流量：包括分时与全日各断面客流量，全线持不同票种乘客人数及所占百分比

C. 乘坐站数与平均乘距：包括本线乘客乘坐不同站数的人数及所占百分比，跨线乘客乘坐不同站数的人数及所占百分比，平均乘车距离

D. 车辆运用：包括客车公里；客位公里；客流密度；平均满载率和高峰小时最大客流断面满载率

2. 相同的时间里，由于线路上下行的客流量往往是不相同的。（　　）

A. 用上下行客流的不均衡系数表示，记为 α_1。$\alpha_1 = \dfrac{\max\ \{A_{\max}^{上},\ A_{\max}^{下}\}}{(A_{\max}^{上} + A_{\max}^{下})/2}$

B. 一般线路都有上下行两个方向，两个方向的客流量在同一时间分组内是相等的，主要分为双向型和单向型两种形态

C. 一般线路的 α_1 系数为 1.4 ～ 1.5，工业区线路为 1.1 ～ 1.2

D. 在上下行方向最大断面客流量不均衡的情况下，直线走向（需要折返）的轨道交通线路要做到经济合理地配置运力更加容易

3. 运营车站数，不包含（　　）。

A. 线路车站数

B. 换乘车站数

C. 运营线路数

D. 路网车站数

4. 非正常运营状态评价指标，错误的是（　　）。

A. 行车无事故天数，统计期内，车站或运行线上，连续安全行车的天数

B. 运营事故分为特别重大、重大、一般 3 类

C. 行车责任事故频率，统计期内，列车每发生一次行车责任事故平均行驶的万车公里数

D. 受伤人数包括重伤和轻伤的总人数，死亡人数包括当场死亡和由于受伤后伤情发展而死亡的人数

5. 轨道交通行车指标错误的是（　　）。

A. 列车运行图（时刻表）兑现率 $=\dfrac{\text{实际开行列数}}{\text{计划开行列数}}\times 100\%$

B. 列车到达正点率 $=\dfrac{\text{实际开行列数}-\text{到达晚点列数}}{\text{实际开行列数}}\times 100\%$

C. 高峰小时满载率反映系统设计最大输送能力对高峰小时客流的适应性，也反映了运营效益

D. 运用车辆数反映运营方案的经济性。运用车辆数越少，投资成本和运营成本越少

6. 关于轨道交通乘客方便性指标（　　）。

A. 旅行速度公式 $v_{旅}=\sum l_{单}/\sum t_{单}$，旅速越少，乘车时间越短

B. 换乘时间包括换乘步行时间 $t_{步}$（min）及换乘候车时间 $t_{候}$（min）

C. 候车时间 $t_{候}$ 为乘客在站台等候上车的时间。它与当前时段列车开行间隔时间成反比

D. 乘客方便性是从使用者的角度来评判城市轨道交通的运营服务水平

7. 下列不属于轨道交通能耗指标的是（　　）。

A. 车辆周转量指标

B. 客运周转量指标

C. 交通布局设施指标

D. 运输质量指标

8. 换乘服务舒适度（　　）。

A. 该指标是指在城市轨道交通枢纽内，乘客从枢纽所提供的服务项目中获得舒适、满意的程度

B. 反映了客运枢纽为乘客提供各项服务的水平

C. 该指标属于定性指标

D. 在评价过程中，其综合评价值为换乘枢纽在信息提供、候车环境、有无座位或自动传动设备3个方面的综合反映

9. 轨道交通乘客满意度评价指标体系，错误的是（　　）。

A. 主要是从乘车过程方面考虑

B. 从安全、快速、方便、准时、舒适性等方面进行分析

C. 通过分析各方面的构成要素，来评价乘客满意度

D. 衍生效用构成要素包括评价车站或车站附近的便利店、书报摊等

10. 轨道交通乘客满意度影响因素中（　　）。

A. 乘客期望决定着乘客的满意程度

B. 乘客满意度、乘客抱怨和乘客忠诚都是前提变量

C. 乘客从对质量的感知出发，所以即使感知到的价值增加时，顾客满意程度也不会随之提高

D. 乘客满意程度的高或低首先是由乘客对地铁服务感知到的质量决定的

三、名词解释

1. 结构相对数（及其公式）
2. 品质标志
3. 完好车日的含义和计算方法
4. 统计整理
5. 典型调查

四、论述题

1. 城市公共交通企业统计车队统计的主要内容是什么?
2. 怎样写公共交通企业生产经营评价报告，改进意见如何形成?
3. 车站客流时间上的不均衡性具有哪些特点?
4. 车站和线路运营监控和信息管理的主要功能是什么?
5. 提高机车车辆运用效率主要考虑哪些数量指标及相关活动中支出项目?

五、计算题

下表为某公司部分运营参数的统计。

某公司部分运营参数统计

科　目	单　位	计　划	实　际
车日行程	km	208	210
每工作日运行时间	h	13	14
运营车速	km/h	16	15

计算由于加长工作车日时间而增加行程，运行车速降低而减少行程和完成实际计划率%。

A2　模拟试题 2

一、填空题

1. 图（a）所示为________型。图 5-1（b）所示为________型。

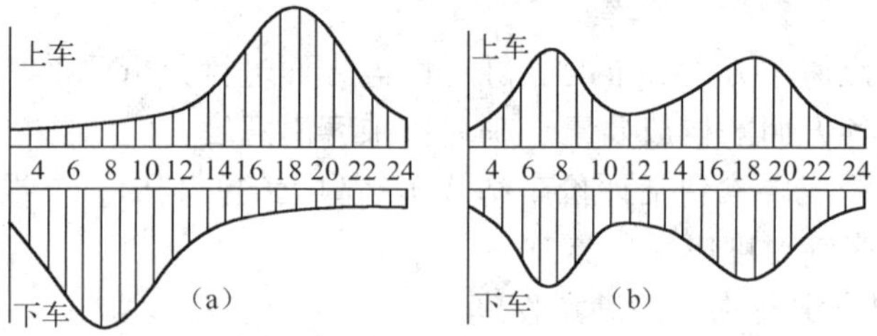

2. 轨道交通的客流量，以断面客流量表示时，它是指单位时间内，通过轨道线路某一点的客流量。这里的单位时间一般指________。而通过某一点的客流量就是__________的客流量。

3. 路网平均运距，统计期内，路网中乘客平均一次出行全程的总乘车距离，________单位：km。计算方法：_____________。

4. 安全服务指标分析包括：________，轨道交通运营设备安全指标，______轨道交通运营环境安全评价指标。

5. 轨道交通行车指标包括运力指标，________，________，________，________，________与运用车辆数。（答出至少两个）

6. 晚点列数，是指统计期内，列车运行图（时刻表）在执行过程中，列车在始发站出发或到达终到站的时刻与列车运行图（时刻表）计划时刻相比________分钟时均统计为晚点。分为________和________。

7. 轨道交通能耗指标体系为"________、________、________"3 级构成。

8. 人均换乘设施面积指标用来衡量__________的能力，反映轨道交通枢纽内________程度、舒适程度以及换乘环境的质量水平，是评价客运设备衔接适应性的量化指标。

9. 城市轨道交通运营绩效领域具有四个构成要素，分别是________、________、________和________。

二、选择题

1. 下列关于统计工作的说法错误的是（　　）。

A. 统计设计即根据统计对象的性质和统计研究的目的对统计工作涉及的各个方面和环节进行规划

B. 统计搜集，即搜查统计资料；统计整理，即对统计资料进行科学的加工

C. 统计分析和预测，即计算相应指标以及描述研究对象的特征和规律，反映未来的发展趋势

D. 统计资料是统计工作的实践经验总结动和理论概括

2. 统计研究是通过统计设计、统计调查、统计整理以及统计分析等阶段完成的。错误的是（　　）。

A. 统计设计的结果表现为各种设计方案

B. 统计调查处于统计工作的中间环节，起着承前启后的作用
C. 统计调查是整个统计工作的基础
D. 统计分析是统计工作的最后阶段，能揭示出现象本质和得到发展变化规律的结论
3. 抽样调查不适用于：（　）。
A. 主要用来搜集一些比较全面而又不能或不易从经常调查中得来的统计资料
B. 有些现象虽可进行全面调查，但比较困难或并不必要，如城镇居民家庭收支情况和农产品产量等，应用抽样调查同样能取得很好结果
C. 抽样调查可以对大规模统计调查的结果进行检查，并对它进行修正
D. 在生产过程中采用抽样调查可及时检查生产是否正常
4. 对统计分组资料的再分组错误的是（　　）。
A. 就是对被研究现象只按一个标志进行分组
B. 统计资料的再分组就是把统计分组资料按某种要求，重新进行分组，以满足统计分析的要求
C. 按原来的分组标志重划新组，并将原分组资料根据新组组限按比例重新加以整理
D. 先划定新组，并确定新组单位数在总体中应占的比重，然后据此将原分组资料按比例重新整理
5. 城市公共交通企业统计中，错误的是（　　）。
A. 运营统计反映城市公共交通企业的运营结果和运营车辆及其运用情况。如运营车辆数量、客运量、客运周转量、运营车速和运营路线统计等
B. 安全统计主要包括行车事故统计、行车责任事故伤亡人数统计两方面
C. 公共交通企业劳动工资统计的反映出企业工作的概况及水平
D. 车厢服务合格率 = 被检车辆车厢服务合格车数（辆）/被检车辆总数（辆）×100%
6. 关于城市公共交通企业实物量统计（　　）。
A. 实物量是针对价值量而言的产品量度的表达，是有形的物质产品才能作为实物量来统计
B. 衡量车辆行驶的距离用“公里”；反映乘客的周转量用“人次”
C. 对实物量的统计，实际上是对产品使用价值量的统计，它反映使用价值量的多少被维修保养的车辆，“辆”、“辆次”并不属于实物量统计
D. 实物量的指标能够直接表明城市公共交通企业在一定时期向社会和向本单位提供的使用价值量
7. 下列公式错误的是（　　）。
A. 车厢服务合格率 = 被检车辆车厢服务合格车数（辆）/被检车辆总数（辆）×100%
B. 工作车日 = 完好车日 - 好车停车日
C. 工作车率 = 工作车日/营运车日 ×100%
D. 完好车日 = 营运车日 × 大修车日 - 保养车日 - 零修车日
8. 不属于生产经营分析作用的是（　　）。
A. 提供制定政策和计划的依据任何部门和企业都要依据客观要求进行决策
B. 提高经济核算质量，改善企业经营管理部门和企业在经营管理中所发生的经济事项

C. 加强企业管理的重要手段企业管理是全方位的是加强企业管理的重要手段
D. 是一种科学的工作思路（程序），就是要明确工作思路、决定工作程序、确保工作形成闭环

9. 生产经营分析是以统计数据为基础的，下列分析错误的是（　　）
A. 企业经营分析过程分为收集过程和叙述过程两个方面
B. 由于在日常工作中有了计划指标体系和统计指标体系，并且有各种生产统计报表的数据来源，在指标口径、计算方法、准确程度等方面一般不会有差别
C. 只是对数据进行一般的审核评价即可
D. 如果需要运用外来的数据，则要进行质量评价与鉴别

10. 某条轨道线路 A 的长度为 12.85 km，现有在用站点数量为 22 个（包括始末站），轨道车辆平均全程运行时间为 75 min。线路 A 的平均站距为全程平均速度。
A. 612，10.28　　B. 584，10.28　　C. 612，16.06　　D. 584，16.06

三、名词解释

1. PDCA
2. 随车调查和站点调查
3. 全日车辆走行公里及公式
4. 无标记换乘
5. 客运服务质量

四、论述题

1. 简答指标与标志的区别与联系。
2. 统计学研究对象的特点是什么？并说明各特点。
3. 试说明统计分组的作用。
4. 统计预测通常包括的步骤是什么？
5. 公交企业统计的管理信息系统主要构成是什么？

五、计算题

某公司车辆设备维修费用统计如表所示，求维修工作量指数，维修成本指数，维修总费用增减额

某公司的车辆设备维修费用

科　目	单位	基　期			报　告　期		
		产量	单位成本/万元	总成本/万元	产量	单位成本/万元	总成本/万元
修发动机	辆	12	2	24	18	1.5	27
修事床	台	5	0.5	2.5	4	0.5	2
大修	台	2	0.6	1.2	3	0.7	2.1
合计				27.7			31.1

参考文献

[1] CHEN I, STEVEN J,TSAI F M. Optimization of multiple - route feeder bus service-application of gis[R]//The report of transportation research board 2001 constitution avenue,N. W. Washington,D. C,2003.

[2] 轨道交通运营网站:首尔地铁客流[EB/OL].[2008 - 11 - 04]. http://seoulmetro. co. kr.

[3] DICKINS J S J. Park and pide facilities on light rail transit systems[J]. Transportation,1991,18(1):23 - 36.

[4] KOSINSKI R A. Modeling pedestrian dynamics in evacuation processes//Computing and computational techniques in sciences univ Cantabria, Santander, SPAIN(2008): 18 - 19.

[5] LI W, ZHANG X Y. Analysis of parking fee effect on travel behavior in a downtown district TDIBP 2008. American Society of Civil Engineers,2008, 69 - 74.

[6] SHOAIB CHOWDHURY M D, CHEN I, STEVEN J. Optimization of transfer coordination for intermodal transit network[R]//Transportation research board 80th annual meeting. Washington. D. C,2001,7 - 11.

[7] KUAN S N,ONG H L,NG K M. Solving the feeder bus network design problem by genetic algorithms and ant colony optimization[J]. Advances in Engineering Software. 2006 (7) 351 - 359.

[8] STEVEN I, CHIEN J,SCHONFELD P. Joint optimization of a rail transit line and its feeder bus system[J]. Journal of Advanced Transportation, 1997(3).

[9] 白雁,韩宝明,干宇雷. 城市轨道交通换乘站布局综合评价方法研究[J]. 都市快轨交通,2006 ,19(3).

[10] 蔡君时. 世界公共交通[M]. 上海:同济大学出版社,2001.

[11] 曹玫. 基于遗传算法的城市轨道交通接运公交线网规划[J]. 武汉理工大学学报,2005(4).

[12] 世界银行. 畅通的城市:世界银行城市交通战略评估报告[R]. 本书翻译组,译. 北京:中国财政经济出版社,2006.

[13] 陈琛. 城市公共交通换乘系统研究[D]. 南京:东南大学,2004.

[14] 代宝乾,汪彤,蒋玉琨. 地铁运营系统安全综合评价指标体系研究[J]. 地下空间与工程学报,2008,4(1):1 - 5.

[15] 单庆超. 城市轨道交通行人流运动建模及仿真[D]. 北京:北京交通大学,2009.

[16] 范海雁. 基于轨道交通的常规公交线网调整方法[J]. 城市轨道交通研究,2005,8(4):36 - 38.

[17] 方礼君,叶霞飞,明瑞利. 上海、首尔、东京城市轨道交通客流发展趋势对比分析[J]. 交通与运输,2007(z1):105 - 107.

[18] 顾保南. 上海南站的综合交通换乘系统[J]. 城市轨道交通研究,2006,9(8):12 - 24.

[19] 韩彪. 城市群道路客运组织创新[M]. 北京:人民出版社,2007.

[20] 姜帆. 城市轨道交通与其他交通方式衔接的研究[J]. 北方交通大学学报,2001,25(4):108 - 110.

[21] 季令,张国宝 . 城市轨道交通运营组织[M]. 北京:中国铁道出版社,2001.

[22] 济南市公共交通总公司. 城市公共交通企业计划与统计管理[M]. 北京:人民交通出版社,2008.

[23] 交通运输部道路司. 世界主要城市公共交通[M]. 北京:人民交通出版社,2010.

[24] 李辰. 交通方式划分的 LOGIT 模型方法[D]. 南京:河海大学,2004.

[25] 李得伟,鲁放,韩宇. 城市轨道交通客流补偿及引导措施研究[J] . 都市快轨交通,2008,12(2):19 - 24.

[26] 李林波,吴兵. 交通方式选择中心理因素影响分析[J]. 山东大学学报,2003,11(3):27 - 31.

[27] 李雪梅,李学伟. 北京城市轨道交通[M]. 北京:知识产权出版社,2009.

[28] 刘统畏. 城市和城镇群的客运交通系统[M]. 北京:中国建筑工业出版社,1985.

[29] 陆化普.城市轨道交通规划的研究与实践[M].北京:中国水利水电出版社,2001.

[30] 马鹤龄.轨道交通客流预测非集聚模型应用初探[J].华中科技大学学报:城市科学版,2002,19(1):65-67.

[31] 毛保华,李夏苗.城市轨道交通系统运营管理[M].北京:人民交通出版社,2005.

[32] 莫露全,刘毅.城市公共交通运营管理[M].北京:机械出版社,2004.

[33] 慕威.地铁运营安全管理评价体系的构建与评价[J].管理观察,2010(10):230-232.

[34] 欧国立,张笑雪.地铁运营成本分析与研究. 北方交通大学学报,1994(3).

[35] 秦灿灿.机场衔接城市:大型机场集疏运体系规划研究[M].北京:中国建筑工业出版社,2010.

[36] 邱丽丽.国外典型综合交通枢纽布局设计实例剖析[J].城市轨道交通研究,2005,9(3):55-59.

[37] 裘瑜,吴霖生.城市公共交通运营管理实务[M].上海:上海交通出版社,2004.

[38] 上海市建设委员会课题组.上海公共交通换乘枢纽研究[J].上海综合经济,1997(7):25-26..

[39] 石静雅,苏永清,岳继光.轨道交通能耗影响因素分析及能耗评价体系的建立[J].铁道运输与经济,2008(9).

[40] 宋健.上海城市轨道交通"十一五"节能实施目标与策略[J].都市快轨交通,2009,22(2):19-23.

[41] 宋洁.城市居民出行方式选择预测方法研究[D].长春:吉林大学,2005.

[42] 苏联城市交通技术经济评价指标.[出版地不详]:[出版者不详],1986.

[43] 孙斌栋.我国特大城市交通发展的空间战略研究[M].南京:南京出版社,2009.

[44] 覃煜,晏克非.轨道交通与常规公交衔接系统分析[J].城市轨道交通研究,2000(2):10-15.

[45] 汪玉林,韩笋生.公共交通引导城市发展[M].北京:人民交通出版社,2009.

[46] 王慈光.运输统计基础[M].成都:西南交通大学出版社,2004.

[47] 王慈光.运输统计基础[M].2版.成都:西南交通大学出版社,2010.

[48] 王华荣,胡希元.基于交通分配算法的城市客运方式划分研究[J].2005:61-64.

[49] 王江.地铁运营评估[M].北京:中国铁道出版社,2008.

[50] 王静.城市轨道新线接入后全网客流分布及成长规律研究[D].北京:北京交通大学,2010(6).

[51] 王秋平.城市其他客运交通换乘轨道交通协调探讨[J].西安建筑科技大学学报,2003,35(2):136-139.

[52] 王漩,束显.国内外地铁换乘枢纽站的发展趋势[J].地下空间,1998 (5).

[53] 王远回,张秀媛.地铁终端站周边市域通勤出行换乘方式选择分析[J].世界轨道交通,2008(6):39-42.

[54] 王远回.城市轨道交通终端站接运组织研究[D].北京:北京交通大学,2008.

[55] 王占生,张宁,陈晖,等.轨道交通动态票价对城市交通的影响.城市轨道交通研究,2008,11(12):35-41.

[56] 吴友梅,张秀媛. 城市轨道交通的公交换乘问题与对策分析[J]. 铁道运输与经济. 2005,27(8):19-21.

[57] 吴友梅,张秀媛.城市轨道交通与地面常规公交换乘客流预测模型研究[J].城市公共交通. 2005,11:30-33.

[58] 孙薇.统计方法及其应用[M].沈阳:东北大学出版社,2003.

[59] 吴友梅.基于 TransCAD 的轨道交通与常规公交换乘优化方法研究[D].北京:北京交通大学,2006.

[60] 杨涛,王琳.马鞍山市居民出行选择决策心理研究[J].城市规划汇刊,1994,93(4):40-45.

[61] 姚新虎.城市快速轨道交通与常规公交的线网协调研究[D].西安:长安大学,2005.

[62] 叶霞飞,谭复兴.城市公交的换乘与接驳[J].城市轨道交通研究,1998,1(3):22-25.

[63] 詹云洲.城市客运交通政策研究及交通结构优化[M].北京:人民交通出版社,2001.

[64] 张朝峰,张秀媛. 地铁末端周边区域通勤客流分布和出行方式选择[J]. 都市快轨交通,2009,22(4):

26－29.

[65] 张国宝.城市轨道交通运输组织[M].北京:中国铁道出版社,2000.

[66] 安娜.满意度测评方法及应用研究[D].天津:天津大学管理学院,2006.

[67] 张秀媛.城市停车规划与管理[M].北京:中国建筑工业出版社,2006.

[68] 赵路敏,张秀媛.TransCAD 软件在轨道交通与常规公交换乘线路优化中应用[J].都市快轨交通,2007,32－35.

[69] 赵时旻.轨道交通自动售检票系统[M].上海:同济大学出版社,2007.

[70] 郑祖武.中国城市交通[M].北京:人民交通出版社,1994.

[71] 周爱娣.交通方式划分预测模型的研究[J].兰州铁道学院学报:自然科学版,2003,22(3):129－132.

[72] 周立新.城市轨道交通系统的换乘研究[J].城市轨道交通研究,2001,4(4):35－38.

[73] 周伟.城市交通枢纽旅客换乘问题研究[J].交通运输系统工程与信息,2005,5(5):23－30.

[74] 张驰清.城市轨道交通枢纽乘客交通设施服务水平研究[D].北京:北京交通大学,2007.

[75] 张琦.城市轨道交通枢纽乘客与环境交互理论[D].北京:北京交通大学,2008.

[76] 李得伟.城市轨道交通枢纽乘客集散模型及微观仿真理论[D].北京:北京交通大学,2007.

[77] 李灿.城市轨道交通枢纽乘客流交通特性分析及建模[D].北京:北京交通大学,2008.

[78] 马莉.城市轨道交通枢纽乘客流交通状态分析与评价[D].北京:北京交通大学,2009.

[79] 许婷.城市轨道交通枢纽行人微观行为机理及组织方案研究[D].北京:北京交通大学,2007.